21 世纪高职高专机电系列技能型规划教材·数控技术类
国家骨干校建设成果

CAD/CAM 数控编程项目教程（UG 版）
（第 2 版）

主　编　慕　灿
参　编　富国亮　陈森林　戴永明

北京大学出版社
PEKING UNIVERSITY PRESS

内 容 简 介

本书是适用于高职高专机械类专业的项目式教材,由具有丰富实践和教学经验的"双师型"教师编写,共设 3 个学习项目、13 个学习任务,内容覆盖了 UG NX 8.0 中 CAD 和 CAM 部分的主要功能,包括曲线、草图、实体、曲面、平面铣、型腔铣和固定轴曲面轮廓铣等。本书采用由浅入深的递进方式编写,有利于教师的指导,也符合学生的认知规律。

本书可作为高职高专院校数控、机电一体化、机械制造及其自动化、模具设计与制造及计算机辅助设计与制造专业的教材,也可供各企业从事产品设计、CAD/CAM 应用的广大工程技术人员参考。

图书在版编目(CIP)数据

CAD/CAM 数控编程项目教程:UG 版/慕灿主编. —2 版. —北京:北京大学出版社,2014.8
(21 世纪高职高专机电系列技能型规划教材)
ISBN 978-7-301-24647-4

Ⅰ. ①C… Ⅱ. ①慕… Ⅲ. ①数控机床—程序设计—应用软件—高等职业教育—教材 Ⅳ. ①TG659

中国版本图书馆 CIP 数据核字(2014)第 191504 号

书　　　名:CAD/CAM 数控编程项目教程(UG 版)(第 2 版)
著作责任者:慕　灿　主编
策 划 编 辑:邢　琛
责 任 编 辑:邢　琛
标 准 书 号:ISBN 978-7-301-24647-4/TH · 0402
出 版 发 行:北京大学出版社
地　　　址:北京市海淀区成府路 205 号　　100871
网　　　址:http://www.pup.cn　新浪官方微博:@北京大学出版社
电 子 信 箱:pup_6@163.com
电　　　话:邮购部 62752015　发行部 62750672　编辑部 62750667　出版部 62754962
印 刷 者:北京虎彩文化传播有限公司
经 销 者:新华书店
　　　　　787 毫米×1092 毫米　16 开本　23 印张　537 千字
　　　　　2010 年 8 月第 1 版　　2014 年 8 月第 2 版
　　　　　2023 年 2 月修订　　2023 年 2 月第 6 次印刷(总第 8 次印刷)
定　　　价:48.00 元

第 2 版前言

UG 是 SIEMENS 公司推出的功能强大、闻名遐迩的 CAD/CAE/CAM 一体化软件，广泛应用于航天、航空、汽车、家用电器、机械及模具等领域。其主要内容涉及工程制图、三维造型、装配、制造加工、逆向工程、工业造型设计、注塑模具设计、注塑模流道分析、钣金设计、机构运动分析、有限元分析、渲染和动画仿真、工业标准交互传输、数控模拟加工等几十个模块。它不仅造型功能强大，编程功能更是无与伦比。

本书第 1 版于 2010 年出版以来受到广大读者欢迎，被多所院校选用为教材。期间我们收到了许多读者的邮件，他们对本书提出了很多好的意见和建议，而且当前 CAD/CAM 技术日新月异，UG 软件每年更新一个版本，本书第 1 版使用 UG NX 6 为蓝本，目前最新的版本是 UG NX 8.0，两者已有较大的变化。为了及时跟进 UG 软件版本的变化，及时反映 CAD/CAM 技术的最新成果，本书第 2 版所有项目全部采用 UG NX 8.0 作为设计软件。此外还在第 1 版的基础上对部分项目进行了调整，使之更具有典型性。

《CAD/CAM 数控编程项目教程(UG 版)(第 2 版)》各任务推荐教学课时数安排如下：

任务	课程内容	课 时 数		
		合计	讲授	实训
1	认识建模界面和基本工具	4	2	2
2	连杆建模	6	2	4
3	支架的建模	6	2	4
4	轴的建模	6	2	4
5	座体的建模	6	2	4
6	电热杯体的建模	8	4	4
7	五角星体的建模	6	2	4
8	灯罩的建模	6	2	4
9	熨斗的建模	12	4	8
10	熟悉数控编程基础知识	4	2	2
11	薄板编程与仿真	10	4	6
12	模具型芯的编程与仿真	10	4	6
13	鼠标模型的编程与仿真	10	4	6
	机　　动	2		
	总　　计	96	36	58

本书由慕灿主编，参加编写的还有富国亮、陈森林、戴永明等。限于编者水平，书中疏漏之处在所难免，恳请广大读者提出宝贵意见和建议，以便我们不断改进。本书所有相关原始文件可在 http://www.pup6.cn 网站上的高职高专机电系列里面下载相应的素材包。

编　者

2014 年 4 月

第 1 版前言

UG NX 6 是 SIEMENS 公司推出的功能强大、闻名遐迩的 CAD/CAE/CAM 一体化软件。其内容博大精深，是全球应用最广泛、最优秀的大型计算机辅助设计、制造和分析软件之一，广泛应用于航天、航空、汽车、家用电器、机械及模具等领域。其主要内容涉及工程制图、三维造型、装配、制造加工、逆向工程、工业造型设计、注塑模具设计、注塑模流道分析、钣金设计、机构运动分析、有限元分析、渲染和动画仿真、工业标准交互传输、数控模拟加工等十几个模块。它不仅造型功能强大，编辑功能更是无与伦比。UG NX 6 自 1990 年进入中国市场以来发展迅速，已成为中国航天航空、汽车、家用电器、机械及模具等领域的首选软件。

本书由具有丰富实践和教学经验的"双师型"教师编写，在内容的编排上力求做到如下几点。

(1) 理论"够用"为度，深化实例讲解。让学生在实例讲解的过程中深入理解概念，学会实际操作方法。

(2) 强化实训，熟能生巧。本书除了从实例导入来讲解以外，还在每个项目中加入了若干个实训，综合运用前面项目中讲解的知识要点，以取得举一反三的效果。

(3) 讲解详尽，利于自学。本书在实例的讲解过程中，力求详尽、细致，每个步骤都有对应的图例加以说明。通过实例的具体步骤学习，读者可以掌握基本的操作要领。

本书的课程实施适合采用课堂与实训地点一体化的教学模式，强调以工作任务为载体设计教学过程，教、学、做相结合，强化学生的能力培养。

本书共设 3 个学习项目、13 个学习任务，内容包括：非曲面类零件的建模、曲面类零件的建模、数控编程与仿真，覆盖了 UG NX 6 中 CAD 和 CAM 部分的主要功能，包括曲线、草图、实体、曲面、平面铣、型腔铣和固定轴曲面轮廓铣等。

本书可作为高职高专院校数控、机电一体化、机械制造及其自动化、模具设计与制造及计算机辅助设计与制造专业的教材，也可供各企业从事产品设计、CAD/CAM 应用的广大工程技术人员参考。本书所有相关原始文件可在 http://www.pup6.cn 网站上的高职高专机电系列里面下载相应的素材包。

《CAD/CAM 数控编程项目教程(UG 版)》各任务推荐教学课时数安排如下：

任务	课程内容	课 时 数		
		合计	讲授	实训
1	认识建模界面和基本工具	4	2	2
2	连杆建模	6	2	4
3	碗的建模	6	2	4
4	轴的建模	6	2	4
5	座体的建模	6	2	4

续表

任务	课程内容	课 时 数		
		合计	讲授	实训
6	电热杯体的建模	8	4	4
7	五角星体的建模	6	2	4
8	吸顶灯罩体的建模	6	2	4
9	熨斗的建模	12	4	8
10	熟悉数控编程基础知识	4	2	2
11	薄板编程与仿真	10	4	6
12	心形模具型腔的编程与仿真	10	4	6
13	鼠标模型的编程与仿真	10	4	6
机 动		2		
总 计		96	36	58

本书由阜阳职业技术学院的慕灿担任主编(任务 1、2、6、9、10)，参加编写的还有河北机电职业技术学院的富国亮(任务 3、4、5)、巢湖职业技术学院的陈森林(任务 7、8)、阜阳职业技术学院的戴永明(任务 11、12、13)。全书由慕灿统稿。

在本书编写工作中得到了阜阳职业技术学院陈囡囡和滑雪燕的帮助，在此向他们表示衷心的感谢！

限于编者水平，书中不足之处在所难免，恳请广大读者提出宝贵意见。

编 者

2010 年 6 月

目　　录

项目 **1**

非曲面类零件的建模

➤ 学习目标

本项目是学习 UG NX 8.0 的重要基础，通过典型工作任务的学习，达到熟练运用该软件并实现非曲面类零件建模的目的。

➤ 学习要求

(1) 了解 UG NX 8.0 常用菜单及常用工具的使用方法。
(2) 掌握草图环境下曲线绘制和约束方法。
(3) 掌握建模环境下曲线绘制和编辑方法。
(4) 掌握特征工具条中主要工具的使用方法。
(5) 掌握使用 UG NX 8.0 建模的一般思路和流程。
(6) 理解并基本掌握建模的一般技巧。

➤ 项目导读

UG NX 8.0 提供了特征建模模块、同步建模模块和编辑特征模块这三大模块，具有强大的实体建模功能。对于一般机械类零件的建模，只要掌握非曲面实体建模并学会一般技巧即可实现。

建模的一般原则是，先总体后局部，化整为零，分别构建。在建模前通过分析理清思路是成功建模的关键。

熟练掌握在建模和草图环境下一般曲线的绘制和编辑是建模的重要保证。

任务 1 认识建模界面和基本工具

1.1 任务导入

根据图 1.1 所示的车床尾座顶针的平面图建立其三维模型。通过对该图的练习，熟悉 UG NX 8.0 的建模界面和基本工具的使用，掌握利用基本体素特征快速建立简单模型的方法，为以后的学习打好基础。

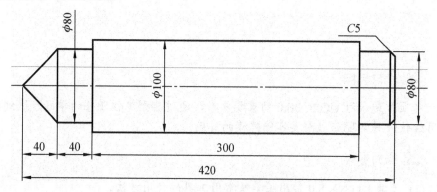

图 1.1 车床尾座顶针的平面图

1.2 任务分析

图 1.1 所示零件实际上是由一个尾端带有倒角的台阶轴和一个圆锥体构成的。建立本模型的关键是要构造好圆锥体模型并与台阶轴组合成一个完整的三维模型。

1.3 任务知识点

1.3.1 UG NX 8.0 的工作环境

1. 启动 UG NX 8.0

启动 UG NX 8.0，常用的方法有以下两种。

(1) 双击桌面上 UG NX 8.0 的快捷方式图标，启动 UG NX 8.0。

(2) 选择"开始" | "所有程序" | "Siemens NX 8.0" | "NX 8.0"命令，启动 UG NX 8.0。UG NX 8.0 的启动界面如图 1.2 所示。

2. 操作界面

启动 UG NX 8.0 软件后，打开零件，进入 UG NX 8.0 的操作界面，如图 1.3 所示。

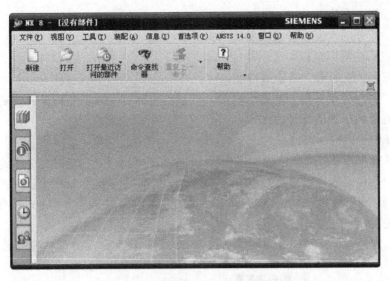

图 1.2　UG NX 8.0 的启动界面

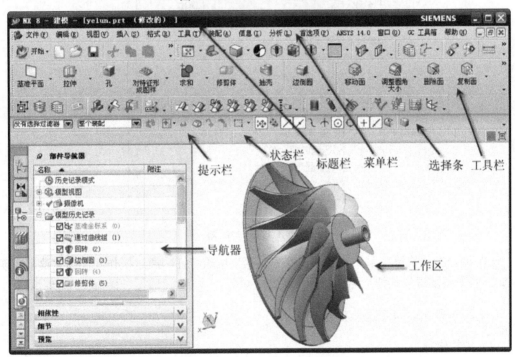

图 1.3　UG NX 8.0 的操作界面

3．部件导航器

UG NX 8.0 提供了一个功能强大、方便使用的编辑工具——"部件导航器"，如图 1.4 所示。它通过一个独立的窗口，以一种树形格式(特征树)可视化地显示模型中特征与特征之间的关系，并可以对各种特征实施编辑操作，其操作结果可以通过图形窗口中模型的更新显示出来。

(1) 特征树中图标的含义。

① ⊞、⊟分别代表以折叠或展开方式显示特征。

② ☑表示在图形窗口中显示特征。

③ □表示在图形窗口中隐藏特征。

④ ▦、▥等表示在每个特征名前面，以彩色图标形象地表明特征的所属类别。

(2) 在特征树中选取特征。

① 选择单个特征：在特征名上单击。

② 选择多个特征：选取连续的多个特征时，单击选取第一个特征，在连续的最后一个特征上按住 Shift 键的同时单击，或者选取第一个特征后，按住 Shift 键的同时移动光标来选择连续的多个特征；选择非连续的多个特征时，单击选取第一个特征，按住 Ctrl 键的同时在要选择的特征名上单击。

③ 从选定的多个特征中排除特征：按住 Ctrl 键的同时在要排除的特征名上单击。

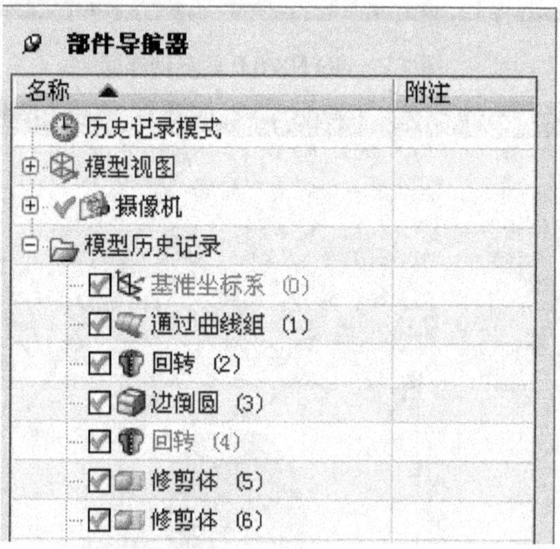

图 1.4　部件导航器

(3) 编辑操作快捷菜单。利用"部件导航器"编辑特征，通过操作其快捷菜单来实现。例如，右击要编辑的某特征名，将弹出快捷菜单。

1.3.2　UG NX 8.0 的基本操作

1. 文件管理

文件管理是 UG NX 8.0 中最为基本和常用的操作，在开始创建零部件模型前，都必须有文件存在。下面主要介绍文件管理的基本操作方法。

(1) 新建文件。选择"文件"|"新建"命令，弹出"新建"对话框，如图 1.5 所示。

(2) 打开文件。有以下两种方式可以打开文件。

① 单击"标准"工具条上的"打开"按钮。

② 选择"文件"|"打开"命令，弹出"打开"对话框，如图 1.6 所示。在该对话框的文件列表框中选择需要打开的文件，此时"预览"窗口将显示所选模型。单击"OK"按钮即可打开选中的文件。

(3) 保存文件。一般建模过程中，为避免意外事故发生造成文件的丢失，通常需要用户及时保存文件。UG NX 8.0 中常用的保存方式有 4 种：①直接保存；②仅保存工作部件；③另存为；④全部保存。

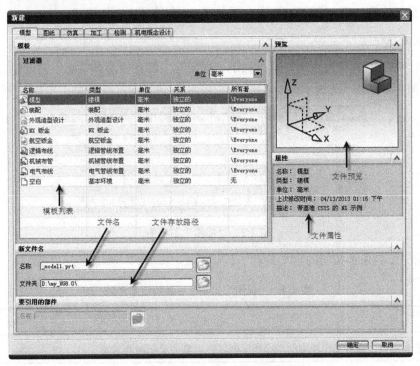

图 1.5　"新建"对话框

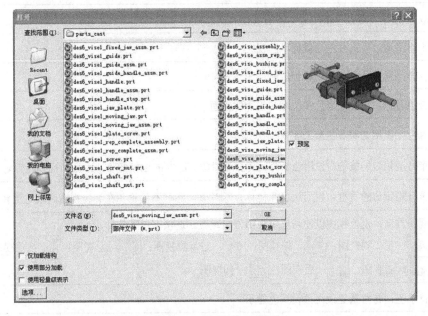

图 1.6　"打开"对话框

　　(4) 导入文件。导入文件是指把系统外的文件导入到 UG NX 8.0 系统中。UG NX 8.0

提供了多种格式的导入形式，包括 DXF/DWG、CGM、VRML、IGES、STEP203、STEP214、CATIA V4、CATIA V5、Pro/E 等。

（5）导出文件。UG NX 8.0 导出文件与导入文件类似，利用导出功能可将现有模型导出为其他类型的文件。在 UG NX 8.0 中，提供了 20 余种导出文件格式。

2. 模型显示

用 UG NX 8.0 建模时，用户可以利用"视图"工具条中的各项命令进行窗口显示方式的控制和操作，如图 1.7 所示。

图 1.7 "视图"工具条

"视图"工具条各按钮的含义见表 1-1。

表 1-1 "视图"工具条中各按钮的含义

按钮	含 义
	适合窗口：调整工作视图的中心和比例以在屏幕中显示所有对象
	缩放：通过单击并拖动鼠标来创建一个矩形边界，从而放大视图中的某一特定区域
	放大/缩小：通过单击并上下移动鼠标来放大/缩小视图
	平移：通过单击并拖动鼠标平移视图
	旋转：通过单击并拖动鼠标旋转视图
	带边着色：用光顺着色和边缘几何体渲染面
	着色：仅用光顺着色渲染面
	带有淡化边的线框：仅用边缘几何体显示对象。隐藏的边将变暗，并且当视图旋转时动态更新
	带有隐藏边的线框：仅用边缘几何体显示对象。隐藏不可见并在旋转视图时动态更新的边
	视图方向：定位视图以便与选定视图方向对齐。选项有以下几种。 ：正二测视图； ：俯视图； ：正等测视图； ：左视图； ：前视图； ：右视图； ：后视图； ：仰视图
	背景色：将背景更改为预设颜色显示
	剪切工作截面：启用视图剖切
	编辑工作截面：编辑工作视图截面或者在没有截面的情况下创建新的截面

3. 鼠标和键盘的使用

(1) 单击鼠标左键：选择菜单或选择对话框中的选项。

(2) 单击鼠标中键：在单击"确认"或"应用"按钮之前，在对话框中的所有必要步骤之间切换；在完成所有必要步骤之后，执行功能相当于单击"确认"或"应用"按钮的操作。

(3) 按住 Alt+鼠标中键：取消。

(4) 在文本框中右击：显示"剪切"、"复制"、"粘贴"等弹出式菜单。

(5) 按住 Shift 键并在列表框中单击鼠标中键：选择相邻的项目。

(6) 按住 Ctrl 键并在列表框中单击鼠标中键：选择或取消非邻近的项目。

(7) 旋转鼠标滚轮：当光标下的点处于静态时，缩放模型。

(8) 在图形区域(而非模型)上单击鼠标右键，或按住 Ctrl 键并在图形区域的任意处右击：启动"视图"弹出式菜单。

(9) 在对象上右击：启动特定对象的弹出式菜单。

(10) 在对象上双击：为对象调用"默认操作"。

(11) 按住鼠标中键并在视图中拖动：旋转视图。

(12) 在视图中拖动鼠标中键+鼠标右键，或按住 Shift+鼠标中键：平移视图。

(13) 在视图中拖动鼠标中键+鼠标左键，或按住 Ctrl+鼠标中键：放大视图。

(14) 按住 Home 键：将工作视图定位于正二测视图。

(15) 按住 End 键：将工作视图定位于正等测视图。

1.3.3　工作环境设定

1. 背景颜色设定

(1) 选择"首选项"|"背景"命令，弹出"编辑背景"对话框，如图 1.8 所示。

(2) 此时处于实体建模工作状态，在"着色视图"选项组中选中"渐变"单选按钮，分别单击顶部、底部对应的颜色框，弹出"颜色"对话框，如图 1.9 所示。单击拟更改的颜色，然后单击"确定"按钮，完成修改，背景色变为设定的颜色。

图 1.8　"编辑背景"对话框

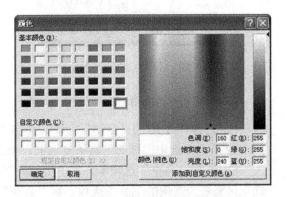

图 1.9　"颜色"对话框

2. 可视化部件颜色设定

(1) 选择"首选项"|"可视化"命令，弹出"可视化首选项"对话框，选择"颜色/线型"选项卡，如图 1.10 所示。

(2) 分别单击"预选"、"选择"、"隐藏几何体"对应的颜色框，弹出"颜色"对话框，单击拟更改的颜色，然后单击两次"确定"按钮完成修改。

(3) 将鼠标再次移近模型，模型上光标所指之处变成设定的"预选"颜色。单击实体上任意一个几何要素，该要素由"预选"的颜色变成"选择"的颜色。

3. 工作对象颜色设定

选择要设定颜色的对象，选择"编辑"|"对象显示"命令，弹出"编辑对象显示"对话框，选择"常规"选项卡，如图 1.11 所示。单击拟更改的颜色，然后单击两次"确定"按钮完成修改。

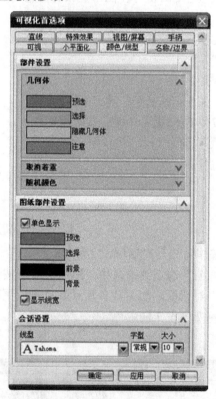

图 1.10　"颜色/线型"选项卡

图 1.11　"常规"选项卡

4. 工具条设置方法

(1) 选择"工具"|"定制"命令，弹出"定制"对话框，选择"工具条"选项卡，如图 1.12 所示。选中所需的工具条复选框，该工具条出现在屏幕上。

(2) 选择"命令"选项卡，在"类别"下拉列表框中选择相应的项目，右边的"命令"选项区将变为对应的工具条选项。将"命令"下拉列表框中所需的命令按钮拖放至工具条或菜单中后释放鼠标左键，即可添加该命令按钮，如图 1.13 所示。

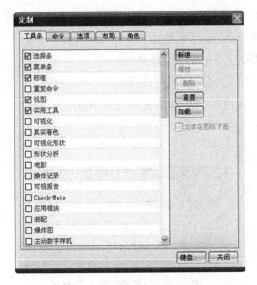

图 1.12　"工具条"选项卡

图 1.13　工具条定制方法

(3) 选择"选项"选项卡，在对话框的上半部分可以设定菜单的显示方式及提示功能，在对话框的下半部分可以设置工具条和菜单图标的大小，如图 1.14 所示。

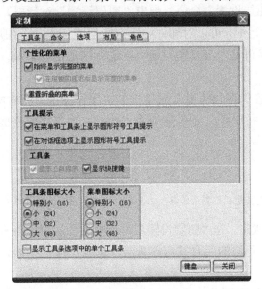

图 1.14　个性化设置菜单和工具条

5．图层操作

(1) 图层简介。图层是指放置模型对象的不同层次。在多数图形软件中，为了方便对模型对象的管理设置了不同的层，每个层可以放置不同的属性。各个层不存在实质上的差异，原则上任何对象都可以根据不同需要放置到任何一个图层中。其主要作用就是在进行复杂特征建模时可以方便地进行模型对象的管理。

UG NX 8.0 系统中最多可以设置 256 个图层，其中第 1 层作为默认工作层，每个层上可以放置任意数量的模型对象。在每个组件的所有图层中，只能设置一个图层为工作图层，所有的工作只能在工作图层上进行。其他图层可以对其状态进行以下设置来辅助建模工作。

① 可选：该层上的几何对象和视图是可选择的(必可见的)。

② 不可见：该层上的几何对象和视图是不可见的(必不可选择的)。

③ 仅可见：该层上的几何对象和视图是只可见的，但不可选择。

④ 作为工作层：创建对象的层，该层上的几何对象和视图是可见的和可选的。

在 UG NX 8.0 中，图层的有关操作集中在"格式"菜单和"实用工具"工具条上，如图 1.15 和图 1.16 所示。

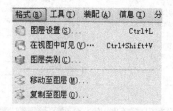

图 1.15 "格式"菜单

图 1.16 "实用工具"工具条

(2) 图层设置。该命令的作用是在创建模型前，根据实际需要、用户使用习惯和创建对象类型的不同对图层进行设置。

选择"格式"|"图层设置"命令，弹出"图层设置"对话框，如图 1.17 所示，用于设置图层状态。利用该对话框，可以对部件中所有图层或任意一个图层进行"设为可选"、"设为工作图层"、"设为仅可见"等设置，还可以进行图层信息查询，也可以对图层所属的种类进行编辑操作。

① 设置工作层。在"图层设置"对话框的"工作图层"文本框中输入层号(1～256)，单击"设为工作图层"按钮 ，则该层变成工作图层，原工作层变成可选层。

特别提示

设置工作层的最简单方法是在"实用工具"工具条的"工作图层"列表框中直接输入层号并按 Enter 键。

② 设置层的其他状态。在"图层设置"对话框的图层类别列表框中选择欲设置状态的层，这时"图层控制"下边的所有按钮被激活，单击相应的按钮，设置为该状态，每个层只能有一种状态。

(3) 图层在视图中的可见性。选择"格式"|"视图中可见图层"命令，或单击"实用工具"工具条中的"视图中可见图层"按钮 ，弹出如图 1.18 所示的"视图中可见图层"视图选择对话框。单击"确定"按钮，则弹出如图 1.19 所示的"视图中可见图层"对话框，在该对话框中可以设置图层可见或不可见。

(4) 图层类别。选择"格式"|"图层类别"命令或单击"实用工具"工具条中的"图层类别"按钮 ，或按快捷键 Shift+Ctrl+V，弹出"图层类别"对话框，如图 1.20 所示。对话框中各选项含义见表 1-2。

图 1.17　"图层设置"对话框

图 1.18　"视图中可见图层"视图选择对话框

图 1.19　"视图中可见图层"对话框

图 1.20　"图层类别"对话框

表 1-2　"图层类别"对话框中各选项含义

选　项	含　　义	选　项	含　　义
图层类列表	显示满足过滤条件的所有图层类条目	删除	删除选定的图层类
过滤器	控制图层类别列表框中显示的图层类条目，可使用通配符	重命名	改变选定的一个图层类的名称

续表

选　项	含　义	选　项	含　义
类别	在"类别"文本框中可输入要建立的图层类名	描述	显示图层类描述信息或输入图层类的描述信息
创建/编辑	建立或编辑图层类。主要是建立新的图层类，并设置该图层类所包含的图层和编辑该图层	加入描述	如果要在"描述"文本框中输入信息，就必须单击"加入描述"按钮，这样才能使描述信息生效

（5）移动至图层。该命令是指将选定的对象从一个图层移动到指定的一个图层，原图层中不再包含选定的对象。

选择"格式"|"移动至图层"命令，弹出"类选择"对话框，如图 1.21 所示。在该对话框中选取需移动图层的对象，弹出"图层移动"对话框，如图 1.22 所示。在"目标图层或类别"文本框中输入目标图层名称，单击"确定"按钮即可完成操作。

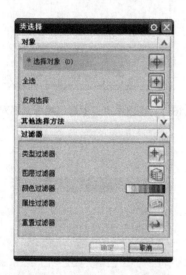

图 1.21 "类选择"对话框

图 1.22 "图层移动"对话框

（6）复制至图层。该命令是指将选取的对象从一个图层复制一个备份到指定的图层。其操作方法与"移动至图层"类似，二者的不同点在于执行"复制至图层"操作后，选取的对象同时存在原图层和指定的图层中。

1.3.4 UG NX 8.0 的常用工具

1. 点构造器

点构造器用于根据需要捕捉已有的点或创建新点。在 UG NX 8.0 的功能操作中，许多功能都需要利用"点"对话框来定义点的位置。

单击"标准"工具条中的"现有点"按钮＋或者选择"插入"|"基准/点"|"点"命令，弹出"点"对话框，如图 1.23 所示。对话框中各选项含义见表 1-3。在不同的情况下，"点"对话框的形式和所包含的内容可能会有所差别。

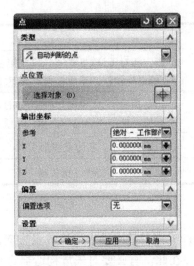

图 1.23　"点"对话框

表 1-3　"点"对话框中各选项含义

选　　项	含　　义
自动判断的点	系统使用单个选择来指定点,所以自动推断的选项被局限于光标位置、现有点、终点、控制点及圆弧中心/椭圆中心/球心
光标位置	在光标位置指定一个位置, 位于 WCS(工作坐标系)的平面中, 可使用网格快速准确地定位点
现有点	通过选择一个现有点对象来指定一个位置
终点	在现有的直线、圆弧、二次曲线及其他曲线的端点指定一个位置
控制点	在几何对象的控制点指定一个位置
交点	在两条曲线的交点或一条曲线和一个曲面或平面的交点处指定一个位置
圆弧中心/椭圆中心/球心	在圆弧、椭圆、圆或球的中心指定一个位置
圆弧/椭圆上的角度	在沿着圆弧或椭圆与 XC 轴成一角度的位置指定一个位置,在 WCS 中按逆时针方向测量角度
象限点	在一个圆弧或一个椭圆的四分点指定一个位置,还可以在一个圆弧未构建的部分(或外延)定义一个点
点在曲线/边上	在曲线或边上指定一个位置
点在面上	指定面上的一个点
两点之间	在两点之间指定一个位置
按表达式	使用点类型的表达式指定点
选择对象	用于选择点

续表

选　项	含　义
相对于 WCS	指定相对于 WCS 的点，可直接在文本框中输入点的坐标值，单击"确定"按钮，系统会自动按照输入的坐标值生成点
绝对	指定相对于 ACS(绝对坐标系)的点，可直接在文本框中输入点的坐标值，单击"确定"按钮，系统会自动按照输入的坐标值生成点
X、Y 和 Z	指定点坐标，要为点添加引用、函数或公式，可使用参数输入选项
关联	使该点与其父特征相关联

2. 基准轴

在 UG NX 8.0 中建模时，经常用基准轴来构造矢量方向，如创建实体时的生成方向、投影方向、特征生成方向等。在此，有必要对矢量构造器进行介绍。

矢量构造功能通常是其他功能中的一个子功能，系统会自动判定得到矢量方向。如果需要以其他方向作为矢量方向，单击"方向"下拉按钮，弹出"矢量"对话框，如图 1.24 所示。该对话框列出了可以建立的矢量方向的各项功能。

用户可以用以下 15 种方式构造一个矢量。

(1) 自动判断的矢量：用于根据选择的对象自动判断定义矢量。

(2) 两点：用于在任意两点之间指定一个矢量。

(3) 与 XC 成一角度：用于在 XC-YC 平面中，与 XC 轴成指定角度处指定一个矢量。

(4) 曲线/轴矢量：用于在曲线、边缘或圆弧起始处指定一个与该曲线或边缘相切的矢量。如果是完整的圆，将在圆心并垂直于圆面的位置处定义矢量；如果是圆弧，将在垂直于圆弧面并通过圆弧中心的位置处定义矢量。

(5) 在曲线矢量上：用于在曲线上的任意点指定一个与曲线相切的矢量。可按照圆弧长或圆弧百分比指定位置。

(6) 面/平面法向：用于指定与基准面或平面的法向平行或与圆柱面的轴平行的矢量。

(7) XC 轴：用于指定一个与现有 CSYS(基准坐标系)的 XC 轴或 X 轴平行的矢量。

(8) YC 轴：用于指定一个与现有 CSYS 的 YC 轴或 Y 轴平行的矢量。

(9) ZC 轴：用于指定一个与现有 CSYS 的 ZC 轴或 Z 轴平行的矢量。

(10) -XC 轴：用于指定一个与现有 CSYS 的 -XC 轴或 -X 轴平行的矢量。

(11) -YC 轴：用于指定一个与现有 CSYS 的 -YC 轴或 -Y 轴平行的矢量。

(12) -ZC 轴：用于指定一个与现有 CSYS 的 -ZC 轴或 -Z 轴平行的矢量。

(13) 视图方向：用于指定与当前工作视图平行的矢量。

(14) 按系数：用于按系数指定一个矢量。

(15) 按表达式：用于使用矢量类型的表达式来指定矢量。

特别提示

单击"反向"按钮，即可反转矢量的方向。

3. 类选择器

在建模过程中，经常需要选择对象，特别是在复杂的建模中，用鼠标直接操作难度较大。因此，有必要在系统中设置筛选功能。在 UG NX 8.0 中提供了类选择器，可以从多个选项中筛选所需的特征。类选择器不是单独使用的，而是在其他操作中需要选择对象的时候才会出现。

选择"信息"|"对象"命令，弹出"类选择"对话框，如图 1.25 所示。

"类选择"对话框中各选项含义说明如下。

(1) 对象。

① ⊞选择对象：使用当前过滤器、鼠标及选择规则来选择对象。

② ⊞全选：根据对象过滤器设置，在工作视图中选择所有可见对象。

③ ⊞反向选择：取消选择所有选定对象，并选择之前未被选中的对象。

图 1.24   "矢量"对话框

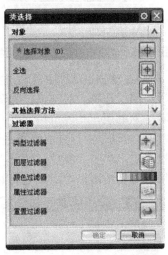

图 1.25   "类选择"对话框

(2) 其他选择方法。

① 按名称选择：根据指定的对象名称，选择单个对象或一系列对象。用户可以替换以下文字字符的通配符以选择一个范围的对象。"?"表示除句号以外的任何单字符；"*"表示任何字符串，包括具有句号的字符串和空字符串。

② 选择链：选择连接的对象、线框几何体或实体边缘。

③ 向上一级：将选定组件或组在层次结构中上移一级。

(3) 过滤器。

① 类型过滤器：该过滤器通过制订对象的类型限制对象的选择范围。单击"类型过滤器"按钮，弹出"根据类型选择"对话框，如图 1.26 所示。利用该对话框可以对曲线、平面、实体等类型进行限制。有些类型还可以进行进一步的限制。例如，选择"曲线"选项，单击"细节过滤"按钮，弹出如图 1.27 所示对话框，即可对曲线进行进一步的限制。

图 1.26　"根据类型选择"对话框

图 1.27　"曲线过滤器"对话框

②　图层过滤器：该过滤器通过指定图层来限制选择对象。单击"图层过滤器"按钮，弹出"根据图层选择"对话框，如图 1.28 所示。应用该对话框可以在对象选择的时候设置包括或者排除的层。

③　颜色过滤器：该过滤器通过设定颜色来限制对象的选取。设定选择以后，颜色相同的对象被选定。单击"颜色过滤器"按钮 ，弹出"颜色"对话框，如图 1.29 所示。应用该对话框可以在对象选择时设置包括选定颜色的层。

图 1.28　"根据图层选择"对话框

图 1.29　"颜色"对话框

④　属性过滤器：该过滤器通过设定属性来限制对象的选取。单击"属性过滤器"按钮 ，弹出"按属性选择"对话框，如图 1.30 所示。应用该对话框可以在对象选择时设置属性。

4. 坐标系

UG NX 8.0 系统提供了两种常用的坐标系：绝对坐标系(Absolute Coordinate System,

ACS)和工作坐标系(Work Coordinate System，WCS)。二者都遵守右手定则，其中绝对坐标系是系统默认的坐标系，其原点位置是固定不变的，即无法进行变化。而工作坐标系是系统提供给用户的坐标系，在实际建模过程中可以根据需要构造、移动和旋转变化，同时还可以对坐标系本身进行保存、显示或隐藏等操作，下面将介绍工作坐标系的构造和变化等操作方法。

(1) 构造坐标系。根据需要在视图区创建或平移坐标系，同点和矢量的构造类似。在菜单栏中选择"视图"|"操作" |"定向"命令，弹出"CSYS"对话框，如图 1.31 所示。

图 1.30 "按属性选择"对话框

图 1.31 "CSYS"对话框

在该对话框中，列出了新建坐标系的所有方法，下面分别予以介绍。

① 动态：可以手动移动 CSYS 到任何想要的位置或方位，或创建一个关联、相对于选定 CSYS 动态偏置的 CSYS。

② 自动判断：定义一个与选定几何体相关的 CSYS 或通过 X、Y 和 Z 分量的增量来定义 CSYS。

③ 原点，X 点，Y 点：根据选定或定义的 3 个点来定义 CSYS。X 轴是从第一点到第二点的矢量；Y 轴是从第一点到第三点的矢量；原点是第一点。

④ X 轴，Y 轴：根据选定或定义的两个矢量来定义 CSYS。X 轴和 Y 轴是矢量；原点是矢量交点。

⑤ X 轴，Y 轴，原点：根据选定或定义的一点和两个矢量来定义 CSYS。X 轴和 Y 轴都是矢量；原点为一点。

⑥ Z 轴，X 轴，原点：根据选择或定义的点和两个矢量定义 CSYS。Z 轴和 X 轴是矢量；原点是点。

⑦ Z 轴，Y 轴，原点：根据选择或定义的点和两个矢量定义 CSYS。Z 轴和 Y 轴是矢量；原点是点。

⑧ Z 轴，X 点：根据定义的一个点和一条 Z 轴来定义 CSYS。X 轴是从 Z 轴矢量到点的矢量；Y 轴是从 X 轴和 Z 轴计算得出的；原点是这 3 个矢量的交点。

⑨ 对象的 CSYS：从选定的曲线、平面或制图对象的 CSYS 定义相关的 CSYS。

⑩ 点，垂直于曲线：通过一点且垂直于曲线定义 CSYS。

⑪ 平面和矢量：根据选定或定义的平面和矢量来定义 CSYS。X 轴方向为平面法向；Y 轴方向为矢量在平面上的投影方向；原点为平面和矢量的交点。

⑫ 🔲三平面：根据 3 个选定的平面来定义 CSYS。X 轴是第一个基准平面/平的面的法线；Y 轴是第二个基准平面/平的面的法线；原点是这 3 个平面/面的交点。

⑬ 🔲绝对 CSYS：指定模型空间坐标系作为坐标系。X 轴和 Y 轴是绝对 CSYS 的 X 轴和 Y 轴；原点为绝对 CSYS 的原点。

⑭ 🔲当前视图的 CSYS：将当前视图的坐标系设置为坐标系。X 轴平行于视图底部；Y 轴平行于视图的侧面；原点为视图的原点(图形屏幕中间)。

⑮ 🔲偏置 CSYS：根据指定的来自选定坐标系的 X、Y 和 Z 的增量来定义 CSYS。X 轴和 Y 轴为现有 CSYS 的 X 轴和 Y 轴；原点为指定的点。

⑯ 🔲平面，X 轴，点：通过选定 Z 轴的平面对象、投影到 X 轴平面的矢量以及投影到原点平面的点定义 CSYS。

(2) 坐标系的变换。在 UG NX 8.0 建模过程中，有时为了方便模型各部位的创建，需要改变坐标系原点位置和坐标系的旋转方向，即对工作坐标系进行变换。下面介绍坐标系的变化操作方法。

① 改变工作坐标系原点。选择"格式"|"WCS"|"原点"命令，弹出"点"对话框，提示用户构造一个点。指定一点后，当前工作坐标系的原点就移到指定点的位置。

② 动态改变坐标系。选择"格式"|"WCS"|"动态"命令，当前工作坐标系如图 1.32 所示。从图 1.32 上可以看出，共有 3 种动态改变坐标系的标志，即原点、移动手柄和旋转手柄，对应地有 3 种动态改变坐标系的方式。

➢ 用鼠标选取原点，其方法同改变工作坐标系原点。

➢ 用鼠标选取移动手柄，如 ZC 轴上的，则显示如图 1.33 所示的移动非模式文本框。这时既可以在"距离"文本框中通过直接输入数值来改变坐标系，也可以通过按住鼠标左键沿坐标轴拖动坐标系。在拖动坐标系过程中，为便于精确定位，可以设置捕捉单位，如 25.0。则每隔 25.0 个单位距离，系统自动捕捉一次。

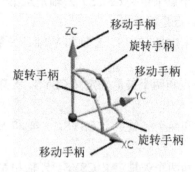

图 1.32 工作坐标系临时状态

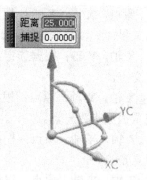

图 1.33 移动非模式文本框

➢ 用鼠标选取旋转手柄，如 XC-YC 平面内的，则显示如图 1.34 所示的旋转非模式文本框。这时既可以在"角度"文本框中通过直接输入数值来改变坐标系，也可以通过按住鼠标左键在屏幕上旋转坐标系。在旋转坐标系过程中，为便于精确定位，可以设置捕捉单位，如 45.0。这样每隔 45.0 个单位角度，系统将自动捕捉一次。

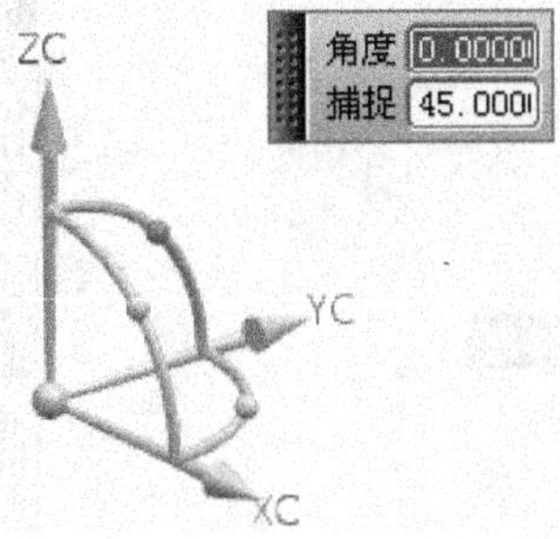

图 1.34 旋转非模式文本框

③ 旋转工作坐标系。选择“格式”|“WCS”|“旋转”命令，弹出“旋转 WCS 绕”对话框，如图 1.35 所示。选择任意一个旋转轴，在“角度”文本框中输入旋转角度值，单击“确定”按钮，可实现旋转工作坐标系。旋转轴是 3 个坐标轴的正、负方向，旋转方向的正向由右手螺旋法则确定。

④ 更改 XC 方向。选择“格式”|“WCS”|“更改 XC 方向”命令，弹出“点”对话框，提示用户指定一点(不得为 ZC 轴上的点)。则原点与指定点在 XC-YC 平面的投影点的连线为新的 XC 轴。

⑤ 改变 YC 方向。选择“格式”|“WCS”|“更改 YC 方向”命令，弹出“点”对话框，提示用户指定一点(不得为 ZC 轴上的点)。则原点与指定点在 XC-YC 平面的投影点的连线为新的 YC 轴。

(3) 坐标系的保存。一般对经过移动或旋转等变换后创建的坐标系需要及时保存，以便于区分原有的坐标系，同时便于在后续建模过程中根据用户需要随时调用。选择“格式”|“WCS”|“保存”命令，系统将保存当前的工作坐标系。

(4) 坐标系显示和隐藏。该选项用于显示或隐藏当前的工作坐标系。

1.3.5 基本体素特征

所谓体素特征，指的是可以独立存在的规则实体，它可以用作实体建模初期的基本形状，具体包括长方体、圆柱体、圆锥体和球体 4 种。

1. 长方体

长方体：通过指定方位、大小和位置创建长方体体素。选择“插入”|“设计特征”|“长方体”命令，弹出“块”对话框，如图 1.36 所示。系统提供 3 种创建长方体的方式。

(1) 原点和边长：通过使用一个角点和长度、宽度、高度来创建长方体，如图 1.37 所示。(图中❶=拐角点。)

(2) 两点和高度：通过定义高度和底面的两个对角点来创建长方体，如图 1.38 所示。

(3) 两个对角点：允许通过定义两个代表对角点的 3D 体对角点来创建长方体，如图 1.39 所示。

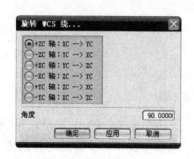

图 1.35   "旋转 WCS 绕"对话框(1)

图 1.36   "块"对话框

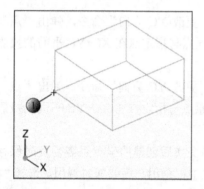

图 1.37   "原点和边长"创建长方体

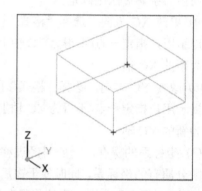

图 1.38   "两点和高度"创建长方体

2．圆柱体

圆柱体：通过指定方位、大小和位置创建圆柱体素。选择"插入"|"设计特征"|"圆柱体"命令，弹出"圆柱"对话框，如图 1.40 所示。系统提供两种创建圆柱的方式。

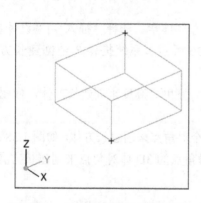

图 1.39   "两个对角点"创建长方体

图 1.40   "圆柱"对话框(1)

(1) 轴、直径和高度：通过指定方向矢量并定义直径和高度值来创建圆柱，如图 1.41 所示。

(2) 圆弧和高度：通过选择圆弧并输入高度值来创建圆柱，如图 1.42 所示。

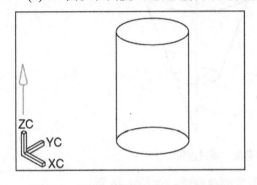

图 1.41　"轴、直径和高度"创建圆柱

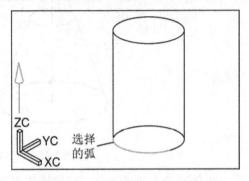

图 1.42　"圆弧和高度"创建圆柱

3. 圆锥体

圆锥体：通过指定方位、大小和位置创建圆锥体素。选择"插入"|"设计特征"|"圆锥"命令，弹出"圆锥"对话框，如图 1.43 所示。系统提供 5 种创建圆锥的方式。

(1) 直径和高度：通过定义底部直径、顶部直径和高度值来创建圆锥，如图 1.44 所示。

图 1.43　"圆锥"对话框(1)

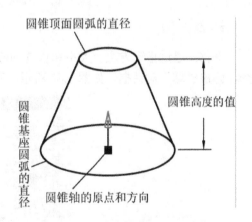

图 1.44　"直径和高度"创建圆锥

(2) 直径和半角：通过定义底部直径、顶部直径和半角的值来创建圆锥，如图 1.45 所示。

(3) 底部直径、高度和半角：通过定义底部直径、高度和半顶角值来创建圆锥。

(4) 顶部直径、高度和半角：通过定义顶部直径、高度和半顶角值来创建圆锥。

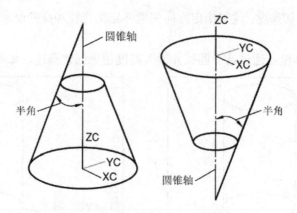

图 1.45　"直径和半角"创建圆锥

(5) 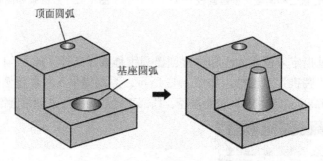两个共轴的圆弧：通过选择两条圆弧来创建圆锥，如图 1.46 所示。

图 1.46　"两个共轴的圆弧"创建圆锥

4．球体

球体：通过指定方位、大小和位置创建球体素。选择"插入"|"设计特征"|"球"命令，弹出"球"对话框，如图 1.47 所示。系统提供两种创建球的方式。

图 1.47　"球"对话框

(1) ⊕中心点和直径：通过定义直径值和中心来创建球，如图 1.48 所示。

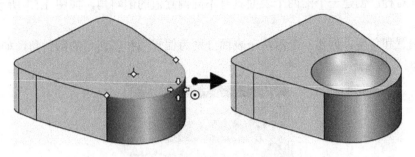

图1.48 "中心点和直径"创建球

(2) ◎圆弧：通过选择圆弧来创建球，圆弧直径即为球直径，如图1.49所示。

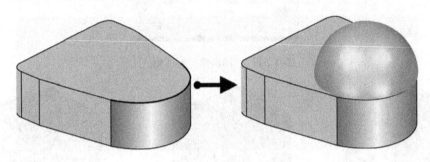

图1.49 "圆弧"创建球

1.3.6 倒斜角特征

倒斜角是指对已存在的实体沿指定的边进行倒角操作，在产品设计中使用广泛。

倒角时系统增加材料或减去材料取决于边缘类型。对于外边缘(凸)是减去材料，对于内边缘(凹)是增加材料。不管是增加材料还是减去材料，都缩短了相交于所选边缘的两个面的长度，如图1.50所示。

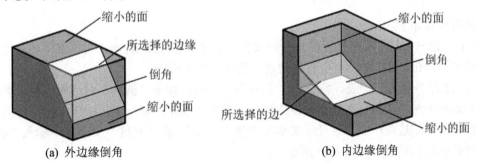

(a) 外边缘倒角   (b) 内边缘倒角

图1.50 内边缘、外边缘倒角

选择"插入"|"细节特征"|"倒斜角"命令，弹出"倒斜角"对话框，如图1.51所示。倒角类型分为3种：对称、非对称及偏置和角度。

(1) 对称：沿所选边的两侧使用相同偏置值创建简单倒斜角，如图1.52所示。偏置值必须为正。

（2）非对称：创建一个沿两个表面具有不同偏置值的倒斜角，如图 1.53 所示。偏置值必须为正。

（3）偏置和角度：创建一个沿两个表面分别为偏置值和斜切角的倒斜角，如图 1.54 所示。偏置值必须为正。

图 1.51　"倒斜角"对话框(1)

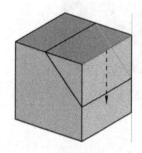　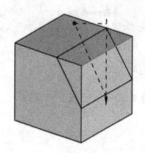　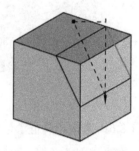

图 1.52　"对称"创建倒斜角　　图 1.53　"非对称"创建倒斜角　　图 1.54　"偏置和角度"创建倒斜角

1.4　建模步骤

建模步骤如下。

（1）创建一个基于模型模板的新公制部件，并输入 dingzhen.prt 作为该部件的名称。单击"确定"按钮，UG NX 8.0 会自动启动"建模"应用程序。

（2）选择"插入"|"设计特征"|"圆柱体"命令，弹出"圆柱"对话框。在"类型"下拉列表框中选择"轴、直径和高度"选项，单击"指定矢量"下拉按钮，在弹出的下拉列表框中选择 选项，在"直径"文本框中输入"80"，在"高度"文本框中输入"40"，其余参数按默认设置，如图 1.55 所示。

（3）单击"应用"按钮，绘制一段圆柱体，如图 1.56 所示。

（4）同样，在"类型"下拉列表框中选择"轴、直径和高度"选项，单击"指定矢量"下拉按钮，在弹出的下拉列表框中选择 选项，在"直径"文本框中输入"100"，在"高度"文本框中输入"300"，在"指定点"选项中选择上一步绘制的圆柱体左端面的圆心为要创建圆柱中心的起始点，如图 1.57 所示。在"布尔"下拉列表框中选择"求和"选项，单击"应用"按钮，结果如图 1.58 所示。

图 1.55　"圆柱"对话框(2)

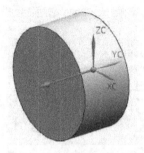

图 1.56　创建的圆柱体(1)

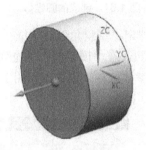

图 1.57　选择圆心

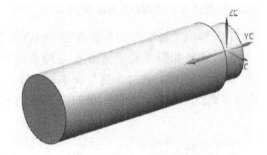

图 1.58　创建的圆柱体(2)

(5) 与上一步类似,在上一步绘制的圆柱体左端绘制一个直径为 80mm、高为 40mm 的圆柱体并求和,结果如图 1.59 所示。

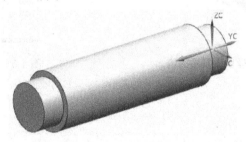

图 1.59　创建的圆柱体(3)

(6) 选择"插入"|"设计特征"|"圆锥"命令,弹出"圆锥"对话框。在"类型"下拉列表框中选择"直径和高度"选项,单击"指定矢量"下拉按钮,在弹出的下拉列表框中选择 选项,在"指定点"选项中选择上一步绘制的圆柱体左端面的圆心为新创建圆锥底面的中心,在"底部直径"文本框中输入"80",在"顶部直径"文本框中输入"0",在"高度"文本框中输入"40",在"布尔"下拉列表框中选择"求和"选项,如图 1.60 所示。

(7) 单击"确定"按钮,结果如图 1.61 所示。

图 1.60　"圆锥"对话框(2)

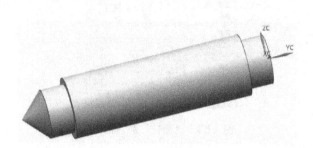

图 1.61　创建的圆锥体

(8) 单击"特征"工具条中的"倒斜角"按钮 ，弹出"倒斜角"对话框。

(9) 选择如图 1.62 所示的圆柱端面圆为要倒斜角的边，在"横截面"下拉列表框中选择"对称"选项，在"距离"文本框中输入"5"，其余参数按默认设置，如图 1.63 所示。单击"确定"按钮，最终结果如图 1.64 所示。

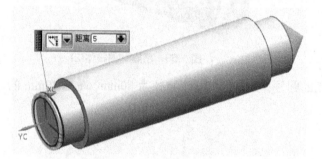

图 1.62　选择要倒斜角的边

图 1.63　"倒斜角"对话框(2)

图 1.64　创建的倒斜角

(10) 按指定路径保存文件。

拓展实训

应用基本体素特征和倒斜角特征，根据图 1.65 所示的阶梯轴的平面图创建其三维模型。

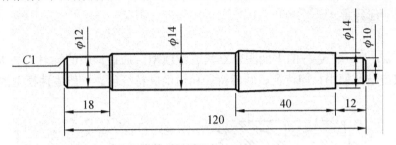

图 1.65 阶梯轴的平面图

任 务 小 结

　　本任务主要学习 UG NX 8.0 的工作环境及设定、基本操作和常用工具，包括文件管理、模型显示、鼠标和键盘的使用、工具条定制、图层操作、点构造器、基准轴、类选择器、坐标系及基本体素特征和倒斜角特征。这些常用工具和基本操作不是孤立的，后续学习中会经常用到这些内容，熟练掌握有助于提高后续建模工作效率和质量，因此读者在学习本任务知识时需重点掌握这些内容。

习　　题

1. 问答题

(1) 如何新建一个公制部件？如何保存？

(2) 如何定制工具条？

(3) 如何重新定位工作坐标系？

(4) 简述创建圆锥的过程。

2. 选择题

(1) 在 UG NX 8.0 的操作界面中，(　　)用来提示下一步该做什么。

　　A．提示行　　　　B．状态行　　　　C．信息窗口

(2)(　　)决定创建一个圆柱的方向。

　　A．点构造器　　　B．矢量构造器　　C．WCS 定位

(3) 利用菜单中的圆柱体命令创建圆柱时有(　　)种方法。

　　A．2　　　　　　B．3　　　　　　　C．4

(4) 在 UG NX 8.0 中，系统共设有(　　)个图层

　　A．255　　　　　B．256　　　　　　C．250

任务 2　连 杆 建 模

2.1　任务导入

根据图 2.1 所示的连杆的平面图建立其三维模型。通过该图的练习，初步掌握草图的绘制和约束方法及使用拉伸特征、回转特征和边倒圆特征创建一般零件模型的技能。

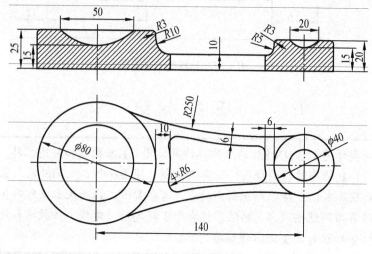

图 2.1　连杆的平面图

2.2　任务分析

从图 2.1 可以看出，该模型截面由半径不等的圆弧光滑连接而成，不能用基本体素特征来创建。完成本任务需要用拉伸特征、回转特征和边倒圆特征，而使用上述特征的前提是正确绘制零件模型的截面曲线，复杂的截面曲线一般使用"草图"命令来创建。因此需要首先学习草图方面的知识，然后学习拉伸特征、回转特征和边倒圆特征的创建方法，最后应用这些知识完成本任务。

2.3　任务知识点

2.3.1　草图曲线绘制

创建草图是指在用户指定的平面上创建点、线等二维图形的过程，是 UG NX 8.0 特征建模的一个重要方法，比较适用于创建截面较复杂的特征。一般情况下，用户的三维建模都是从创建草图开始，即先利用草图功能创建出特征的大略形状，再利用草图的几何和尺寸约束功能，精确设置草图的形状和尺寸。绘制草图完成后即可利用拉伸、回转或扫掠等功能，创建与草图关联的实体特征。用户可以对草图的几何约束和尺寸约束进行修改，从而快速更新模型。

　　1. 草图基本环境

　　(1) 草图首选项。为了更准确有效地创建草图，需要对草图文本高度、原点、尺寸和默认前缀等基本参数进行设置。

　　选择"首选项"|"草图"命令，弹出"草图首选项"对话框，该对话框包括"草图样式"、"会话设置"和"部件设置"3 个选项卡，分别如图 2.2、图 2.3 和图 2.4 所示。

图 2.2　"草图样式"选项卡

图 2.3　"会话设置"选项卡

各选项卡中的常用选项说明如下。

　　① 尺寸标签：控制草图尺寸文本的显示方式，右边下拉列表中有 3 个选项。

　　➢　表达式：草图尺寸显示为表达式(默认)，如 p0=100.0。

　　➢　名称：草图尺寸显示为名称，如 p0。

　　➢　值：草图尺寸显示为值，如 100.0。

　　② 屏幕上固定文本高度：选中"屏幕上固定文本高度"复选框，在缩放草图时会使尺寸文本维持恒定的大小，否则在缩放时，会同时缩放尺寸文本和草图几何图形。

　　③ 文本高度：控制草图尺寸的文本高度，默认为 4。

　　④ 创建自动判断约束：对活动草图启用"创建自动判断约束"功能。

　　⑤ 捕捉角：指定垂直、水平、平行及正交直线的默认捕捉角公差。例如，一直线端点相对于水平或垂直参考直线角度小于或等于捕捉角度值，该直线自动捕捉到垂直或水平位置，如图 2.5 所示。

　　⑥ 名称前缀：设置草图、顶点、直线、圆弧、二次曲线、样条默认名称前缀。如果指定一个新的前缀，则它会对创建的下一个对象生效，先前创建的草图名称不会更改。

　　⑦ 颜色：用来定制草图中可用的颜色。

　　⑧ 继承自用户默认设置：将当前部件中的所有草图都更新为用户默认设置的颜色。

　　(2) 草图工作界面。选择"插入"|"任务环境中的草图"命令(或单击"特征"工具条上的"任务环境中的草图"按钮)，选取草图平面后进入草图工作界面，如图 2.6 所示。

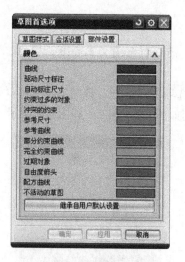

图 2.4　"部件设置"选项卡

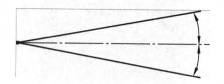

图 2.5　"捕捉角"示例

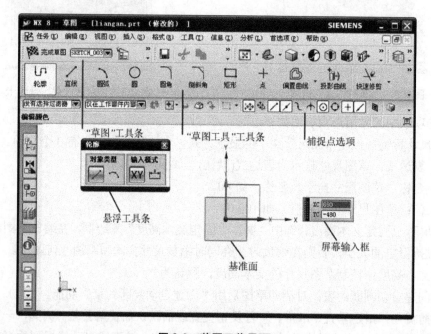

图 2.6　草图工作界面

（3）创建草图的一般步骤。草图的创建过程因人而异，下面介绍其一般操作步骤。

① 设置工作图层，即草图所在的图层。

② 检查或修改草图参数预设置。

③ 进入草图工作界面。在"草图"工具条的"草图名"文本框中，系统会自动命名该草图。用户也可以将系统自动命名编辑修改为其他名称。

④ 设置草图附着平面。利用"草图"工具条，指定草图附着平面。指定草图平面后，一般情况下系统将自动转到草图的附着平面。

⑤ 创建草图对象。

⑥ 添加约束，包括尺寸约束和几何约束。

⑦ 单击"完成草图"按钮，退出草图工作界面。

2．曲线绘制命令

常用曲线绘制命令如图 2.7 所示。

图 2.7　常用曲线绘制命令

(1) 轮廓。使用此命令可以以线串模式创建一系列相连的直线或圆弧，即上一条曲线的终点为下一条曲线的起点。例如，可以在一系列鼠标单击中创建如图 2.8 所示的轮廓。

① 轮廓选项。单击"草图"工具条中的"轮廓"按钮 ⌐，或者选择"插入"|"曲线"|"轮廓"命令，弹出"轮廓"工具条，如图 2.9 所示。

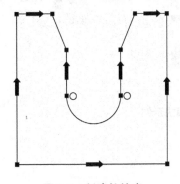

图 2.8　创建的轮廓

图 2.9　轮廓工具条

> ⬜直线：创建直线。这是默认模式。如果还没有选定端点，则画的第一条线将使用 X 坐标和 Y 坐标，如果选择了捕捉点或端点，系统将为线串中第二条直线使用长度和角度参数。

> ⌒圆弧：创建圆弧。当从直线连接圆弧时，将创建一个两点圆弧；如果从标准象限连接圆弧，将创建一个三点圆弧。

> XY坐标模式：使用 X 坐标和 Y 坐标创建曲线点。

> ⌐参数模式：使用与直线或圆弧曲线类型对应的参数创建曲线点。

② 轮廓的圆弧象限。从一条直线过渡到圆弧，或从一个圆弧过渡到另一个圆弧，在线的端点会出现象限符号，如图 2.10 所示。

包含曲线的象限与其顶点相对的象限是相切象限(象限 1 和象限 2)，象限 3 和象限 4 是垂直象限。要控制圆弧的方向，可将光标放在某一个象限内，然后按顺时针或逆时针方向将光标移出象限，如图 2.11 所示。

(2) 直线。使用此命令可以绘制水平、垂直或任意角度的直线。单击"直线"按钮，直线工具条坐标模式被激活，通过在 XC、YC 字段输入值，或设置"捕捉"工具条的自动捕捉定义直线起点。确定直线起点后，直线工具条参数模式被激活，通过在长度、角度字段输入值，或设置"捕捉"工具条的自动捕捉定义直线终点，如图 2.12 所示。

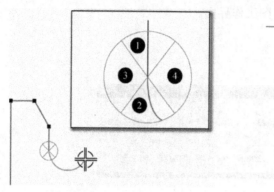

图 2.10　圆弧象限符号

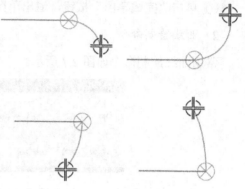

图 2.11　控制圆弧的方向

图 2.12　"直线"坐标模式示例

特别提示

　　要创建与其他直线平行或垂直的直线，可通过输入参数或单击来定义直线的起始点。确保在"自动约束"设置对话框中选定了平行和垂直约束。将光标移动到目标直线上，然后移动光标直至看到适当的约束。当创建直线时，如果相切约束在"自动约束"设置对话框中是打开的，则它可以捕捉所有类型的曲线或边，包括直线、圆弧、椭圆、二次曲线和样条的相切线。

　　(3) 圆弧。

　　① 三点定圆弧，如图 2.13 所示。

　　② 中心和端点定圆弧，如图 2.14 所示。

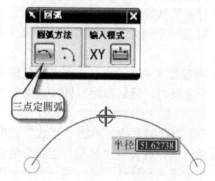

图 2.13　"三点定圆弧"示例

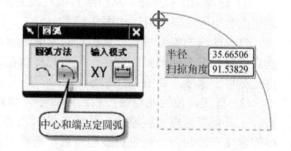

图 2.14　"中心和端点定圆弧"示例

特别提示

　　三点定圆弧时，在指定第一、第二点后，默认第三点为该两点之间的圆弧上的任意一点。此时，移动鼠标滑过一点，则该点变为弧上一点，第三点为另一端点。

　　(4) 圆。

　　① 圆心和直径(或圆上一点)定圆，如图 2.15 所示。

　　② 三点(或两点和直径)定圆，如图 2.16 所示。

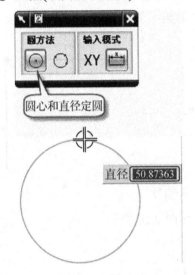

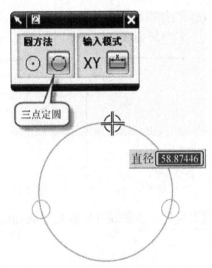

图 2.15　"圆心和直径定圆"示例　　　　图 2.16　"三点定圆"示例

　　(5) 快速修剪。可以将曲线修剪到任一方向上最近的实际交点或虚拟交点。

　　① 快速裁剪或删除选择的曲线段。以所有的草图对象为修剪边，裁剪掉被选择的最小单元段。如果按住鼠标左键并拖动，光标变为铅笔状，徒手画曲线，则和该徒手曲线相交的所有曲线段都被裁剪掉，如图 2.17 所示。

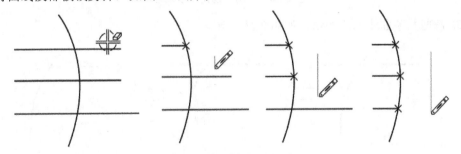

图 2.17　"快速修剪"示例(1)

　　② 修剪到虚拟交点。将选定曲线修剪至一条或多条边界曲线的虚拟延伸线，如图 2.18 所示。

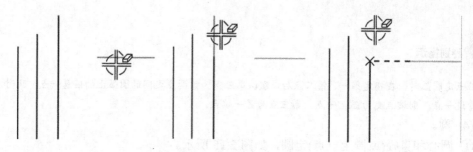

图 2.18　"快速修剪"示例(2)

(6) 制作拐角。可通过将两条输入曲线延伸或修剪到一个公共交点来创建拐角。

① 延伸两曲线创建拐角，如图 2.19 所示。

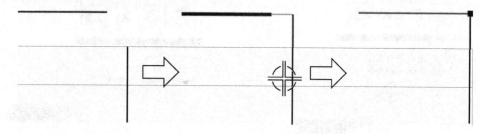

图 2.19　"制作拐角"示例(1)

② 延伸一条曲线并修剪另一条曲线创建拐角，如图 2.20 所示。

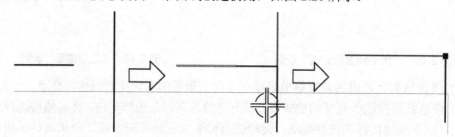

图 2.20　"制作拐角"示例(2)

③ 修剪两条曲线创建拐角，如图 2.21 所示。

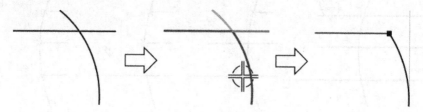

图 2.21　"制作拐角"示例(3)

(7) 创建圆角。可在两条或三条曲线之间创建一个圆角。

① 创建两个曲线对象的圆角。分别选择两个曲线对象或将光标选择球指向两个曲线的交点处同时选择两个对象，然后移动光标确定圆角的位置和大小，如图 2.22 所示。

② 创建 3 个曲线对象的圆角，如图 2.23 所示。

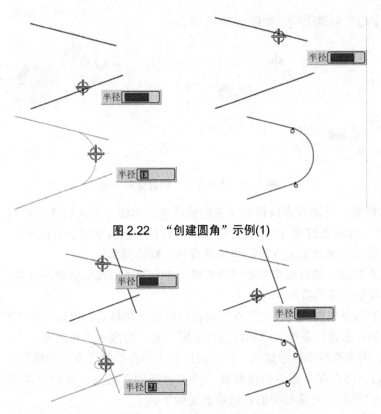

图 2.22　"创建圆角"示例(1)

图 2.23　"创建圆角"示例(2)

(8) 矩形。可通过两角点绘制矩形、三角点绘制矩形或中心点、边中点、角点绘制矩形。

①"按 2 点"创建矩形，如图 2.24 所示。

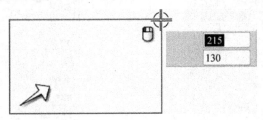

图 2.24　"按 2 点"创建矩形示例

②"按 3 点"创建矩形，如图 2.25 所示。

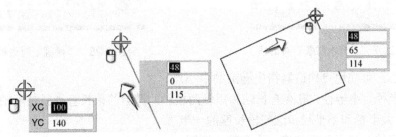

图 2.25　"按 3 点"创建矩形示例

③ "从中心"创建矩形，如图 2.26 所示。

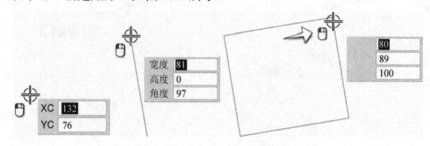

图 2.26　"从中心"创建矩形示例

(9) 艺术样条。可通过点或极点动态创建样条。单击"艺术样条"按钮，弹出"艺术样条"对话框，如图 2.27 所示。"艺术样条"对话框中的各选项含义如下。

① ～通过点：通过定义点来创建关联或非关联的样条。

② ＾根据极点：通过构造和处理样条极点来创建关联或非关联的样条。

③ 度：指定样条的阶次。

④ 匹配的结点位置：仅在定义点的所在位置处放置结点，仅适用于"通过点"方法。

⑤ 封闭的：指定样条的起点和终点位于同一点，构成一个封闭环。

(10) 点。用来在草图中创建点，方法同任务 1 中介绍的"点构造器"。

(11) 椭圆。用来在草图中创建椭圆。单击"椭圆"按钮，弹出"椭圆"对话框，如图 2.28 所示。"椭圆"对话框中的各选项含义如下。

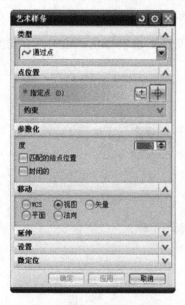

图 2.27　"艺术样条"对话框

图 2.28　"椭圆"对话框

① 中心：可使用点构造器指出椭圆的中心点。

② 大半径、小半径：椭圆有长轴和短轴两根轴。椭圆的最长直径就是长轴，最短直径就是短轴。大半径和小半径指这些轴长度的一半。

③ 封闭的：选择此项创建一个完整的椭圆。

④ 角度：椭圆是绕 ZC 轴正向沿着逆时针方向创建的，该角度是指椭圆长轴与 XC 轴的夹角。

2.3.2　草图约束

创建完草图几何对象后，需要对其进行精确约束和定位。通过草图约束可以控制草图对象的形状和大小，通过草图定位可以确定草图与实体边、参考面、基准轴等对象之间的位置关系。常用草图约束命令如图 2.29 所示。

图 2.29　常用草图约束命令

1.　自由度箭头

自由度有 3 种类型：定位自由度、转动自由度及径向自由度。自由度箭头提供了关于草图曲线约束状态的视觉反馈。初始创建时，每个草图曲线类型都有不同的自由度箭头。常用草图曲线和点的自由度见表 2-1。

表 2-1　常用草图曲线和点的自由度

序号	曲　　线	自由度
1		点有 2 个自由度
2		直线有 4 个自由度：每个端点有 2 个
3		圆有 3 个自由度：圆心 2 个，半径 1 个
4		圆弧有 5 个自由度：圆 2 个，半径 1 个，起始角度和终止角度各 1 个
5		椭圆有 5 个自由度：2 个在中心，1 个用于方向，长轴半径和短轴半径各 1 个
6		椭圆弧有 7 个自由度：2 个在中心，1 个用于方向，长轴半径和短轴半径各 1 个，起始角度和终止角度各 1 个

序号	曲 线	自由度
7		二次曲线有 6 个自由度：每个端点有 2 个，锚点有 2 个
8		极点样条有 4 个自由度：每个端点有 2 个
9		过点的样条在它的每个定义点处均有 2 个自由度

2. 几何约束

(1) 约束。约束是对所选草图对象手动指定某种约束的方法。选择要创建约束的曲线，则所选曲线会加亮显示，同时弹出可约束的选项工具条。工具条可用的选项随着曲线的类型、数量不同而变化，已经自动或手动施加约束的类型呈灰显(不可选)状态。

各种常见约束类型及其含义见表 2-2。

表 2-2　各种常见约束类型及其含义

序号	约束类型	表示含义
1	⊥ 固定	将草图对象固定在某个位置，点固定其所在位置；线固定其角度；圆和圆弧固定其圆心或半径
2	╱ 重合	约束两个或多个点重合(选择点、端点或圆心)
3	╲ 共线	约束两条或多条直线共线
4	↑ 点在曲线上	约束所选取的点在曲线上(选择点、端点或圆心和曲线)
5	┼ 中点	约束所选取的点在曲线中点的法线方向上
6	→ 水平	约束直线为水平的直线(选择直线)
7	↑ 竖直	约束直线为垂直的直线(选择直线)
8	∥ 平行	约束两条或多条直线平行(选择直线)
9	⊥ 垂直	约束两条直线垂直(选择直线)
10	═ 等长	约束两条或多条直线等长度(选择直线)
11	↔ 固定长度	约束两条或多条直线固定长度(选择直线)
12	─ 恒定角度	约束两条或多条直线固定角度(选择直线)
13	◎ 同心	约束两个或多个圆、圆弧或椭圆的圆心同心(选择圆、圆弧或椭圆)
14	○ 相切	约束直线和圆弧或两条圆弧相切(选择直线、圆弧)
15	⌒ 等半径	约束两个或多个圆、圆弧半径相等(选择圆、圆弧)

(2) 自动约束。自动约束是指系统自动产生几何约束类型，根据草图对象间的关系，自动添加相应约束到草图对象上。单击"草图工具"工具条中的"自动约束"按钮 ，弹出"自动约束"对话框，如图 2.30 所示。

该对话框显示当前草图对象可添加的几何约束类型。在该对话框中选择自动添加到草图对象的某些约束类型，然后单击"确定"按钮。系统会分析草图对象的几何关系，根据选择的约束类型，自动添加相应的几何约束到草图对象上。

(3) 显示所有约束。单击"草图工具"工具条中的"显示所有约束"按钮 ，显示施加到草图的所有几何约束，如图 2.31 所示。再次单击"草图工具"工具条上的"显示所有约束"按钮 ，取消显示施加到草图的所有几何约束，如图 2.32 所示。

图 2.30 "自动约束"对话框

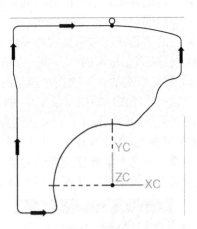

图 2.31 激活"显示所有约束"示例

(4) 不显示约束。单击"草图工具"工具条中的"不显示约束"按钮 ，隐藏施加到草图的所有几何约束，如图 2.33 所示。

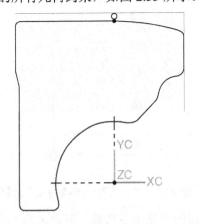

图 2.32 不激活"显示所有约束"示例

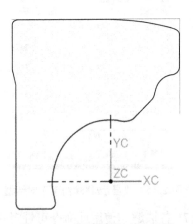

图 2.33 "不显示约束"示例

（5）显示/移除约束。单击"草图工具"工具条中的"显示/移除约束"按钮，弹出"显示/移除约束"对话框，如图2.34所示。可显示草图对象的几何约束信息，并可移除指定的约束或移除列表中的所有约束。

① 约束列表。

➢ 选定的一个对象：一次只能选择显示一个对象的约束。

➢ 选定的多个对象：一次可以选择显示一个或多个对象的约束。

➢ 活动草图中的所有对象：显示草图中所有几何约束。

② 约束类型：过滤在列表框中显示的约束类型。

➢ 包含：指定的约束类型是列表框中唯一显示的类型。

➢ 排除：指定的约束类型是列表框中唯一不显示的类型。

③ 显示约束。

➢ Explicit：显示所有由用户显式或非显式创建的约束，包括所有非自动判断的重合约束，但不包括所有系统在曲线创建期间自动判断的重合约束。

➢ 自动判断：显示所有自动判断的重合约束，它们是在曲线创建期间由系统自动创建的。

➢ 两者皆是：显示显式的和自动判断两种类型的约束。

④ 移除高亮显示的：移除一个或多个在"显示约束"列表窗口中选择的约束。

⑤ 移除所列的：移除在"显示约束"列表窗口中所有列出的约束。

当光标在绘图区草图对象上移动时，与之约束的草图对象会以系统颜色高亮显示，以及显示约束类型的约束标记。当草图对象上没有添加约束时，不会出现高亮显示和约束标记。

（6）转换至/自参考对象。可以将草图曲线(但不是点)或草图尺寸由活动对象转换为参考对象，或由参考对象转换为活动对象。参考尺寸不控制草图几何图形，默认情况下，参考曲线用双点画线显示，如图2.35所示。

图2.34 "显示/移除约束"对话框

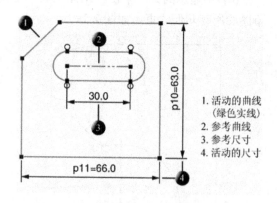

图2.35 "转换至/自参考对象"示例

（7）备选解。使用此命令可针对尺寸约束和几何约束显示备选解，可供选择一个需要的方案。如图2.36所示为尺寸p12的两种方案。

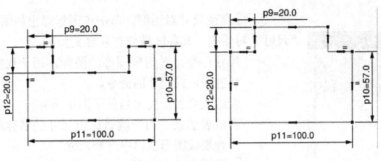

图 2.36 "备选解"示例

(8) 自动判断约束和尺寸。可在曲线构造过程中自动判断出符合约束条件的曲线并自动添加相应的约束和尺寸。

单击"草图工具"工具条上的"自动判断约束和尺寸"按钮，弹出"自动判断约束和尺寸"对话框，如图 2.37 所示。从中可选择在曲线构造过程中需要自动添加的约束和尺寸。

(9) 创建自动判断约束。可在创建或编辑草图几何图形时，启用或禁用"自动判断约束"，相当于一个控制开关。如果要临时禁用"自动判断约束"，只需在创建几何图形时按住 Alt 键即可。

(10) 连续自动标注尺寸。自动标注草图曲线的尺寸且完全约束活动的草图，包括相对于基准坐标系的定位尺寸。

3. 尺寸约束

尺寸约束就是为草图对象标注尺寸，但它不是通常意义的尺寸标注，而是通过给定尺寸来驱动、限制和约束草图几何对象的大小和形状。

(1) 自动判断的尺寸。单击"草图工具"工具条中的"自动判断尺寸"按钮，弹出"尺寸"工具条，有 3 种用于尺寸约束的选项，如图 2.38 所示。

图 2.37 "自动判断约束和尺寸"对话框

图 2.38 "尺寸"工具条

图 2.39 "尺寸"对话框

① 草图尺寸对话框。单击该图标弹出如图 2.39 所示的"尺寸"对话框。其各区域或选项含义如下。

> 尺寸命令：对话框顶部的图标，用于选择创建自动判断的或显式尺寸的命令。

> 表达式列表：列出当前草图中所有尺寸的名称和值。

> 当前表达式：用于编辑选定尺寸的名称和值。从表达式列表或图形窗口中选择尺寸。

> ⊠移除高亮显示的：可以删除从图形窗口或表达式列表中选定的尺寸。

> 值：通过拖动滑尺更改选定尺寸约束的值。

> 尺寸放置：可以指定放置尺寸的方式，如自动放置、手工放置且箭头在内或手工放置且箭头在外。

> 指引线方向：使用下拉按钮指定指引线从尺寸文本延伸的方向，包括"指引线从左侧指过来"和"指引线从右侧指过来"两个选项。

> 固定文本高度：选中该复选框时，在缩放草图时会使尺寸文本维持恒定的大小；取消选中该复选框时，在缩放的时候会同时缩放尺寸文本和草图几何图形。

> 创建参考尺寸：选中该复选框可创建参考尺寸。

> 创建内错角：计算并创建草图曲线之间的最大尺寸，选中该复选框与否，其效果如图 2.40 所示。

② 创建参考尺寸：激活这个选项，可创建参考尺寸。

③ 创建内错角：作用同前述。

(2) 尺寸约束步骤。

① 单击一个尺寸标注图标后，选择要标注尺寸的对象，单击指定一点，定位尺寸的放置位置，此时弹出一个尺寸表达式窗口，如图 2.41 所示。

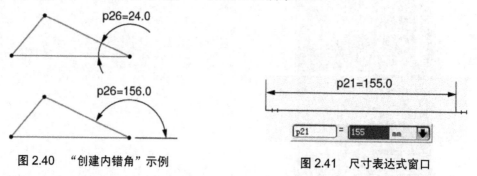

图 2.40 "创建内错角"示例

图 2.41 尺寸表达式窗口

② 指定尺寸表达式的值时，尺寸驱动草图对象至指定的值，用鼠标拖动尺寸可调整尺寸的放置位置。

③ 单击鼠标中键或再次单击所选择的尺寸图标完成尺寸标注。

④ 选择任何一个尺寸标注命令时，单击一个尺寸标注；或在没有选择任何尺寸标注命令时，双击一个尺寸标注。此时，弹出一个尺寸表达式窗口，可以编辑一个已有的尺寸标注。

特别提示

如果所施加尺寸与其他几何约束或尺寸约束发生冲突，称为约束冲突。系统改变尺寸标注和草图对象的颜色时，颜色将变为粉红色。对于约束冲突(几何约束或尺寸约束)，无法对草图对象按约束驱动。

4. 草图操作

草图操作主要包括现有曲线、交点、相交曲线、投影曲线、偏置曲线、派生直线、镜像曲线和阵列曲线等命令，如图 2.42 所示。

图 2.42　草图操作命令

(1) 现有曲线。将图形窗口中现有的不属于草图对象的曲线、点、椭圆、抛物线和双曲线等添加到活动草图中。

特别提示

只有未使用的基本曲线才能添加到草图，已经用于拉伸、旋转、扫描的基本曲线不能再添加到活动草图中。

(2) 交点。在指定几何体通过草图平面的位置创建一个关联点和基准轴。

(3) 相交曲线。在一组相切连续面与草图平面相交处创建一个平滑的曲线链，如图 2.43 所示为草图平面与多个曲面相交的曲线。

(4) 投影曲线。投影曲线是指将能够抽取的对象(关联和非关联曲线和点或捕捉点，包括直线的端点及圆弧和圆的中心)沿垂直于草图平面的方向投影到草图平面上，而原来的曲线仍然存在。

单击"草图工具"工具条中的"投影曲线"按钮，弹出"投影曲线"对话框，如图 2.44 所示。在该对话框中可以设置投影曲线是否关联。选择要投影的曲线后，单击"确定"按钮，则所选对象投影到草图中，并成为当前草图对象。

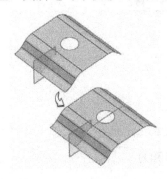

图 2.43　"相交曲线"示例　　　　图 2.44　"投影曲线"对话框

(5) 偏置曲线。对当前的曲线链、投影曲线或者曲线/边进行偏置，并使用偏置约束来约束几何对象。"草图"工具条使用图形窗口符号来标示基链和偏置链，并可在基链和偏置链之间创建偏置尺寸。

图 2.45 "偏置曲线"对话框(1)

单击"草图工具"工具条中的"偏置曲线"按钮，弹出"偏置曲线"对话框，如图 2.45 所示。各参数说明如下。

① 要偏置的曲线。
➢ 选择曲线：选择要偏置的曲线或曲线链。
② 偏置。
➢ 距离：指定偏置距离。
➢ 反向：使偏置链的方向反向。
➢ 创建尺寸：在基链和偏置曲线链之间创建一个厚度尺寸。
➢ 对称偏置：在基链的两边各创建一个偏置链。
➢ 副本数：指定要生成的偏置链的数量。UG NX 8.0 将偏置链的每个副本按照距离参数所指定的值进行偏置。

➢ 端盖选项："延伸端盖"通过沿着曲线的自然方向将其延伸到实际交点来封闭偏置链。"圆弧帽形体"通过为偏置链曲线创建圆角来封闭偏置链，圆角半径等于偏置距离。
③ 设置。
➢ 转换要引用的输入曲线：将输入曲线转换为参考曲线。输入曲线必须位于活动草图上。
➢ 阶次：在偏置艺术样条时指定阶次，默认值为 3。
➢ 公差：在偏置艺术样条、二次曲线或椭圆时指定公差。
偏置曲线的操作如图 2.46 和图 2.47 所示。

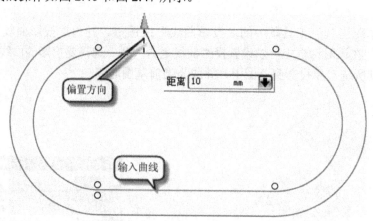

图 2.46 "偏置曲线"示例(1)

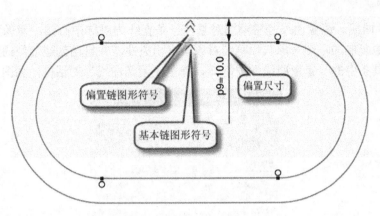

图 2.47　"偏置曲线"示例(2)

(6) 派生直线。基于现有直线新建直线时，可以创建如下任意直线。

① 源自基线的任意数量偏置直线。

➢ 从基线偏置一条直线，可在基线上单击，并再次单击以放置这条新直线，如图 2.48 所示。

➢ 从同一条基线偏置多条直线，可按住 Ctrl 键并在基线上单击，然后再次单击，放置各条新直线，如图 2.49 所示。

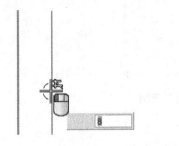
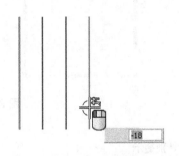

图 2.48　"从基线偏置一条直线"示例　　图 2.49　"从同一条基线偏置多条直线"示例

② 位于平行线中间的直线。选择两条平行线，通过拖动鼠标或在长度输入框中输入值可设置直线长度，如图 2.50 所示。

③ 非平行线间的平分线。选择两条非平行直线，可以图形方式放置直线终点，或在长度输入框中输入一个值，如图 2.51 所示。

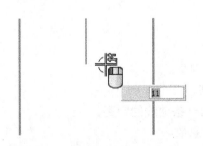
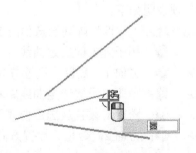

图 2.50　"创建中间直线"示例　　　　图 2.51　"创建平分线"示例

(7) 镜像曲线。镜像曲线是将草图对象以一条直线为对称中心线，镜像复制成新的草图对象。镜像复制的草图对象与原草图对象具有相关性，并自动创建镜像约束。单击"草图工具"工具条中的"镜像曲线"按钮 ，弹出"镜像曲线"对话框，如图2.52所示。

图2.52　"镜像曲线"对话框

镜像曲线操作如图2.53所示。

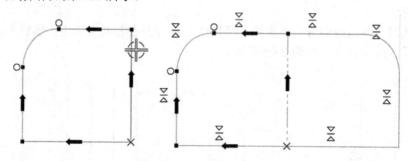

图2.53　"镜像曲线"示例

特别提示

凡是对称的图形，一般应采用镜像草图命令创建，系统会将镜像几何约束应用到所有几何图形，不需要再对镜像草图施加任何几何约束和尺寸约束。否则，需要施加很多的几何约束和尺寸约束才能达到完全约束的目的。

(8) 阵列曲线。可对与草图平面平行的边、曲线和点设置阵列。单击"草图工具"工具条中的"阵列曲线"按钮 ，弹出"阵列曲线"对话框，如图2.54所示。其布局类型及对应选项说明如下。

① 线性。"线性"阵列示意如图2.55所示。

➢ ❶：用于阵列的选定曲线。

➢ ❷：方向1，数量。设置方向1的阵列对象数。

➢ ❸：节距，设置选定曲线副本之间的距离。

➢ ❹：跨距，设置从选定曲线到阵列中最后一条曲线的距离。

➢ ❺：方向2，数量。设置方向2的阵列对象数。

图 2.54 "阵列曲线"对话框

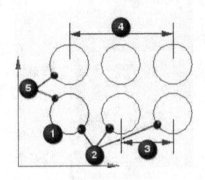

图 2.55 "线性"阵列

② 圆形。"圆形"阵列示意如图 2.56 所示。

➢ ❶:用于阵列的选定曲线。

➢ ❷:节距角,设置选定曲线副本之间的角度。

➢ ❸:跨角,数量。设置阵列中的对象数。

③ 常规。"常规"阵列示意如图 2.57 所示。

➢ ❶:用于阵列的选定曲线。

➢ ❷:选定的从坐标系,从点或 CSYS。

➢ ❸:选定的至坐标系,到一个点或坐标系,或到许多点或坐标系。

➢ ❹:方位=跟随图样。

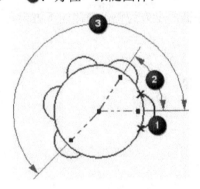

图 2.56 "圆形"阵列

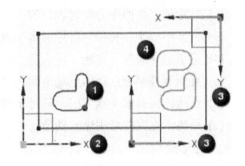

图 2.57 "常规"阵列

2.3.3 拉伸特征

拉伸是将实体表面、实体边缘、曲线、链接曲线或者片体通过拉伸生成实体或者片体。

选择"插入"|"设计特征"|"拉伸"命令(或单击"特征"工具条中的"拉伸"按钮），弹出"拉伸"对话框,如图 2.58 所示。

对话框中常用选项说明如下。

图 2.58　"拉伸"对话框(1)

1. 截面

选择曲线有以下两种方法。

(1) 绘制截面：单击该按钮进入草图环境，弹出"草图"工具条，可以在其中创建一个处于特征内部的草图。在退出"草图"工具条时，草图被自动选作要拉伸的截面。

(2) 曲线：指定要拉伸的曲线或边。如果指定的截面是一个开放的或封闭的曲线集或边集合，则拉伸体将成为一个片体或实体。如果选择多个开放的或封闭的截面，则将形成多个片体或实体。

2. 方向

(1) 指定矢量。

① 矢量对话框：指定要拉伸截面的方向，默认方向为选定截面的法向。

② 自动判断的矢量：可使用曲线、边或任意标准矢量类型指定拉伸的方向。

(2) 反向：将拉伸方向切换为截面的另一侧。

3. 极限

确定拉伸的开始和终点位置。

(1) 值：设置值，确定拉伸开始或终点位置。在截面上方为正，在截面下方为负。

(2) 对称值：向两个方向对称拉伸。

(3) 直至下一个：拉伸到最近的实体表面。

(4) 直至选定对象：开始、终点位置位于选定对象。

(5) 直至延伸部分：拉伸到选定面的延伸位置。

(6) 贯通：当有多个实体时，通过全部实体。

(7) 距离：在文本框中输入的值。

4. 布尔

允许用户指定拉伸特征与创建该特征时所接触的其他体之间交互的方式。

(1) 无：创建独立的拉伸实体。

(2) 求和：将两个或多个拉伸体合成为一个单独的体。

(3) 求差：从目标体移除拉伸体。

(4) 求交：创建一个体，这个体包含由拉伸特征和与之相交的现有体共有的体积。

(5) 自动判断：根据拉伸的方向及正在拉伸对象的位置来确定概率最高的布尔运算。

5. 拔模

设置拔模角和拔模类型。

(1) 无：不创建拔模。

(2) 从起始限制拔模：拉伸形状在起始限制处保持不变，从该固定形状处将拔模角应用于侧面，如图 2.59 所示。

(3) 从截面拔模：拉伸形状在截面处保持不变，从该截面处将拔模角应用于侧面，如图 2.60 所示。

(4) 从截面-不对称角拔模：仅当从截面的两侧同时拉伸时可用，如图 2.61 所示。

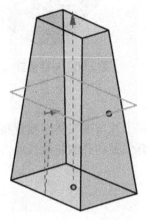 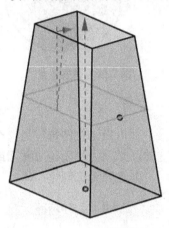 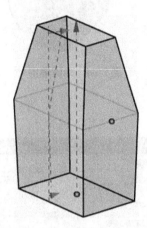

图 2.59　从起始限制拔模　　　　图 2.60　从截面拔模　　　　图 2.61　从截面-不对称角拔模

(5) 从截面-对称角拔模：仅当从截面的两侧同时拉伸时可用，如图 2.62 所示。

(6) 从截面匹配的终止处拔模：仅当从截面的两侧同时拉伸时可用，如图 2.63 所示。

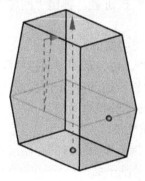 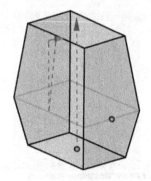

图 2.62　从截面-对称角拔模　　　　　　图 2.63　从截面匹配的终止处拔模

6. 偏置

设置偏置的开始、终点值，以及单侧、双侧、对称的偏置类型。

(1) 无：不创建偏置。

(2) 单侧偏置：只有对于封闭、连续的截面曲线，该项才能使用。将单侧偏置添加到拉伸特征创建实体，如图 2.64 所示。

（3）两侧偏置：偏置为开始、终点两条边，偏置值可以为负值，如图 2.65 所示。

（4）对称偏置：向截面曲线两个方向，偏置值相等，如图 2.66 所示。

图 2.64　单侧偏置

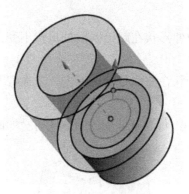

图 2.65　两侧偏置

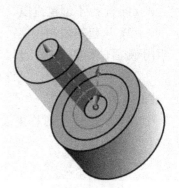

图 2.66　对称偏置

7. 设置

可指定拉伸特征为一个或多个片体或实体。要获得实体，必须为封闭轮廓截面或带有偏置的开放轮廓截面。使用偏置时无法创建片体。

2.3.4　回转特征

回转是指将截面曲线沿指定轴旋转一定角度，以生成实体或片体。

选择"插入"|"设计特征"|"回转"命令，或单击"特征"工具条中的"回转"按钮，弹出"回转"对话框，如图 2.67 所示。

对话框中常用选项说明如下。

（1）截面：选择曲线、边、草图或面进行回转。

（2）轴：指定矢量为旋转轴，可使用曲线或边来指定轴。

（3）极限：限制回转体的相对两端。

① 值：设置旋转角度值。

② 直至选定对象：指定作为回转的起始或终止位置的面、实体、片体或相对基准平面。

（4）偏置：使用此选项创建回转特征的偏置，可以分别指定截面每一侧的偏置值。

图 2.67　"回转"对话框

① 无：不创建任何偏置。

② 两侧：向回转截面的两侧添加偏置。选择此项将显示偏置的起始框和终止框，可在其中输入偏置值。添加偏置前后的效果如图 2.68 所示。

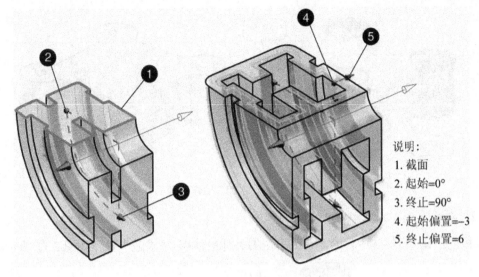

说明:
1. 截面
2. 起始=0°
3. 终止=90°
4. 起始偏置=-3
5. 终止偏置=6

图 2.68 "两侧"示例

2.3.5 布尔操作

布尔操作用于实体建模中的各个实体之间的求加、求差和求交操作。布尔操作中的实体称为刀具体和目标体,只有实体对象才可以进行布尔操作。完成布尔操作后,刀具体成为目标体的一部分。3 种布尔运算分别介绍如下。

1. 求和

求和是指将两个或多个工具实体的体积组合为一个体。目标体和刀具体必须重叠或共享面。

单击"特征"工具条上的"求和"按钮,弹出"求和"对话框,如图 2.69 所示。对话框中常用选项说明如下。

(1) 目标:选择目标实体以与一个或多个工具实体加在一起。

(2) 刀具:选择一个或多个工具实体以修改选定的目标体。

(3) 设置。

① 保存目标:以未修改状态保存目标体的副本。

② 保存工具:以未修改状态保存选定刀具体的副本。

"求和"操作如图 2.70 所示。

图 2.69 "求和"对话框

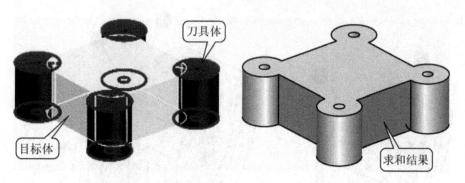

图 2.70　"求和"操作示例

2．求差

求差是指从目标体中移除一个或多个刀具体的体积。"求差"操作如图 2.71 所示。

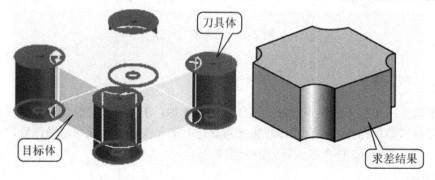

图 2.71　"求差"操作示例

3．求交

求交是指创建包含目标体与一个或多个刀具体的共享体积或区域的体。"求交"操作如图 2.72 所示。

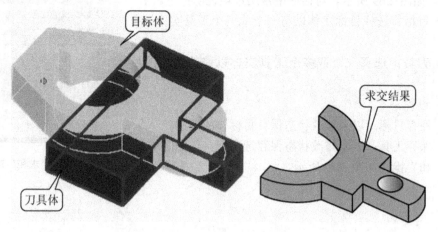

图 2.72　"求交"操作示例

2.3.6　边倒圆特征

用指定的倒圆尺寸将实体的边缘变成圆柱面或圆锥面，倒圆尺寸为构成圆柱面或圆锥面的半径。边倒圆分为等半径倒圆和变半径倒圆。

选择"插入"|"细节特征"|"边倒圆"命令，弹出"边倒圆"对话框，如图 2.73 所示。对话框中的常用选项说明如下。

1. 要倒圆的边

"选择边"选项为边倒圆选择边。

2. 可变半径点

通过向边倒圆添加半径值不变的点来创建可变半径圆角。如图 2.74 所示为添加的 6 个可变半径点及倒圆后效果。

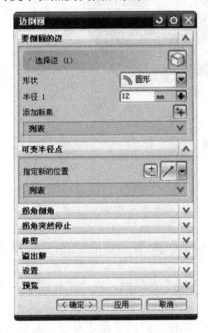

图 2.73　"边倒圆"对话框

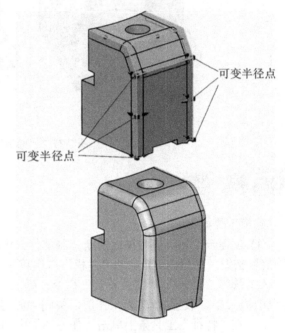

图 2.74　"可变半径点"示例

3. 拐角倒角

通过向拐角添加缩进点并调节其与拐角顶点的距离，来更改拐角的形状。如图 2.75 所示为应用"拐角倒角"前后的对比。

4. 拐角突然停止

使某点处的边倒圆在边的末端突然停止，如图 2.76 所示。

5. 修剪

将边倒圆修剪成手动选定的面或平面，而不是软件通常使用的默认修剪面。如图 2.77 所示为使用"修剪"前后的对比，图 2.77(a)是由系统默认的修建面 2 创建的倒圆 1，图 2.77(b)为使用"修剪"选项选定 3 为修剪面的效果。

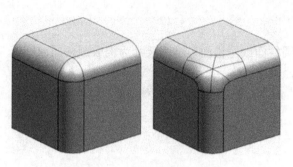

图 2.75 "拐角倒角"示例

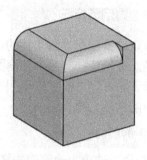

图 2.76 "拐角突然停止"示例

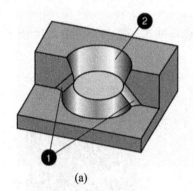

(a)

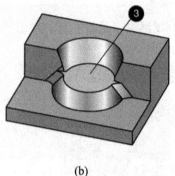

(b)

图 2.77 "修剪"示例

2.4 建模步骤

建模步骤如下。

(1) 创建一个基于模型模板的新公制部件，并输入 liangan.prt 作为该部件的名称。单击"确定"按钮，UG NX 8.0 启动"建模"应用程序。

(2) 选择"格式"|"图层设置"命令，弹出"图层设置"对话框，在"工作图层"文本框中输入 21，设置 21 层为工作层，关闭"图层设置"对话框，完成图层设置。

(3) 在"特征"工具条上单击"任务环境中的草图"图标，弹出"创建草图"对话框，单击"确定"按钮以默认的草图平面绘制草图。

(4) 关闭"连续自动标注尺寸"命令，在"草图工具"工具条中单击"圆"按钮〇，弹出"圆"工具条。以原点为圆心绘制一个圆，同样在该圆的右侧再画一个小圆，如图 2.78 所示。

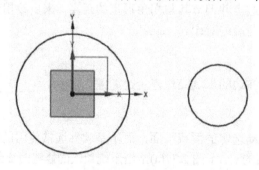

图 2.78 绘制两圆

(5) 在"草图"工具条中单击"约束"按钮，选择小圆的圆心和 X 轴，单击 | 按钮约束小圆圆心在 X 轴上。

(6) 在"草图"工具条中单击"自动判断尺寸"按钮，标注小圆的直径为 40mm，大圆的直径为 80mm，两圆心之间的距离为 140mm，如图 2.79 所示。

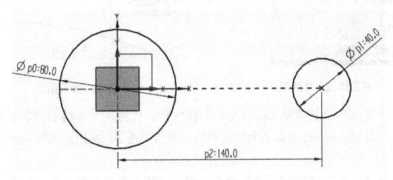

图 2.79　添加尺寸约束

(7) 在"草图"工具条中单击"圆弧"按钮，在弹出的工具条上单击 按钮，分别捕捉两圆上一点和两圆之间靠上方一点，绘制一个圆弧，如图 2.80 所示。

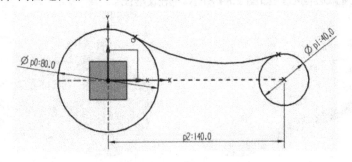

图 2.80　绘制圆弧

(8) 在"草图"工具条中单击"约束"按钮，选择小圆与上一步绘制的圆弧，两者为相切约束，同样约束大圆与圆弧相切。

(9) 在"草图"工具条中单击"自动判断尺寸"按钮，标注大圆弧的半径为 250mm。

(10) 选择菜单"插入"|"来自曲线集的曲线"|"镜像曲线"命令。选择 X 轴为镜像中心线，选择上一步绘制的圆弧为要镜像的曲线，单击"确定"按钮完成圆弧的镜像操作。

(11) 选择"任务"|"草图样式"命令，弹出"草图样式"对话框，设置"尺寸标签"为"值"，如图 2.81 所示。

(12) 在"草图"工具条中单击"快速修剪"按钮，删除不需要的部分圆弧，结果如图 2.82 所示。

(13) 在"草图"工具条中单击"完成草图"按钮，完成草图。

(14) 选择"格式"|"图层设置"命令，弹出"图层设置"对话框，在"工作图层"文本框中输入 1，设置 1 层为工作层，关闭"图层设置"对话框，完成图层设置。

图 2.81 "草图样式"对话框

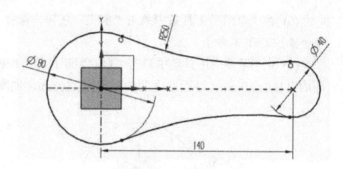

图 2.82 修剪圆弧

（15）在"特征"工具条中单击"拉伸"按钮，选择上一步绘制的草图为拉伸截面，设置结束距离为 10mm，其余选项为默认设置，单击"确定"按钮完成拉伸操作，如图 2.83 所示。

（16）选择"格式"|"图层设置"命令，弹出"图层设置"对话框，在"工作图层"文本框中输入"22"，设置 22 层为工作层，关闭"图层设置"对话框，完成图层设置。

（17）选择上一步拉伸的实体上表面为草图平面，绘制一个直径为 80mm 的圆，约束该圆与实体左端圆弧边同心，如图 2.84 所示。完成草图。

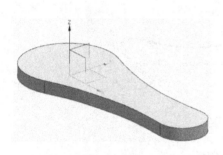

图 2.83 拉伸实体

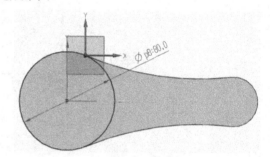

图 2.84 绘制草图圆

（18）选择"格式"|"图层设置"命令，弹出"图层设置"对话框，在"工作图层"文本框中输入"22"，设置 22 层为工作层，关闭"图层设置"对话框，完成图层设置。

（19）在"特征"工具条中单击"拉伸"按钮，选择上一步绘制的草图为拉伸截面，设置结束距离为 15mm，"布尔"选项为"求和"，其余选项为默认设置，单击"确定"按钮完成拉伸操作，如图 2.85 所示。

（20）同样的方法在实体表面的右端拉伸一个直径为 40mm、高为 10mm 的凸台。草图放在第 23 层，拉伸体与原来的实体求和，结果如图 2.86 所示。

（21）在"视图"工具条中单击"静态线框"按钮，模型将以静态线框的方式显示。

（22）选择菜单"格式"|"图层设置"命令，弹出"图层设置"对话框，在"工作图层"文本框中输入"24"，设置 24 层为工作层，关闭"图层设置"对话框，完成图层设置。

（23）选择 XC-ZC 平面为草图平面，绘制并约束如图 2.87 所示的草图曲线。

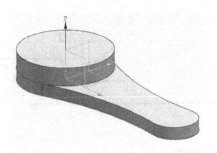

图 2.85 拉伸实体并求和

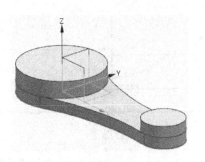

图 2.86 创建另一个凸台

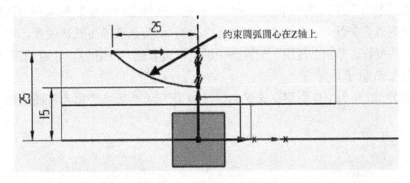

图 2.87 绘制草图曲线(1)

(24) 在"草图"工具条上单击"完成草图"按钮 ，完成草图。

(25) 选择菜单"格式"|"图层设置"命令，弹出"图层设置"对话框，在"工作图层"文本框中输入"1"，设置 1 层为工作层，关闭"图层设置"对话框，完成图层设置。

(26) 在"特征"工具条上单击"回转"按钮，选择上一步绘制的草图为回转截面，选择 Z 轴为矢量轴，"布尔"选项为"求差"，其余选项为默认设置，单击"确定"按钮完成回转操作，如图 2.88 所示。

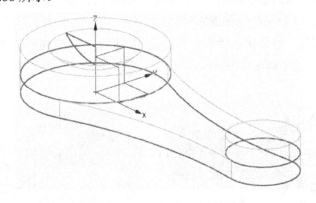

图 2.88 创建"回转"操作并求差

(27) 选择"格式"|"图层设置"命令，弹出"图层设置"对话框，在"工作图层"文本框中输入"25"，设置 25 层为工作层，关闭"图层设置"对话框，完成图层设置。

(28) 再次选择 XC-ZC 平面为草图平面，并绘制约束一个如图 2.89 所示的草图曲线。

(29) 在"草图"工具条上单击"完成草图"按钮 ，完成草图。

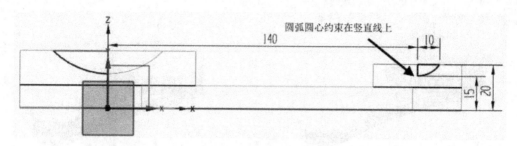

图 2.89   绘制草图曲线(2)

(30) 在"特征"工具条中单击"回转"按钮，选择上一步绘制的草图为回转截面，选择草图中竖直线为矢量轴，"布尔"选项为"求差"，其余选项为默认设置，单击"确定"按钮完成回转操作。单击"视图"工具条中的"带边着色"按钮，让模型以"带边着色"显示，如图 2.90 所示。

(31) 设置 26 层为工作图层，选择如图 2.91 所示箭头所指表面为草图平面，进入草图环境。

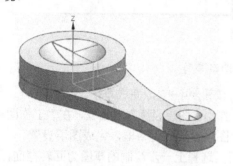

图 2.90   "带边着色"显示模型

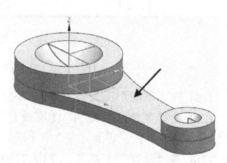

图 2.91   选择草图平面

(32) 在"草图"工具条中单击"偏置曲线"按钮，将"曲线规则"选项设为"单条曲线"，分别按图 2.92 箭头所示偏置实体边。

(33) 在"草图"工具条单击"圆角"按钮，将上一步绘制的圆和圆弧相交处均倒半径为 6mm 的圆角，结果如图 2.93 所示。

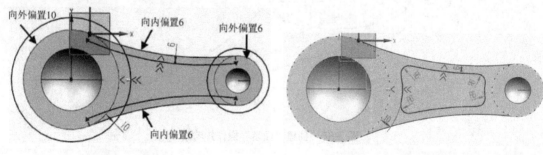

图 2.92   偏置实体边

图 2.93   绘制圆角曲线

(34) 在"草图"工具条中单击"完成草图"按钮，完成草图。设置 1 为工作图层。

(35) 在"特征"工具条上单击"拉伸"按钮，选择上一步绘制的草图为拉伸截面，设置拉伸矢量向下，"开始"值为 0，"结束"设为"贯通"，"布尔"选项为"求差"，其余选项为默认设置，单击"确定"按钮完成拉伸操作，如图 2.94 所示。

(36) 选择"格式"|"图层设置"命令，弹出"图层设置"对话框，设置图层 21、22、23、24、25、26 和 61 为不可见，关闭"图层设置"对话框，完成图层设置。

(37) 在"特征操作"工具条中单击"边倒圆"按钮，选择如图 2.95 所示的两条边，设置倒圆半径分别为 10mm 和 5mm，单击"应用"按钮完成倒圆操作。

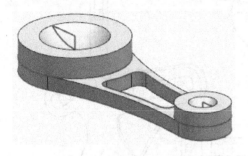

图 2.94　拉伸实体并求差

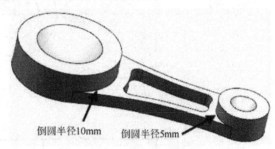

图 2.95　选择要倒圆的边(1)

(38) 继续"边倒圆"操作，选择如图 2.96 所示的两条边，设置倒圆半径为 3mm，单击"确定"按钮完成倒圆操作。

(39) 最终结果如图 2.97 所示，保存文件。

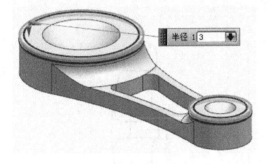

图 2.96　选择要倒圆的边(2)

图 2.97　"边倒圆"结果

 **拓展实训**

1. 综合应用草图功能、拉伸特征、边倒圆特征创建如图 2.98 所示模型。

提示：该练习的关键在于草图截面的绘制，可在一个草图中创建全部草图曲线，然后利用"曲线规划"选项选择相应的草图曲线分两次拉伸厚度分别为 20mm 和 10mm 的部分，两处 R18mm 的圆角可在拉伸实体后用边倒圆特征完成。

2. 综合应用草图功能、拉伸特征、回转特征和边倒圆特征创建如图 2.99 所示模型。

提示：该练习可分两步完成。第一步用回转功能创建未切除 4 只角的模型，如图 2.100 所示。第二步用草图功能绘制如图 2.101 所示的草图，再拉伸草图与第一步创建的模型求差即可。

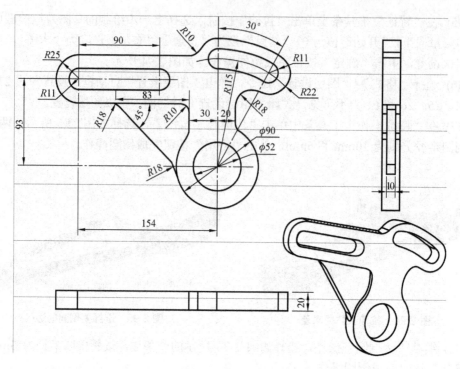

图 2.98　实训模型(1)

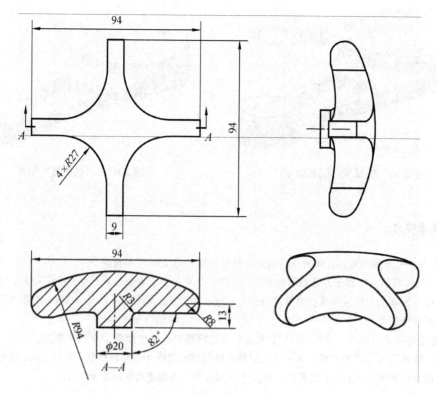

图 2.99　实训模型(2)

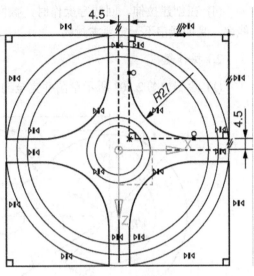

图 2.100 实训模型(3)

图 2.101 实训草图

任 务 小 结

  本任务主要学习草图曲线的基本工作环境、草图曲线的创建、草图约束及其操作、拉伸特征、回转特征、边倒圆特征和布尔特征操作等。在实体建模过程中，一般将特征建模和草图结合起来，通过草图功能绘制曲线轮廓，然后对近似的曲线轮廓进行尺寸和几何约束来准确地表达用户的设计意图，再辅以拉伸、旋转和扫掠等实体建模方法创建主体模型，最后用边倒圆等细节特征作为修饰。该部分内容应重点掌握。

  尽管草图没有完全约束也可以进行后续的特征创建，但最好将草图完全约束。完全约束的草图可以保证设计在更改期间的解决方案能始终一致。

  边倒圆特征操作应该遵循先大后小、先少后多、同类型的边一起倒和先支路后干路等原则。同时边倒圆特征尽量放在建模后期进行，这样不仅可以减少对其他参数的影响，还可以减轻系统显示和运算的负担，减少计算时间，提高设计建模效率。

  尽管在拉伸、回转特征命令中提供了布尔运算、拔模特征等操作，但如果出于设计变更的考虑，最好先创建基本的拉伸、回转特征，然后创建布尔运算、拔模等特征操作作为独立的特征。

习 题

1. 判断题

(1) 不能使用一未完全约束的草图去创建一个特征。　　　　　　　　　　　　（　）

(2) 在草图的镜像操作过程中，镜像中心线自动转变成参考线。　　　　　　　（　）

(3) 在草图中，当曲线的约束状态改变时，它的颜色相应发生变化。　　　　　（　）

(4) 在创建拉伸、回转等操作时，截面曲线可以是单一的一段曲线，也可以是一个曲线串，且曲线串不一定要求封闭。　　　　　　　　　　　　　　　　（　）

2．操作题

(1) 绘制如图 2.102 所示草图并完全约束。

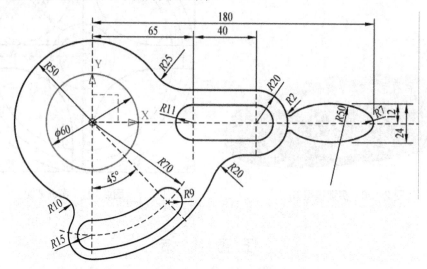

图 2.102　操作题草图

(2) 已知零件的工程图如图 2.103 所示，建立其实体模型。

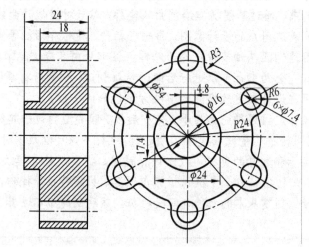

图 2.103　法兰盘工程图

任务 3 支架的建模

3.1 任务导入

根据如图 3.1 所示的支架尺寸建立其三维模型，如图 3.2 所示。通过该模型的创建，初步掌握曲线绘制、曲线操作和曲线编辑等命令，掌握通过曲线绘制截面创建一般零件模型的方法和技能。

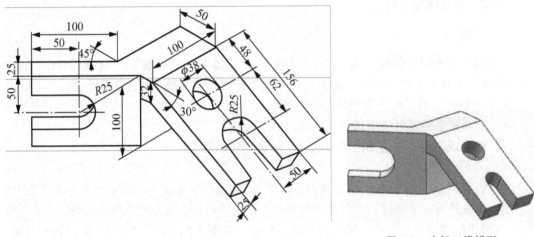

图 3.1 支架尺寸　　　　　　　　　　　　　　图 3.2 支架三维模型

3.2 任务分析

该模型截面可由曲线绘制命令和曲线编辑命令直接创建。该截面由若干直线组成，截面创建完成后分两次拉伸成形，再创建孔和键槽特征即可。完成本任务需要用到基本曲线、偏置曲线、修剪拐角、编辑曲线长度、拉伸特征、孔特征和键槽特征等命令。因此，需要首先学习曲线绘制命令，然后学习曲线操作命令，接着学习曲线编辑命令，最后应用这些命令完成本任务。

3.3 任务知识点

创建和编辑曲线是建模的基础。在 UG NX 8.0 中，曲线可以作为建模实体的截面轮廓线，通过对其拉伸、旋转和扫掠来构建三维实体；也可以使用直纹面、通过曲线组和通过曲线网格等命令来构建复杂的曲面实体；还可以将曲线作为创建实体的辅助线等。

3.3.1 "曲线"工具条简介

常用的曲线绘制命令包括直线、圆弧/圆、基本曲线、矩形、多边形、椭圆、抛物线、双曲线、螺旋线、艺术样条和偏置曲线等。常用的曲线操作包括桥接曲线、投影曲线、相交曲线等，如图 3.3 所示。

图 3.3 "曲线"工具条

3.3.2 曲线绘制工具

1. 直线

"直线"命令用来创建直线。在菜单栏中选择"插入"|"曲线"|"直线"命令，或单击"曲线"工具条中的"直线"按钮，弹出"直线"对话框，如图 3.4 所示。

(1) "直线"对话框各选项功能介绍如下。

① 起点：在绘图区域中选择、创建直线的起点。

② 终点或方向：在绘图区域中选择、创建直线的终点。

(2) 直线绘制。

① 设置起点，一般选择已有创建点作为起点，如选择坐标原点，如图 3.5 所示的"点 1"。

② 设置终点，可选择已有创建点作为终点，也可单击"终点或方向"选项组中的按钮，在弹出的"点"对话框中输入终点的坐标值，如图 3.5 所示的"点 2"和坐标对话框。

③ 单击"直线"对话框中的"确定"按钮，完成直线绘制操作。

图 3.4 "直线"对话框(1)

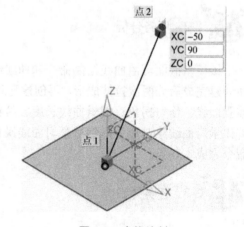

图 3.5 直线绘制

2. 圆弧/圆

"圆弧/圆"命令用来创建圆弧或圆。在菜单栏中选择"插入"|"曲线"|"圆弧/圆"命令，或单击"曲线"工具条中的"圆弧/圆"按钮，弹出"圆弧/圆"对话框，如图 3.6 所示。

"圆弧/圆"对话框各选项功能介绍如下。

类型：系统提供了"三点画圆弧"和"从中心开始的圆弧/圆"两种类型，分别如图 3.6 和图 3.7 所示。

(1) 三点画圆弧。

① 起点：选择或创建圆弧的起点。

② 端点：选择或创建圆弧的端点。

③ 中点：选择或创建圆弧的中点，也可在"大小"选项组中输入圆弧半径。

④ 大小：通过指定圆弧半径创建圆弧。

(2) 从中心开始的圆弧/圆。

① 中心点：选择和绘制圆弧的圆心。

② 通过点：选择和绘制圆弧上一点，也可在"大小"选项组中输入圆弧半径。

③ 半径：通过指定圆弧半径创建圆弧。

④ 限制：通过设置圆弧的起始限制角度和终止限制角度创建圆弧起点和端点。

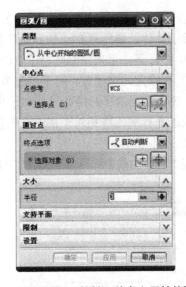

图 3.6　"圆弧/圆"对话框-三点画圆弧　　图 3.7　"圆弧/圆"对话框-从中心开始的圆弧/圆

3. 基本曲线

该命令用来创建基本曲线，包括直线、圆弧、圆和圆角。

单击"曲线"工具条中的"基本曲线"按钮，弹出"基本曲线"和"跟踪条"对话框，分别如图 3.8 和图 3.9 所示。

(1) 绘制直线。

① 无界：选中该复选框，绘制一条向两端延长且无边界的直线，取消选中"线串模式"复选框该项可选。

② 增量：用于以增量模式绘制直线，给定起点后，可以直接在绘图区域内指定结束点，也可以在"跟踪条"对话框中输入结束点相对于起点的增量。

③ 点方法：设置点的选择方式。

④ 线串模式：选中该复选框，绘制连续曲线，直到单击"打断线串"按钮为止。

图 3.8　"基本曲线"对话框(1)

图 3.9　"跟踪条"对话框

⑤ 锁定模式：在画一条与图形工作区中的已有直线相关的直线时，由于涉及对其他几何对象的操作，锁定模式记住开始选择对象的关系，随后用户可以选择其他直线。

⑥ 平行于：用来绘制平行于 XC 轴、YC 轴和 ZC 轴的平行线。

⑦ 按给定距离平行：用于绘制多条平行线，包括"原始的"和"新的"两种方式。"原始的"表示生成的平行线始终相对于用户选定曲线，通常只能生成一条平行线；"新的"表示生成的平行线始终相对于在它上一步生成的平行线，通常用来生成多条等距的平行线。

(2) 绘制圆弧。

在"基本曲线"对话框中单击"圆弧"按钮，进入"圆弧"方式，如图 3.10 和图 3.11所示。

图 3.10　"基本曲线"对话框-"圆弧"方式

图 3.11　"跟踪条"对话框-"圆弧"方式

① 整圆：选中该复选框，用于绘制整圆。

② 备选解：在画圆弧过程中确定优弧或者劣弧。

③ 创建方法有"起点，终点，圆弧上的点"和"中心，起点，终点"两种方式。与"曲线"工具条中的"圆弧/圆"命令相同。不同的是点、半径和直径可在如图 3.11 所示的"跟踪条"对话框中直接输入所需数值，也可以直接在绘图区域内指定。

(3) 绘制圆。

在"基本曲线"对话框中单击"圆"按钮⊙，进入"圆"方式，如图 3.12 和图 3.13 所示，通过指定圆心，然后指定半径或直径来绘制圆。

图 3.12　"基本曲线"对话框-"圆"方式　　　图 3.13　"跟踪条"对话框-"圆"方式

"多个位置"复选框：当绘图区域内已绘制完成一个圆后，选中该复选框，在绘图区域内指定圆心，创建一个或多个与已绘制圆等半径的圆。

(4) "圆角"方式。在"基本曲线"对话框中单击"圆角"按钮┐，弹出"曲线倒圆"对话框，如图 3.14 所示。"曲线倒圆"对话框中"方法"选项组提供了"简单圆角"、"2 曲线圆角"和"3 曲线圆角"3 种方式。

① 简单圆角。这是"曲线倒圆"对话框的默认方式。

➤ 输入半径：在对话框中输入倒圆半径数值，或单击"继承"按钮，在绘图区域内选择已绘制圆弧，则倒圆半径和所选圆弧的半径相同。

➤ 单击倒圆位置：单击两条直线的倒圆处，单击点决定倒圆位置，生成倒圆并修剪两直线。

图 3.14　"曲线倒圆"对话框

② 2 曲线圆角。在"曲线倒圆"对话框中单击"2 曲线圆角"按钮┐，进入"2 曲线圆角"方式，对话框界面与"简单圆角"方式相同。该倒圆方式不仅可以对直线倒圆，也可以对曲线倒圆，倒圆时按照选择曲线的顺序逆时针产生圆弧，在生成圆弧时，用户也可以通过"修剪选项"来决定倒圆时是否修剪被倒圆对象。

③ 3 曲线圆角。在"曲线倒圆"对话框中单击"3 曲线圆角"按钮┐，进入"3 曲线圆角"方式，对话框界面与"简单圆角"方式相同。该倒圆方式也是按照选择曲线的顺序逆时针产生圆弧，与"2 曲线圆角"方式不同的是不需要输入倒圆半径，系统自动计算半径数值。

4. 多边形

"多边形"命令用来创建指定边数的正多边形。

单击"曲线"工具条中的"多边形"按钮⊙，弹出"多边形"对话框，如图 3.15 所示。

在该对话框中的"边数"文本框中输入要绘制多边形的边数，单击"确定"按钮，弹开"多边形"方法对话框，如图 3.16 所示。

图 3.15 "多边形"对话框

图 3.16 "多边形"方法对话框

(1) 内切圆半径：通过指定与正多边形内切圆半径和正多边形中心创建正多边形。单击"内切圆半径"按钮，弹出"多边形"参数对话框，如图 3.17 所示。在"内切圆半径"文本框中输入多边形内切圆的半径，在"方位角"文本框中输入将绘制多边形的方向角度，单击"确定"按钮，完成参数输入，弹出"点"对话框，如图 1.23 所示。通过"点"对话框，指定一点作为多边形的中心点，单击"确定"按钮，完成正多边形的创建。

图 3.17 "多边形"参数对话框(1)

(2) 多边形边数：通过指定正多边形的边长和中心创建正多边形。单击"多边形边数"按钮，弹出"多边形"参数对话框，如图 3.18 所示。在"侧"文本框中输入多边形的边长，在"方位角"文本框中输入多边形的方向角度，单击"确定"按钮，完成参数输入，弹出"点"对话框，指定一点作为多边形的中心点，单击"确定"按钮，完成正多边形的创建。

(3) 外接圆半径：通过指定正多边形外接圆的半径和正多边形的中心来创建正多边形。单击"外接圆半径"按钮，弹出"多边形"参数对话框，如图 3.19 所示。在"圆半径"文本框中输入多边形外接圆的半径，在"方位角"文本框中输入多边形的方向角度，单击"确定"按钮，完成参数输入，弹出"点"对话框，指定一点作为多边形的中心点，单击"确定"按钮，完成正多边形的创建。

图 3.18 "多边形"参数对话框(2)

图 3.19 "多边形"参数对话框(3)

5. 椭圆

"椭圆"命令用来创建椭圆曲线。

单击"曲线"工具条中的"椭圆"按钮，弹出"点"对话框指定一点作为椭圆的中心点，单击"确定"按钮，弹出"椭圆"对话框，如图 3.20 所示。在"椭圆"对话框中设置相应参数，单击"确定"按钮，完成椭圆的创建，如图 3.21 所示。

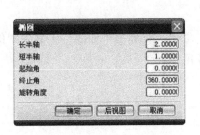

图 3.20 "椭圆"对话框

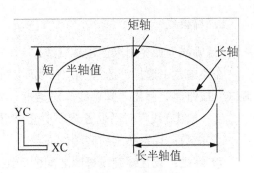

图 3.21 绘制椭圆

6. 抛物线

"抛物线"命令用来创建抛物线。

单击"曲线"工具条中的"抛物线"按钮，弹出"点"对话框，指定一点作为抛物线的顶点，单击"确定"按钮，弹出"抛物线"对话框，如图 3.22 所示。在"抛物线"对话框中设置相应参数，单击"确定"按钮，完成抛物线的创建，如图 3.23 所示。

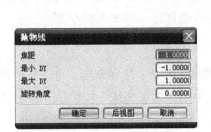

图 3.22 "抛物线"对话框

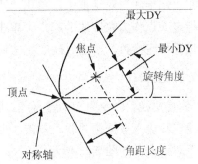

图 3.23 绘制抛物线

7. 双曲线

"双曲线"命令用来创建双曲线。

单击"曲线"工具条中的"双曲线"按钮，弹出"点"对话框，指定一点作为双曲线的顶点，单击"确定"按钮，弹出"双曲线"对话框，如图 3.24 所示。在"双曲线"对话框中设置相应参数，单击"确定"按钮，完成双曲线的创建，如图 3.25 所示。

图 3.24 "双曲线"对话框

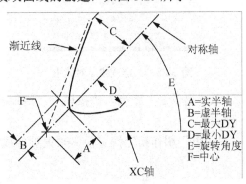

图 3.25 绘制双曲线

8. 螺旋线

"螺旋线"命令用来创建螺旋线。

在菜单栏中选择"插入"|"曲线"|"螺旋线"命令，或单击"曲线"工具条中的"螺旋线"按钮，弹出"螺旋线"对话框，如图 3.26 所示。

(1) "螺旋线"对话框各选项功能介绍如下。

① 圈数：设置螺旋线旋转的圈数。

② 螺距：设置螺旋线每圈之间的间距。

③ 使用规律曲线：设置螺旋线每圈半径按照指定的规律变化。

④ 输入半径：设置螺旋曲线每圈的半径。

⑤ 旋转方向：分"右旋"和"左旋"，按照右手或左手原则确定曲线旋转方向。

⑥ 定义方位：单击此按钮，弹出"指定方位"对话框，定义螺旋线生成的方向。

⑦ 点构造器：单击此按钮，弹出"点"对话框，定义螺旋曲线起点的位置。

(2) 螺旋线的绘制。

在"螺旋线"对话框中，单击"点构造器"按钮，弹出"点"对话框。通过"点"对话框指定一点作为螺旋线的起点，单击"确定"按钮，回到"螺旋线"对话框，在该对话框中设置相应参数，单击"确定"按钮，完成螺旋线的创建，如图 3.27 所示。

9. 偏置曲线

"偏置曲线"命令用于偏置直线、圆弧、二次曲线、样条、边和草图。可选择是否使偏置曲线与其输入数据相关联。单击"曲线"工具条中的"偏置曲线"按钮，弹出"偏置曲线"对话框，如图 2.45 所示。

图 3.26 "螺旋线"对话框

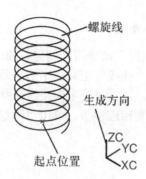

图 3.27 绘制螺旋线

系统提供了"距离"、"拔模"、"规律控制"和"3D 轴向"4 种类型，这里重点介绍第一种。

"距离"用作指定偏置距离来偏置曲线。偏置曲线的一般步骤("距离"方式)见表 3-1。

表 3-1 偏置曲线的一般步骤

步 骤	创建步骤	图 示
1	选择偏置类型为"距离",默认选项	如图 2.45 所示
2	在视图区域内选择要偏置的曲线,一个或多个	如图 3.28 所示
3	在对话框"偏置"选项组内,设置"距离"和"副本数"	如图 2.45 所示
4	在"偏置"选项组内,单击"反向"按钮,可调整偏置方向	如图 3.28 所示
5	单击"确定"或"应用"按钮,完成偏置操作	如图 3.29 所示

10. 艺术样条

"艺术样条"命令是一种用途非常广泛的曲线命令,它可以自由描述曲线和曲面,拟合逼真,控制方便。在菜单栏中选择"插入"|"曲线"|"艺术样条"命令,或单击"曲线"工具条中的"艺术样条"按钮 ,弹出"艺术样条"对话框,如图 3.30 所示。

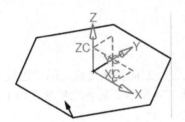

图 3.28 选择曲线和偏置方向

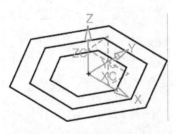

图 3.29 偏置曲线

图 3.30 "艺术样条"对话框

艺术样条的绘制有"通过点"和"根据极点"两种方式。

(1) 通过点:用于通过延伸曲线使其穿过定义点来创建样条。通过定义属于曲线的点,可以精确控制曲线的形状和尺寸,如图 3.31 所示。

(2) 根据极点:用于通过构造和操控样条极点来创建样条。这些控制点称为极点,它比定义点更能影响曲线的形状。可以通过调整极点来调整曲线的形状，如图 3.32 所示。

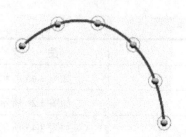

图 3.31　"通过点"方式绘制样条曲线

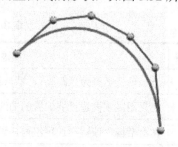

图 3.32　"根据极点"方式绘制样条曲线

3.3.3　曲线操作工具

1.　桥接曲线

"桥接"命令用于为两条不相连的曲线补充一段光滑的曲线。桥接曲线是按照用户指定的连续条件、连接部位和方向来创建，是曲线连接最常用的方法。在菜单栏选择"插入"|"来自曲线集的曲线"|"桥接"命令，或单击"曲线"工具条中的"桥接曲线"按钮，弹出"桥接曲线"对话框，如图 3.33 所示。

"桥接曲线"对话框各选项功能介绍如下。

(1) 起始对象：选择桥接曲线操作的第一个对象。

(2) 终止对象：选择桥接曲线操作的第二个对象。

(3) 桥接曲线属性：设置桥接的起点和终点的位置、方向及连接点之间的连续方式。单击"桥接曲线属性"选项卡，打开该选项组，如图 3.34 所示。其各选项含义如下。

图 3.33　"桥接曲线"对话框

图 3.34　"桥接曲线属性"选项组

① 连续性：包括以下 4 种连续方式，见表 3-2。

表 3-2　4 种连续方式

连续方式	含　义
G0(位置)	点或极点没有约束
G1(相切)	在所选样条点上施加相切约束
G2(曲率)	在所选样条点上施加曲率约束
G3(流)	在所选样条点上施加流约束，在桥接点处创建更流畅的曲线线条

② 位置：通过设置 U、V 向百分比值或拖动百分比滑块来设定起点或终点的桥接位置。

③ 方向：设置桥接曲线的方向。这些选项因目标几何体的不同而有所不同。

(4) 约束面：指定要在其中创建和约束样条的平面。

(5) 半径约束：限制桥接曲线的半径类型和大小。

(6) 形状控制：设置桥接曲线的形状控制方式。

① 相切幅值：通过拖动"起点"、"终点"滑块或直接在其右侧文本框输入数值来改变桥接曲线与第一条曲线、第二条曲线连接点的相切矢量值。

② 深度和歪斜度：使用方法与"相切幅值"的相同，深度指桥接曲线峰值点的深度，即影响桥接曲线形状的曲率的百分比；歪斜度指桥接曲线峰值点的倾斜度，即设定沿桥接曲线从第一条曲线向第二条曲线度量时峰值点位置的百分比。

2. 投影曲线

"投影"命令用于将曲线或点沿某一方向投影到现有曲面、平面或参考平面上。如果投影曲线与面上的孔或边缘相交，则投影曲线会被面上的孔或边缘裁剪。在菜单栏中选择"插入"|"来自曲线集的曲线"|"投影"命令，或单击"曲线"工具条中的"投影曲线"按钮，弹出"投影曲线"对话框，如图 2.44 所示。

"投影曲线"对话框的各选项功能如下。

(1) 要投影的曲线或点：选择要投影的曲线和点。

(2) 要投影的对象：选择投影所在的面，分为"选择对象"和"指定平面"两种方式。

(3) 投影方向：指定将对象投影到片体、面和平面上时所使用的方向。

绘制投影曲线，效果如图 3.35 所示。

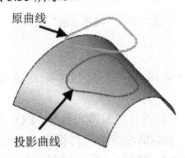

图 3.35　绘制投影曲线

3. 相交曲线

"求交"命令用于在两组对象之间创建相交曲线。在菜单栏中选择"插入"|"来自体的曲线"|"求交"命令，或单击"曲线"工具条中的"相交曲线"按钮，弹出"相交曲线"对话框，如图 3.36 所示。

"相交曲线"对话框的各选项功能如下。

(1) 第一组：选择要产生交线的第一组对象。

(2) 第二组：选择要产生交线的第二组对象。

(3) 保持选定：用于设置在单击"确定"按钮后，是否自动重复选择第一组或第二组对象的操作。

绘制相交曲线，效果如图 3.37 所示。

图 3.36　"相交曲线"对话框

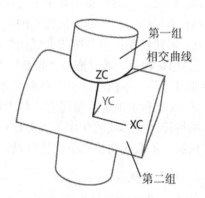

图 3.37　绘制相交曲线

3.3.4　编辑曲线工具

常用的曲线编辑命令包括编辑曲线参数、修剪曲线、分割曲线、光顺样条等，如图 3.38 所示。

图 3.38　"编辑曲线"工具条

1. 编辑曲线参数

"编辑曲线参数"命令用于编辑多种类型的曲线。当选择不同类型的曲线后，系统会弹出相应的提示对话框。

在菜单栏中选择"编辑"|"曲线"|"参数"命令，或单击"编辑曲线"工具条中的"编辑曲线参数"按钮，弹出"编辑曲线参数"对话框，如图 3.39 所示。

(1) 编辑直线。当选择曲线为直线时，弹出"直线"对话框，如图 3.40 所示。该对话框可编辑直线的端点位置和直线的参数(长度和角度)。对话框操作和生成直线时基本相同。

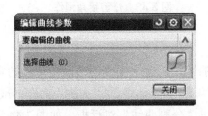

图 3.39　"编辑曲线参数"对话框

图 3.40　"直线"对话框(2)

(2) 编辑圆弧或圆。当选择曲线为圆弧或圆时，弹出"圆弧/圆"对话框，通过在对话框中输入新值或拖动滑块改变圆弧或圆的参数，还可以把圆弧改变成它的补弧。对话框操作和生成圆弧或圆基本相同。

(3) 编辑椭圆。当选择曲线为椭圆时，弹出"编辑椭圆"对话框，用于编辑一个或多个已有椭圆，该选项和生成椭圆的操作基本相同。用户最多可选择 128 个椭圆。当选择多个椭圆时，最后选中的椭圆值为默认值。

2.　修剪曲线

"修剪曲线"命令通过指定的边界对象来修剪或延长曲线。

在菜单栏中选择"编辑"|"曲线"|"修剪"命令，或单击"编辑曲线"工具条中的"修剪曲线"按钮，弹出"修剪曲线"对话框，如图 3.41 所示。

"修剪曲线"对话框各选项功能如下。

(1) 要修剪的曲线：选择要修剪的曲线，一条或多条。

(2) 边界对象 1：选择一条或者一串对象作为边界 1，沿它修剪或延长曲线。

(3) 边界对象 2：选择一条或者一串对象作为边界 2，沿它修剪曲线。

(4) 交点：其中的"方向"下拉列表框用于确定对象的方位，其中包括"最短的 3D 距离"、"相对于 WCS"、"沿一矢量方向"和"沿屏幕垂直方向"4 种类型。

3.　修剪拐角

"修剪拐角"命令用于修剪两条不平行的曲线的交点，使它们形成拐点，包括已相交的或延伸相交的曲线。单击"编辑曲线"工具条中的"修剪拐角"按钮，弹出"修剪拐角"对话框，如图 3.42 所示。"修剪拐角"操作如图 3.43 所示。

图 3.41　"修剪曲线"对话框

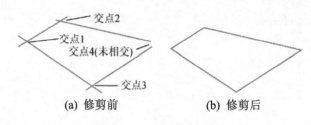

交点2
交点1
交点4(未相交)
交点3

(a) 修剪前　　　　　　　(b) 修剪后

图 3.42　"修剪拐角"对话框　　　　　　图 3.43　修剪拐角操作

4. 分割曲线

"分割曲线"命令用于将曲线分割成一组同样的节段，每个生成的节段是单独的实体，并赋予和原先曲线相同的线型。在菜单栏中选择"编辑"|"曲线"|"分割"命令，或单击"编辑曲线"工具条中的"分割曲线"按钮 ，弹出"分割曲线"对话框，如图 3.44 所示。

"类型"下拉菜单中包括 5 种分割类型。

(1) 等分段：该方式以等长或等参数的方法将曲线分割成相同节段。

(2) 按边界对象：该方式利用边界对象来分割曲线。

(3) 弧长段数：该方式通过分别定义各节段的弧长来分割曲线。

(4) 在结点处：该方式只能分割样条曲线，它在曲线的定义点处将曲线分割成多个节段。

(5) 在拐角上：该方式在拐角处(即一阶不连续点)分割样条曲线(拐角点是由于样条曲线节段的结束点方向和下一节段开始点方向不同而产生的点)。

5. 拉长曲线

"拉长曲线"命令主要用于拉伸或移动曲线对象，如果选择的是曲线对象的端点，则拉伸对象；如果选择的是端点以外的位置，则移动对象。单击"编辑曲线"工具条中的"拉长曲线"按钮 ，弹出"拉长曲线"对话框，如图 3.45 所示。"拉长曲线"的操作如图 3.46 所示。

图 3.44　"分割曲线"对话框

图 3.45　"拉长曲线"对话框

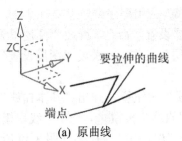
(a) 原曲线

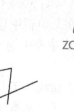
(b) 选择端点拉长曲线

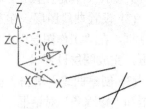
(c) 选择非端点移动曲线

要拉伸的曲线

端点

图 3.46 拉长曲线操作

6. 曲线长度

"曲线长度"命令通过根据给定的曲线长度增量或曲线总长来延伸或修剪曲线。

在菜单栏中选择"编辑"|"曲线"|"长度"命令，或单击"编辑曲线"工具条中的"曲线长度"按钮，弹出"曲线长度"对话框，如图 3.47 所示。

7. 光顺样条

"光顺样条"命令通过最小化曲率大小或曲率变化来移除样条中的小缺陷，从而使样条曲线变得更加光滑。在菜单栏中选择"编辑"|"曲线"|"光顺样条"命令，或单击"编辑曲线"工具条中的"光顺样条"按钮，弹出"光顺样条"对话框，如图 3.48 所示。

图 3.47 "曲线长度"对话框(1)

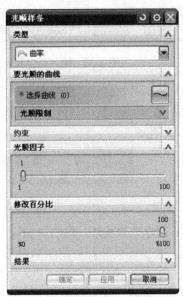

图 3.48 "光顺样条"对话框

"光顺样条"的"类型"包括"曲率"和"曲率变化"两种类型。曲率：通过最小化曲率大小来光顺样条曲线。曲率变化：通过最小化曲率变化来光顺样条曲线。

3.4 建模步骤

(1) 创建文件。创建一个基于模型模板的新公制部件，并输入 zhijia.prt 作为该部件的名称。单击"确定"按钮，UG NX 8.0 会自动启动"建模"应用程序。

(2) 设置曲线图层。在菜单栏中选择"格式"|"图层设置"命令，弹出"图层设置"对话框，在"工作图层"文本框中输入"41"，设置 41 层为工作层，关闭"图层设置"对话框，完成图层设置。

(3) 创建曲线。单击"曲线"工具条中的"基本曲线"按钮 ，弹出"基本曲线"对话框和"跟踪条"对话框，在"基本曲线"对话框单击"直线"按钮 ，选中"线串模式"复选框，在"跟踪条"的"XC"、"YC"、"ZC"栏中输入"0"、"0"、"0"，如图 3.49 所示；然后按 Enter 键，接着继续在"跟踪条"的 (长度)栏中输入 100，在 (角度)栏中输入"270"，如图 3.50 所示；最后按 Enter 键绘制一条直线，如图 3.51 所示。

图 3.49　输入坐标值

图 3.50　输入长度和角度值

图 3.51　绘制直线

(4) 继续绘制直线。在"跟踪条"的 栏中输入 100，在 栏中输入 225，如图 3.52 所示；然后按 Enter 键绘制第二条直线，在"基本曲线"对话框中单击"取消"按钮，结果如图 3.53 所示。

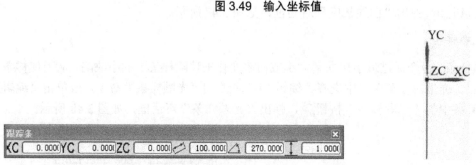

图 3.52　输入长度和角度值

(5) 创建偏置曲线。单击"曲线"工具条中的"偏置曲线"按钮 ，弹出"偏置曲线"对话框，在绘图区选择如图 3.54 所示的曲线，然后在"指定点"选项单击 图标，在绘图区所选曲线的左侧任意选择一点，如图 3.55 所示，图中出现偏置方向箭头。在"偏置曲线"对话框的"距离"文本框中输入"50"，取消选中"关联"复选框，在"输入曲线"下拉列表框中选择"保持"选项，最后单击"确定"按钮，如图 3.56 所示完成偏置曲线操作，如图 3.57 所示。

(6) 继续创建偏置曲线。单击"曲线"工具条中的"偏置曲线"按钮 ，弹出"偏置曲线"对话框，在绘图区选择如图 3.58 所示的曲线，然后在"指定点"选项单击 图标，在绘图区所选曲线的左侧任意选取一点，图中出现偏置方向箭头，如图 3.59 所示。在"偏置曲线"对话框的"距离"文本框中输入"25"，取消选中"关联"复选框，在"输入曲线"下拉列表框中选择"保持"选项，最后单击"确定"按钮，完成偏置曲线操作，如图 3.60 所示。

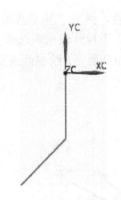

图 3.53 绘制第二条直线

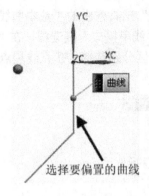

选择要偏置的曲线

图 3.54 选择曲线

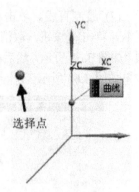

选择点

图 3.55 选择点

图 3.56 "偏置曲线"对话框(2)

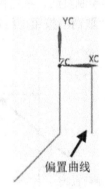

偏置曲线

图 3.57 偏置曲线

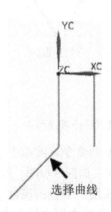

选择曲线

图 3.58 选择曲线

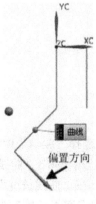

偏置方向

图 3.59 偏置方向

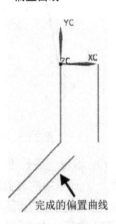

完成的偏置曲线

图 3.60 偏置曲线

(7) 绘制直线。单击"曲线"工具条中的"基本曲线"按钮，弹出"基本曲线"对话框，单击 按钮，取消选中"线串模式"复选框，在"点方法"下拉列表框中选择 选项，如图 3.61 所示，然后在绘图区分别选择 4 条直线端点，如图 3.62 所示，绘制两条直线，结果如图 3.63 所示。

图 3.61　"基本曲线"对话框(2)

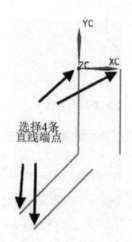

图 3.62　选择直线端点

(8) 继续绘制直线。在绘图区分别选取直线端点，如图 3.64 所示，在"基本曲线"对话框中单击"取消"按钮，绘制一条直线，如图 3.65 所示。

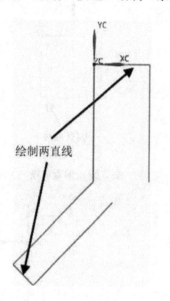

图 3.63　绘制直线

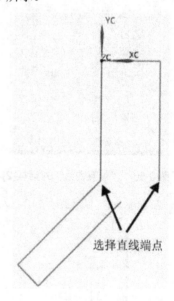

图 3.64　继续选择直线端点

(9) 编辑直线长度。在菜单栏中选择"编辑"|"曲线"|"长度"命令，或单击"编辑曲线"工具条中的"曲线长度"按钮，弹出"曲线长度"对话框，如图 3.66 所示。在绘图区选择如图 3.67 所示的直线上侧，在"曲线长度"对话框的"长度"下拉列表框中选择"全部"选项，在"侧"下拉列表框中选取"开始"选项，在"全部"文本框中输入"150"，

取消选中"关联"复选框，在"输入曲线"下拉列表框中选择"替换"选项，最后单击"确定"按钮，完成延长曲线操作，如图 3.68 所示。

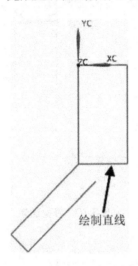

图 3.65 继续绘制直线

图 3.66 "曲线长度"对话框(2)

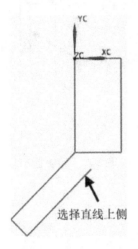

图 3.67 绘制直线

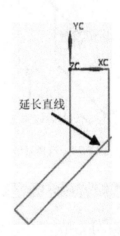

图 3.68 "曲线长度"对话框

(10) 修剪拐角。单击"编辑曲线"工具条中的"修剪拐角"按钮，弹出"修剪拐角"对话框。在绘图区中如图 3.69 所示的位置单击，完成修剪拐角操作，如图 3.70 所示。

(11) 绘制竖直线。单击"曲线"工具条中的"基本曲线"按钮，弹出"基本曲线"对话框，单击"直线"按钮，在"点方法"下拉列表框中选择选项，然后在绘图区选择直线端点，接着两次选择另一条直线，如图 3.71 所示，在"基本曲线"对话框中单击"取消"按钮，绘制一条竖直线，如图 3.72 所示。

(12) 旋转工作坐标系。在菜单栏中选择"格式"|"WCS"|"旋转"命令，弹出"旋转 WCS 绕"对话框，选中 +XC 轴：YC --> ZC 单选按钮，在"角度"文本框中输入"90"，单击"确定"按钮，如图 3.73 所示，将坐标系旋转成如图 3.74 所示。

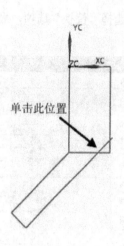

图 3.69　修剪拐角

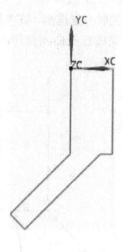

图 3.70　修剪结果

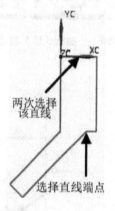

图 3.71　选择直线

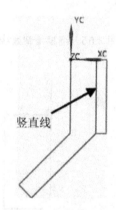

图 3.72　绘制竖直线

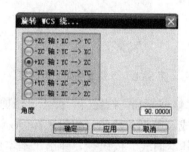

图 3.73　"旋转 WCS 绕"对话框(2)

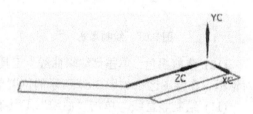

图 3.74　旋转 WCS 坐标系

（13）绘制直线。单击"曲线"工具条中的"基本曲线"按钮，弹出"基本曲线"对话框，单击"直线"按钮，取消选中"线串模式"复选框，在"点方法"下拉列表框中选择选项，然后在绘图区分别选择图 3.75 所示直线端点，接着在"跟踪条"的栏中输入"156"，在栏中输入"-30"，然后按 Enter 键绘制一条直线，在"基本曲线"对话框中单击"取消"按钮，结果如图 3.76 所示。

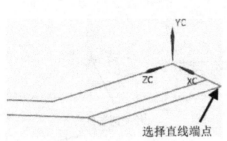

图 3.75　选择直线端点

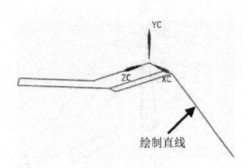

图 3.76　绘制直线

(14) 创建偏置曲线。单击"曲线"工具条中的"偏置曲线"按钮◎，弹出"偏置曲线"对话框，在绘图区选取如图 3.77 所示的曲线，然后在"指定点"选项单击◢图标，在绘图区所选曲线的右侧任意选取一点，图中出现偏置方向箭头；然后在"偏置曲线"对话框的"距离"文本框中输入"25"，取消选中"关联"复选框，在"输入曲线"下拉列表框中选择"保持"选项，最后单击"确定"按钮，完成偏置曲线操作，如图 3.78 所示。

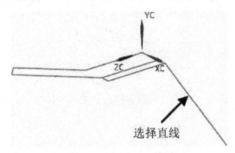

图 3.77　选择要偏置的曲线

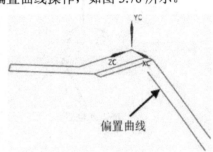

图 3.78　创建偏置曲线

(15) 继续创建偏置曲线。单击"曲线"工具条中的"偏置曲线"按钮◎，弹出"偏置曲线"对话框，在绘图区选择如图 3.79 所示的曲线，然后在"指定点"选项单击◢图标，在绘图区所选曲线的上方任意选取一点，图中出现偏置方向箭头；在"偏置曲线"对话框的"距离"文本框中输入"32"，取消选中"关联"复选框，在"输入曲线"下拉列表框中选择"保持"选项，最后单击"确定"按钮，完成偏置曲线操作，如图 3.80 所示。

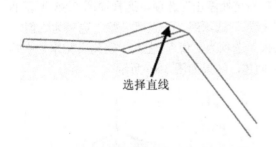

图 3.79　选择要偏置的曲线

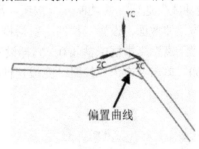

图 3.80　创建偏置曲线

(16) 绘制直线。单击"曲线"工具条中的"基本曲线"按钮◯，弹出"基本曲线"对话框，单击"直线"按钮◢，取消选中"线串模式"复选框，在"点方法"下拉列表框中选择◢选项，然后在绘图区分别选择如图 3.81 所示 4 条直线端点，绘制两条直线，在"基本曲线"对话框中单击"取消"按钮，结果如图 3.82 所示。

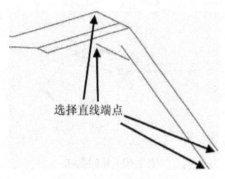

图 3.81　选择直线端点

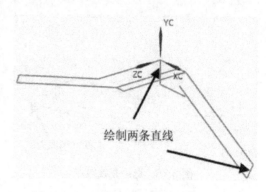

图 3.82　绘制直线

(17) 修剪拐角。单击"编辑曲线"工具条中的"修剪拐角"按钮＋，弹出"修剪拐角"对话框。在绘图区中如图 3.83 所示的位置单击，完成修剪拐角操作，如图 3.84 所示。

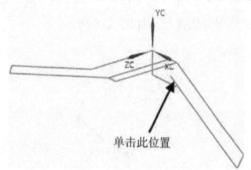

图 3.83　选择修剪拐角直线

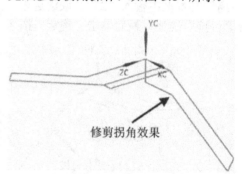

图 3.84　修剪拐角效果

(18) 设置实体图层。在菜单栏中选择"格式"|"图层设置"命令，弹出"图层设置"对话框，在"工作图层"文本框中输入 1，设置 1 层为工作层，关闭"图层设置"对话框，完成图层设置。

(19) 创建拉伸特征 1。在菜单栏选择"插入"|"设计特征"|"拉伸"命令，或单击"特征"工具条中的"拉伸"按钮，弹出"拉伸"对话框，在"曲线规则"工具条中设置为"相连曲线"选项，并且单击按钮，激活"在相交处停止"选项，选择如图 3.85 所示曲线作为拉伸截面，设置"拉伸"对话框中的"极限"选项组，设置"开始"选项为"值"，在其"距离"文本框中输入 0；同样设置"结束"选项为"值"，在其"距离"文本框中输入-100，单击"应用"按钮，完成拉伸特征 1 创建，结果如图 3.86 所示。

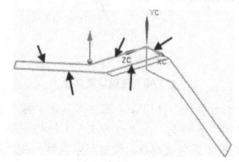

图 3.85　选择直线

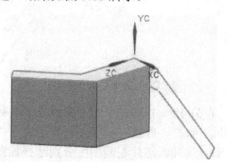

图 3.86　创建拉伸特征 1

(20) 继续创建拉伸特征 2。在"曲线规则"工具条中设置为"相连曲线"选项，再次单击⊞按钮，关闭"在相交处停止"选项，选择如图 3.87 所示曲线作为拉伸截面，设置"拉伸"对话框中的"极限"选项组，设置"开始"选项为"值"，在其"距离"文本框中输入 0；同样设置"结束"选项为"值"，在其"距离"文本框中输入-100，单击"确定"按钮，完成拉伸特征 2 创建，结果如图 3.88 所示。

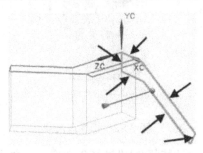

图 3.87　选择直线

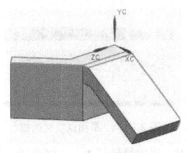

图 3.88　创建拉伸特征 2

(21) 创建孔特征。在菜单栏选择"插入"|"设计特征"|"孔"命令，或单击"特征"工具条中的"孔"按钮，弹出"孔"对话框，如图 3.89 所示；在绘图区选择如图 3.90 所示的面为放置面，进入草图界面，系统弹出"草图点"对话框，如图 3.91 所示，同时在鼠标单击位置创建一个点，接着在"草图工具"工具条中单击"自动判断尺寸"按钮，按照图 3.92 所示标注尺寸。在"草图"工具条中单击"完成草图"按钮，系统返回"孔"对话框。

(22) 在"孔方向"下拉列表框中选择"垂直于面"选项，在"成形"下拉列表框中选择"简单"选项，在"直径"文本框中输入 38，在"深度"文本框中输入 50，在"布尔"下拉列表框中选择"求差"选项，最后单击"确定"按钮，完成孔的创建，如图 3.93 所示。

图 3.89　"孔"对话框

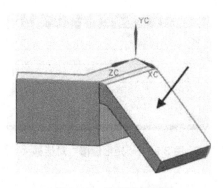

图 3.90　选择孔放置面

图 3.91 "草图点"对话框

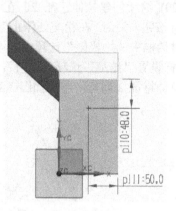

图 3.92 标注点尺寸

(23) 创建槽特征 1。在菜单栏选择"插入"|"设计特征"|"键槽"命令，或单击"特征"工具条中的"键槽"按钮，弹出"键槽"对话框，如图 3.94 所示，选中"矩形槽"单选按钮，取消选中"通槽"复选框，单击"确定"按钮，弹出"矩形键槽"对话框，提示选择放置面，如图 3.95 所示。

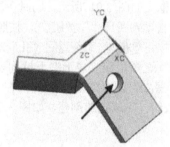

图 3.93 创建孔特征

图 3.94 "键槽"对话框(1)

(24) 在绘图区选择如图 3.96 所示的平面作为键槽放置面，弹出"水平参考"对话框，如图 3.97 所示。在视图区域内选择如图 3.98 所示的实体边作为键槽放置方向，同时弹出"矩形键槽"参数对话框，如图 3.99 所示。设置"矩形键槽"参数，"长度"数值为 100，"宽度"数值为 50，"深度"数值为 30，单击"确定"按钮，系统弹出"定位"对话框，如图 3.100 所示。

图 3.95 "矩形键槽"对话框

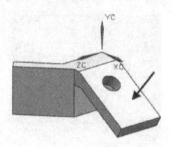

图 3.96 选择键槽放置面

图 3.97 "水平参考"对话框

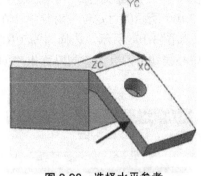

图 3.98 选择水平参考

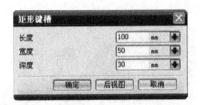

图 3.99 "矩形键槽"参数对话框

图 3.100 "定位"对话框

(25) 在"定位"对话框中，单击 按钮，弹出"水平"对话框，如图 3.101 所示。选择如图 3.102 所示的圆孔边，弹出"设置圆弧的位置"对话框，如图 3.103 所示，选择"圆弧中心"作为第一个参考点，系统弹出"水平"对话框提示选择刀具边。

(26) 选择如图 3.104 所示的键槽圆弧，作为另一个水平参考，再次弹出"设置圆弧的位置"对话框，选择"圆弧中心"作为第二个参考点，弹出"创建表达式"对话框，如图 3.105 所示。

图 3.101 "水平"对话框

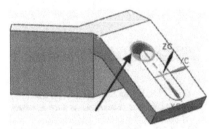

图 3.102 选择圆孔边

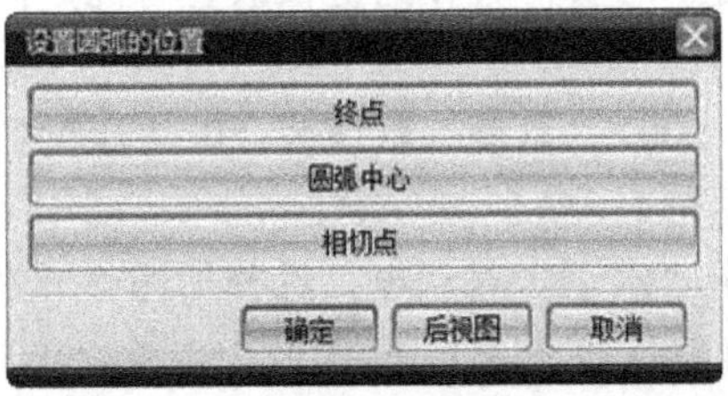

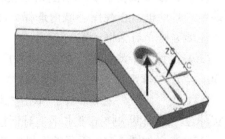

图 3.103 "设置圆弧的位置"对话框

图 3.104 选择键槽圆弧

(27) 在"创建表达式"对话框中的文本框中输入"62"。单击"确定"按钮，返回如图 3.100 所示的"定位"对话框。在"定位"对话框中，单击 ![按钮，弹出"竖直"对话框，如图 3.106 所示。选择如图 3.107 所示的实体边作为目标边，再选择如图 3.108 键槽水平中心线作为刀具边。同时弹出"创建表达式"对话框，如图 3.109 所示。

图 3.105　"创建表达式"对话框(1)

图 3.106　"竖直"对话框

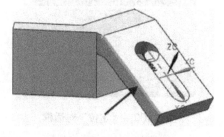

图 3.107　选择目标边

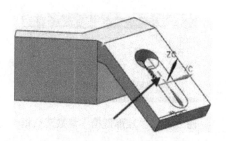

图 3.108　选择刀具边

(28) 在"创建表达式"对话框中的文本框中输入 50。单击"确定"按钮，返回"定位"对话框。在"定位"对话框中单击"确定"按钮，完成矩形键槽创建，如图 3.110 所示。

图 3.109　"创建表达式"对话框(2)

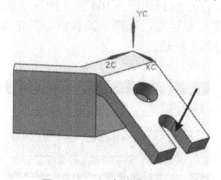

图 3.110　创建键槽特征(1)

(29) 创建键槽特征 2。在绘图区选择如图 3.111 所示的平面作为键槽放置面，弹出"水平参考"对话框，在视图区域内选择如图 3.112 所示的实体边作为键槽放置方向，同时弹出"矩形键槽"对话框。

(30) 设置"矩形键槽"参数，"长度"数值为 100，"宽度"数值为 50，"深度"数值为 30，单击"确定"按钮，系统弹出"定位"对话框。

(31) 在"定位"对话框中，单击 ![按钮，弹出"水平"对话框，选择如图 3.113 所示的实体边，系统再次弹出"水平"对话框提示选取刀具边。

(32) 选择如图 3.114 所示的键槽圆弧，系统弹出"设置圆弧的位置"对话框，选择"圆弧中心"作为第二个参考点，弹出"创建表达式"对话框。

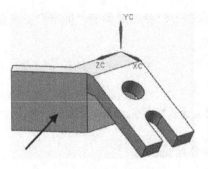

图 3.111   选择键槽放置面

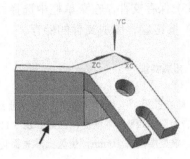

图 3.112   选择水平参考

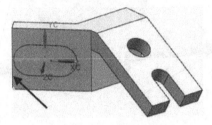

图 3.113   选择圆孔边

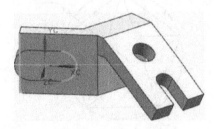

图 3.114   选择键槽圆弧

(33) 在"创建表达式"对话框中的文本框中输入"50"。单击"确定"按钮，返回如图 3.103 所示的"定位"对话框，单击 按钮，弹出"竖直"对话框，选择如图 3.115 所示的实体边作为目标边，再选择如图 3.116 键槽水平中心线作为刀具边。同时弹出"创建表达式"对话框。

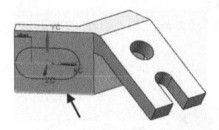

图 3.115   选择目标边

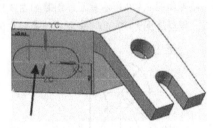

图 3.116   选择刀具边

(34) 在"创建表达式"对话框中的文本框中输入 50。单击"确定"按钮，返回"定位"对话框，单击"确定"按钮，完成矩形键槽创建，如图 3.117 所示。

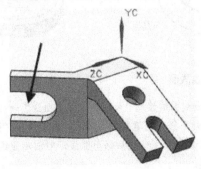

图 3.117   创建键槽特征(2)

（35）保存文件。在菜单栏中选择"文件"|"保存"命令，或单击"标准"工具条中的"保存"按钮 ，完成文件的保存。

拓展实训

1. 综合应用"多边形"命令、"基本曲线"命令、"修剪曲线"命令、"拉伸"命令、"边倒圆"命令等，根据如图 3.118 所示截面，创建如图 3.119 所示的模型。

注：模型厚度为 10mm，模型上下表面边倒圆，倒圆半径为 5mm。

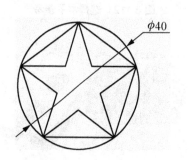

图 3.118　实训 1 曲线截面

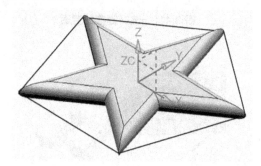

图 3.119　实训 1 拉伸、边倒圆成形

提示：该练习的关键在于曲线截面的绘制，可使用"多边形"命令直接创建正五边形曲线；然后利用"直线"命令绘制五角星，接着使用"修剪曲线"命令修剪创建的截面曲线；最后对创建曲线使用"拉伸"命令，对模型上下面使用"边倒圆"命令，完成模型创建。

2. 综合应用"基本曲线"命令、"圆弧/圆"命令、"修剪曲线"命令、"拉伸"特征和"边倒圆"命令等，根据如图 3.120 所示截面，创建如图 3.121 所示的模型。

注：模型厚度为 10mm，模型上下表面边倒圆，倒圆半径为 2mm。

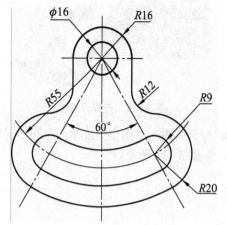

图 3.120　实训 2 曲线截面

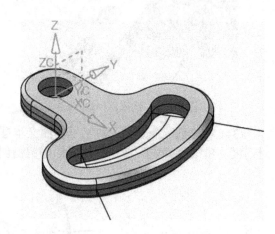

图 3.121　实训 2 拉伸、边倒圆成形

提示：该练习的关键在于曲线截面的绘制，可使用"基本曲线"→"圆"命令直接绘制图形上多个圆及圆弧，然后使用"修剪曲线"命令修剪创建的截面曲线，接着使用"圆弧/圆"命令的"三点画圆弧"方式创建 R12mm 圆弧(相切、相切和半径)，之后修剪曲线，对创建曲线使用"拉伸"命令，对模型上下面使用"边倒圆"，完成模型创建。

任 务 小 结

　　通过本任务主要学习曲线绘制命令、曲线操作命令、曲线编辑命令等。在实体建模中，创建和编辑曲线是构建模型的基础，对于曲面建模尤为重要。一方面，曲线可以作为构建模型的截面轮廓线，通过对截面曲线的拉伸、旋转、扫掠等操作直接创建实体；另一方面，曲线可以通过直纹面、曲线组及曲面网格来构建复杂的曲面实体，还可以将曲线作为创建实体的辅助线等。作为建模基础知识，该部分内容应熟练掌握。

　　尽管有些截面和曲线可以通过"草图"命令来创建，但仍然应加强对本部分内容的练习和掌握。本任务举例由简到繁，简单的曲线截面可以由"草图"命令创建，但因"草图"命令局限于草图平面之内，而且对于较复杂的曲线，"草图"命令也不能实现。

　　在使用曲线编辑命令，如选择"修剪"命令时，应注意"边界对象"和"要修剪的曲线"的选择次序，还应该注意恰当使用"要修剪的端点"。

　　"曲线"命令与"草图"命令有相似之处，但具体操作上仍有很大区别。学习中应注意总结操作经验，不断提高曲线绘制和编辑能力。

习　　题

1. 选择题

(1) 在创建点或者直线时，"跟踪条"对话框中的文本框可以设置点坐标或直线长度等，其中按(　　)可以在不同文本框中切换。

　　A. Tab 键　　　　　B. Enter 键　　　C. Esc 键　　　　D. Alt 键

(2) 创建螺旋曲线时，系统默认的方位是(　　　)。

　　A. 沿 ZC 轴方向　　　　　　　B. 沿 XC 轴方向

　　C. 沿 YC 轴方向　　　　　　　D. 沿选取矢量方向

(3) "相交曲线"命令操作创建的曲线与原对象(　　　)。

　　A. 有关联性　　　　　　　　B. 无关联性

　　C. 存在父子关系　　　　　　D. 不存在父子关系

(4) (　　　)用于将曲线或点沿某一方向投影到现有曲面、平面或参考平面上。

　　A. 投影曲线　　　B. 组合投影线　　C. 截面曲线　　　D. 连接曲线

2. 操作题

(1) 绘制如图 3.122 所示的曲线截面图样。

(2) 绘制如图 3.123 所示的曲线截面图样。

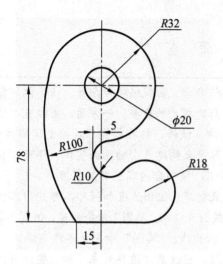

图 3.122　曲线绘制练习图样(1)

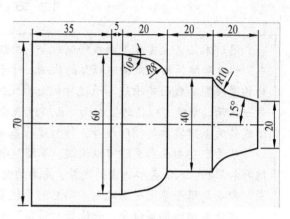

图 3.123　曲线绘制练习图样(2)

任务 4　轴 的 建 模

4.1　任务导入

根据如图 4.1 所示的图样尺寸，经过草图、回转特征、基准面、键槽特征、槽特征等建立三维模型，如图 4.2 所示。通过该模型的练习，初步掌握基准特征和设计特征相关命令，掌握创建一般实体模型的技能。

4.2　任务分析

从图 4.1 可以看出，该模型适合由草图绘制、回转特征和细节特征创建。该草图截面由若干直线组成，草图截面创建完成后经回转命令成形。首先学习基准特征的绘制知识，然后学习设计特征的相关知识，如孔、腔体、键槽、槽等命令，最后应用这些知识完成本任务。

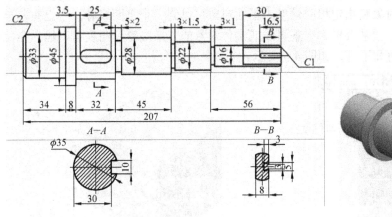

图 4.1　模型图样　　　　　　　　　　　　图 4.2　模型展示

4.3　任务知识点

4.3.1　基准平面

"基准平面"命令是为其他特征提供参考的一个无限大的辅助平面。

在菜单栏中选择"插入"|"基准/点"|"基准平面"命令，或单击"特征"工具条中的"基准平面"按钮 □，弹出"基准平面"对话框，如图 4.3 所示。

系统提供了 15 种基准平面的创建方法，如图 4.4 所示。

(1) 自动判断：系统根据所选的对象自动确定要使用的最佳基准平面类型。

图 4.3 "基准平面"对话框

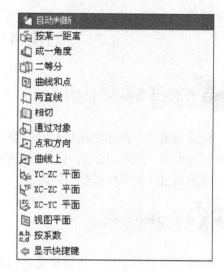

图 4.4 "类型"下拉列表

(2) 按某一距离：通过对选择平面对象偏置指定距离而创建基准平面，如图 4.5 所示。

(3) 成一角度：创建一个与选择平面对象成指定角度的基准平面。该方式需要选择一个平面对象、一个线性对象和指定相应角度。平面对象可以为一个平面或者一个已有基准平面，线性对象可以为一根基准轴、一条直线或实体对象的一条边等，角度可以输入角度值，还可以单独选择垂直和平行，如图 4.6 所示。

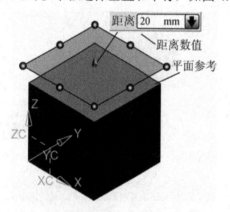

图 4.5 创建"按某一距离"基准面

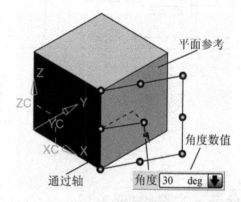

图 4.6 创建"成一角度"基准面

(4) 二等分：在两个选定平面的中间位置创建平面。如果输入平面互相呈一角度，则以平分角度放置平面，如图 4.7 所示。

(5) 曲线和点：使用点、直线、平面的边、基准轴或平面的各种组合来创建平面(如三个点、一个点和一条曲线等)，如图 4.8 所示。

(6) 两直线：通过选择两条直线创建基准平面。若两条直线在同一平面内，则这个平面就是创建的基准平面；若两条直线不在同一平面内，那么基准平面通过其中一条直线与另一条平行，如图 4.9 所示。

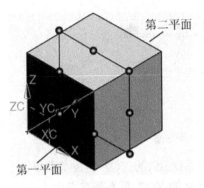

图 4.7　创建"二等分"基准面

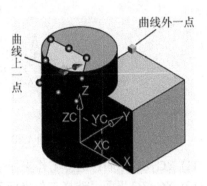

图 4.8　创建"曲线和点"基准面

(7) 相切：通过与曲面相切来创建基准平面。可以创建一般曲面相切的基准平面、两曲面公切的基准平面、与曲面相切且与平面成一角度的基准平面等，如图 4.10 所示。

(8) 通过对象：在所选对象的曲面法向上创建基准平面，如图 4.11 所示。

(9) 点和方向：通过选择一个点和一个矢量来创建基准平面，如图 4.12 所示。

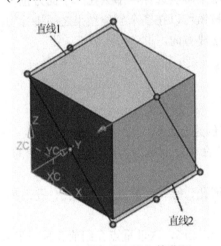

图 4.9　创建"两直线"基准面

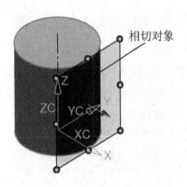

图 4.10　创建"相切"基准面

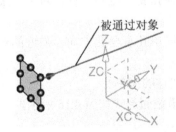

图 4.11　创建"通过对象"基准面

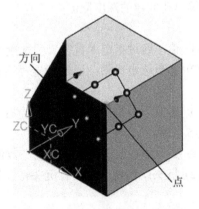

图 4.12　创建"点和方向"基准面

(10) 曲线上：创建在已知曲线某点处和曲线垂直的基准平面，如图 4.13 所示。

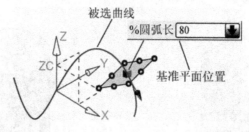

图 4.13　创建"曲线上"基准面

(11) YC-ZC 平面：选择工作坐标系或绝对坐标系(ABS)的 YOZ 面为基准平面。

(12) XC-ZC 平面：选择工作坐标系或绝对坐标系的 XOZ 面为基准平面。

(13) XC-YC 平面：选择工作坐标系或绝对坐标系的 XOY 面为基准平面。

(14) 视图平面：创建平行于视图平面并穿过工作坐标系原点的固定基准平面。

(15) 按系数：自定义基准平面，在参数 a、b、c、d 文本框中分别输入相应数值，由方程 aX+bY+cZ=d 确定一个固定的基准平面。

另外，在创建基准平面时，如果同时有多种结果可供选择，那么在"平面方位"选项组中的"备选解"按钮 处于激活状态，单击此按钮可以在多个创建结果之间进行切换。单击"反向"按钮 ，可以改变创建基准平面的法线方向。

4.3.2　设计特征

1. 孔

"孔"命令用于从现有模型中减去圆柱或圆锥创建孔。

在菜单栏中选择"插入"|"设计特征"|"孔"命令，或单击"特征"工具条中的"孔"按钮 ，弹出"孔"对话框。

系统提供了 5 种孔的创建方式：常规孔、钻形孔、螺钉间隙孔、螺纹孔、孔系列。下面重点介绍常规孔创建方法。

常规孔包括 4 种成形方式：简单、沉头、埋头和锥形，这里重点介绍前 3 种成形方式。

(1) 简单：创建一个具有单一直径的简单孔。简单孔横截面形式如图 4.14 所示。

简单孔创建的深度限制有"值"、"直至选定对象"、"直至下一个"和"贯通体" 4 种方式。

① 值：通过指定"直径"、"深度"和"顶锥角"数值来创建简单孔。

② 直至选定对象：通过指定"直径"数值和选择孔要到达的"选择对象"来创建简单孔。

③ 直至下一个：通过指定"直径"数值来创建简单孔直至孔方向上最近的对象，如图 4.15 所示。

④ 贯通体：通过指定"直径"数值来创建贯通实体的简单孔。

(2) 沉头：创建一个具有沉头特征的孔。沉头孔横截面形式如图 4.16 所示。

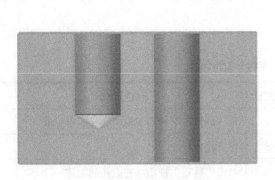

图 4.14 简单孔横截面形式　　　　　图 4.15 "孔"对话框

沉头孔创建的深度限制有"值"、"直至选定对象"、"直至下一个"和"贯通体"4 种方式。

① 值：通过指定"沉头直径"、"沉头深度"、"直径"、"深度"和"顶锥角"数值来创建沉头孔。

② 直至选定对象：通过指定"沉头直径"、"沉头深度"、"直径"数值和选择孔要到达的"选择对象"来创建沉头孔。

③ 直至下一个：通过指定"沉头直径"、"沉头深度"、"直径"数值来创建沉头孔直至孔方向上最近的对象。

④ 贯通体：通过指定"沉头直径"、"沉头深度"、"直径"数值来创建贯通实体的沉头孔。

(3) 埋头：创建一个具有埋头特征的孔。埋头孔横截面形式如图 4.17 所示。

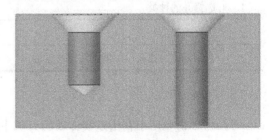

图 4.16 沉头孔横截面形式　　　　　图 4.17 埋头孔横截面形式

埋头孔创建的深度限制有"值"、"直至选定对象"、"直至下一个"和"贯通体"4 种方式。

① 值：通过指定"埋头直径"、"埋头角度"、"直径"、"深度"和"顶锥角"数值来创埋头孔。

② 直至选定对象：通过指定"埋头直径"、"埋头角度"、"直径"数值和选择孔要到达的"选择对象"来创建埋头孔。

③ 直至下一个：通过指定"埋头直径"、"埋头角度"、"直径"数值来创建埋头孔直至孔方向上最近的对象。

④ 贯通体：通过指定"埋头直径"、"埋头角度"、"直径"数值来创建贯通实体的埋头孔。

创建常规孔的一般步骤见表 4-1。

表 4-1　孔创建的一般步骤

步骤	创建步骤	步骤	创建步骤
1	选择孔类型，选择"常规孔"	4	在"成形"下拉列表框中选择成形方式
2	在视图区域中，选择草绘平面或选择点	5	设置孔参数
3	选择孔的方向	6	单击"确定"按钮，完成孔的创建

拓展阅读

NX 5 版本之前的孔

"NX 5 版本之前的孔"命令用于对已有实体添加孔。此命令是 UG NX 5 之前版本的创建孔命令，在 UG NX 8.0 当中仍然保存，主要功能类似于"孔"命令中的"常规孔"方式。

选择"插入" | "设计特征" | "NX 5 版本之前的孔"命令，弹出"孔"对话框，如图 4.18 所示。

系统提供了 3 种孔的创建方式，包括简单孔、沉头孔和埋头孔。

NX 5 版本之前的孔创建的一般步骤见表 4-2。

表 4-2　UG NX 5 版本之前的孔创建的一般步骤

步骤	创建步骤	步骤	创建步骤
1	选择孔的种类	4	设置孔的参数，单击"确定"或 应用 按钮
2	选择放置面	5	定位孔的位置
3	若创建的为通孔，则需要选择通过面	6	单击"确定"按钮，完成孔的创建

2. 凸台

"凸台"命令用于在指定实体表面外侧生成圆柱或圆台特征实体。

单击"特征"工具条中的"凸台"按钮，弹出"凸台"对话框，如图 4.19 所示。

图 4.18　"孔"对话框　　　　　　　　图 4.19　"凸台"对话框

另外，凸台的锥角为 0 时，所创建的凸台为圆柱体；当锥角为正值时，为圆台；当锥角为负值时，为倒置圆台。角度最大值为凸台倾斜为圆锥时的最大倾斜角度。

3．腔体

"腔体"命令用于在实体表面上去除圆柱、矩形和常规形状特征的实体，从而形成腔体特征。腔体创建所选择的放置面必须为平面。

单击"特征"工具条中的"腔体"按钮，弹出"腔体"对话框，如图 4.20 所示。

系统提供了 3 种腔体创建方式：柱、矩形和常规，这里重点介绍前两种创建方式。

(1) 柱。在"腔体"对话框中单击"柱"按钮，弹出"圆柱形腔体"对话框，如图 4.21 所示。

图 4.20　"腔体"对话框　　　　　　图 4.21　"圆柱形腔体"对话框

在视图区域中选择腔体特征的放置面，弹出"圆柱形腔体"参数对话框，如图 4.22 所示。对话框的各选项功能介绍如下。

① 腔体直径：用于设置圆柱形腔体的直径。

② 深度：用于设置圆柱形腔体的深度。

③ 底面半径：用于设置圆柱形腔体底面的圆弧半径。该数值必须大于或等于 0，并且小于深度。

④ "锥角"：用于设置圆柱形腔体圆柱面的倾斜角度，该数值必须大于或等于 0。

(2) 矩形。在如图 4.20 所示的"腔体"对话框中单击"矩形"按钮，弹出"矩形腔体"对话框，如图 4.23 所示。在视图区域中选择腔体特征的放置面后，弹出"水平参考"对话框。

图 4.22　"圆柱形腔体"参数对话框

图 4.23　"矩形腔体"对话框

在绘图区域中选择矩形腔体的水平参考后，弹出"矩形腔体"参数对话框，如图 4.24 所示。对话框的各选项功能介绍如下。

图 4.24　"矩形腔体"参数对话框

① 长度：用于设置矩形腔体的长度。

② 宽度：用于设置矩形腔体的宽度。

③ 深度：用于设置矩形腔体的深度。

④ 拐角半径：用于设置矩形腔体深度方向直角处的拐角半径，该数值必须大于或等于 0。

⑤ 底面半径：用于设置矩形腔体底面周边的圆弧半径，该数值必须大于或等于 0，且小于拐角半径。

⑥ 锥角：用于设置矩形腔体侧面的倾斜角度，该数值必须大于或等于 0。

4. 键槽

"键槽"命令用于在实体表面上去除矩形、球形、U 形、T 型和燕尾形 5 种形状特征的实体，从而形成键槽特征。键槽创建所选择的放置面必须为平面。

单击"特征"工具条中的"键槽"按钮，弹出"键槽"对话框，如图 3.94 所示。

系统提供了 5 种键槽创建方式：矩形槽、球形端槽、U 形槽、T 型键槽和燕尾槽。

(1) 矩形槽：截面形状为矩形。

(2) 球形端槽：截面形状为半球形。

(3) U 形槽：截面形状为 U 形。

(4) T 型键槽：截面形状为 T 形。

(5) 燕尾槽：截面形状为燕尾形。

(6) 通槽：用于设置是否创建贯通的键槽。若选中该复选框，需要选择通过面。

创建键槽的一般步骤见表 4-3。

表 4-3 键槽创建的一般步骤

步骤	创建步骤	图　示
1	在对话框中选择键槽类型及是否创建通槽	如图 3.94 所示
2	在视图区域内选择放置面	如图 3.95 所示
3	在视图区域内选择水平参考	如图 3.97 所示
4	在对话框中设置键槽形状参数	如图 4.25、图 4.26、图 4.27、图 4.28、图 4.29 所示
6	定位键槽的位置	如图 3.100 所示
7	单击"确定"按钮，完成键槽的创建	

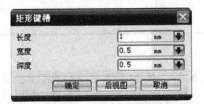

图 4.25 "矩形键槽"参数对话框

图 4.26 "球形键槽"参数对话框

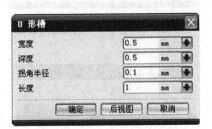

图 4.27 "U 形槽"参数对话框

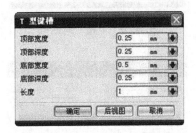

图 4.28 "T 型键槽"参数对话框

图 4.29 "燕尾槽"参数对话框

5. 开槽

　　"开槽"命令又称割槽，用于在实体表面上创建矩形、球形和 U 形沟槽特征。所选择的放置面必须为圆柱形或圆锥形表面。

　　单击"特征"工具条中的"开槽"按钮，弹出"槽"对话框，如图 4.30 所示。

　　系统提供了 3 种割槽创建方式，包括矩形、球形端槽和 U 形槽。

(1) 矩形：截面形状为矩形。

(2) 球形端槽：截面形状为半球形。

(3) U 形槽：截面形状为 U 形。

创建槽的一般步骤见表 4-4。

表 4-4 坡口焊创建的一般步骤

步骤	创建步骤	图示
1	在对话框中选择槽类型	如图 4.30 所示
2	在视图区域内选择放置面	如图 4.31 所示
3	在对话框中设置槽参数	如图 4.32、图 4.33、图 4.34 所示
4	定位槽的位置	如图 4.35 所示
5	单击"确定"按钮，完成槽的创建	

图 4.30 "槽"对话框

图 4.31 "矩形槽"放置面对话框

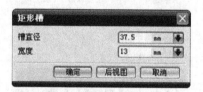

图 4.32 "矩形槽"参数对话框

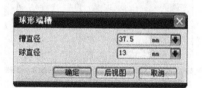

图 4.33 "球形端槽"参数对话框

图 4.34 "U 形槽"参数对话框

图 4.35 "定位槽"对话框

4.3.3 定位方法

特征的定位用于在放置面内确定特征的位置。在设置了特征的形状参数之后，弹出"定位"对话框。对于不同的特征，"定位"对话框中的定位类型是不同的。圆形特征的"定位"对话框如图 4.36 所示。非圆形特征的"定位"对话框如图 3.100 所示。

图 4.36　圆形特征的"定位"对话框

在定位特征时，系统要求选择目标边和工具边。基体上的边缘或基准被称为目标边。特征上的边缘或特征坐标轴被称为工具边。对于圆台特征无须选择工具边，定位尺寸为圆心到目标边的垂直距离。

下面详细讲述各种类型定位方式。

1. "水平"定位方式

"水平"定位方式如图 4.37 所示，可在两点之间创建定位尺寸。水平尺寸与水平参考对齐，或与竖直参考成 90°。

2. "竖直"定位方式

"竖直"定位方式如图 4.38 所示，可在两点之间创建定位尺寸。竖直尺寸与竖直参考对齐，或与水平参考成 90°。

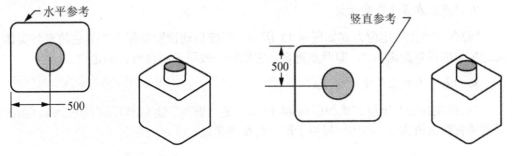

图 4.37　"水平"定位方式　　　　　图 4.38　"竖直"定位方式

3. "平行"定位方式

"平行"定位方式如图 4.39 所示，按特征上工具边的一点到实体上目标边的一点的最短距离定位。

4. "垂直"定位方式

"垂直"定位方式如图 4.40 所示，按特征上的一点到目标边的垂直距离定位。目标边指模型的线性边缘或基准面、基准轴。一般用于圆台特征的定位，只需选择目标边，来确定圆台特征的圆心到目标边的垂直距离。

5. "按一定距离平行"定位方式

"按一定距离平行"定位方式如图 4.41 所示，按特征上工具边到实体上目标边的平行距离定位。

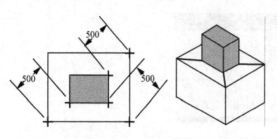

图 4.39　"平行"定位方式

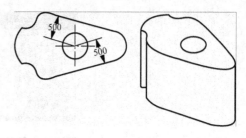

图 4.40　"垂直"定位方式

6. "成角度"定位方式

"成角度"定位方式如图 4.42 所示，按特征上工具边到实体上目标边的角度定位。

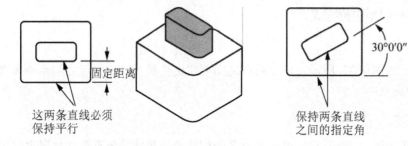

图 4.41　"按一定距离平行"定位方式　　　　图 4.42　"成角度"定位方式

7. "点落在点上"定位方式

"点落在点上"定位方式如图 4.43 所示，系统自动设置特征上工具边的点到实体上目标边的点的最短距离为 0，即两点重合。它同样一般用于圆台特征的定位。

8. "点落在线上"定位方式

"点落在线上"定位方式如图 4.44 所示，是"垂直"定位方式的一种特例。系统自动设置垂直距离值为 0，同样一般用于圆台特征的定位。

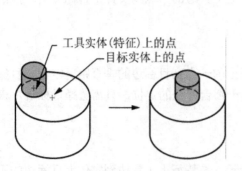

图 4.43　"点落在点上"定位方式

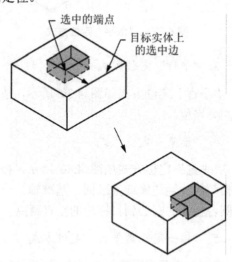

图 4.44　"点落在线上"定位方式

9. "线落在线上"定位方式

"线落在线上"定位方式如图 4.45 所示,是"按一定距离平行"定位方式的一种特例。系统自动设置平行距离值为 0,即工具边和目标边重合,同样只能用于有长度边缘的非圆形特征(如腔体、垫块和键槽)的定位。

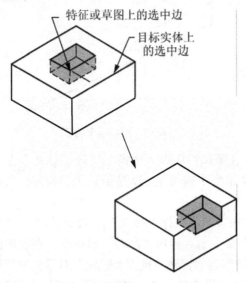

图 4.45　"线落在线上"定位方式

4.4　建模步骤

(1) 创建文件。创建一个基于模型模板的新公制部件,并输入 zhou.prt 作为该部件的名称。单击"确定"按钮,UG NX 8.0 会自动启动"建模"应用程序。

(2) 设置草图图层。在菜单栏中选择"格式"|"图层设置"命令,弹出"图层设置"对话框,在"工作图层"文本框中输入 21,设置 21 层为工作层,关闭"图层设置"对话框,完成图层设置。

(3) 绘制草图截面(1)。在菜单栏中选择"插入"|"草图"命令,或单击"特征"工具条中的"任务环境中的草图"按钮 ,弹出"创建草图"对话框。选择 X-Z 平面作为草图平面,单击"确定"按钮进入草图绘制界面。绘制如图 4.46 所示的草图截面。

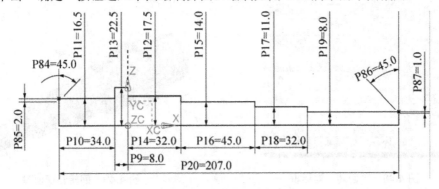

图 4.46　草图截面(1)

（4）单击"草图"工具条中的"完成草图"按钮 _{完成草图}，完成草图截面绘制，如图 4.47 所示。

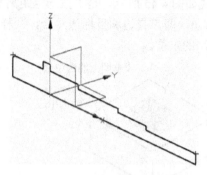

图 4.47　绘制草图截面

（5）设置实体图层。在菜单栏选择"格式"|"图层设置"命令，弹出"图层设置"对话框，在"工作图层"文本框中输入 1，设置 1 层为工作层，关闭"图层设置"对话框，完成图层设置。

（6）创建回转特征。在菜单栏选择"插入"|"设计特征"|"回转"命令，或单击"特征"工具条中的"回转"命令 ，弹出"回转"对话框。在视图区选择已绘制的草图截面作为回转截面，选择 X 轴作为回转轴，设置"回转"对话框中"限制"选项组，设置"开始"选项为"值"，在其文本框中输入 0；同样设置"结束"选项为"值"，在其文本框中输入 360，如图 4.48 所示。在对话框中，单击"确定"按钮，完成回转特征创建，如图 4.49 所示。

图 4.48　"回转"对话框

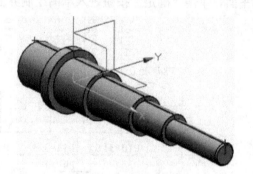

图 4.49　回转特征创建

(7) 设置草图图层。在菜单栏中选择"格式"|"图层设置"命令，弹出"图层设置"对话框，在"工作图层"文本框中输入"22"，设置 22 层为工作层，关闭"图层设置"对话框，完成图层设置。

(8) 绘制草图截面(2)。在菜单栏选择"插入"|"草图"命令，或单击"特征"工具条中的"任务环境中的草图"按钮 ，弹出"创建草图"对话框。选择创建实体的右端面作为草图平面，单击"确定"按钮进入草图绘制界面。

(9) 绘制如图 4.50 所示的草图截面。草图由两个以中心线对称且间距为 8mm 的矩形组成。单击"草图"工具条中的"完成草图"按钮 ，完成草图截面绘制，如图 4.51 所示。

特别提示

先创建一个矩形，然后使用"镜像曲线"命令创建另一个矩形，最后标注两矩形间距 8mm。

(10) 设置实体图层。在菜单栏中选择"格式"|"图层设置"命令，弹出"图层设置"对话框，在"工作图层"文本框中输入"1"，设置 1 层为工作层，关闭"图层设置"对话框，完成图层设置。

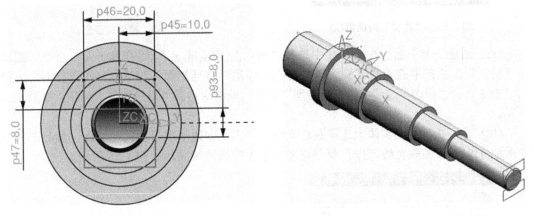

图 4.50　草图截面(2)　　　　　　　　　图 4.51　拉伸草图截面

(11) 创建拉伸特征。在菜单栏选择"插入"|"设计特征"|"拉伸"命令，或单击"特征"工具条中的"拉伸"按钮 ，弹出"拉伸"对话框。在视图区域中选择已绘制的草图作为拉伸截面，在"拉伸"对话框中，单击"方向"选项组中的"反向"按钮 ，调整拉伸方向。设置"开始"选项为"值"，在其"距离"文本框中输入 0；同样设置"结束"选项为"值"，在其"距离"文本框中输入"30"，设置"布尔"选项为"求差"，"选择体"默认为已创建的实体模型，如图 4.52 所示。单击"确定"按钮，完成拉伸特征的创建，如图 4.53 所示。

(12) 设置工作图层。在菜单栏选择"格式"|"图层设置"命令，弹出"图层设置"对话框，在"工作图层"文本框中输入"62"，设置 62 层为工作层，关闭"图层设置"对话框，完成图层设置。

图 4.52 "拉伸"对话框(2)

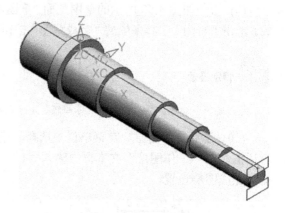

图 4.53 拉伸特征创建

(13) 创建基准平面。在菜单栏中选择"插入"|"基准/点"|"基准平面"命令，或单击"特征"工具条中的"基准平面"按钮□，弹出"基准平面"对话框。在"类型"下拉列表框中选择"相切"选项，在"子类型"下拉列表框中选择"通过线条"选项，如图 4.54 所示。

(14) 首先在已绘制实体上选择圆柱表面，作为要创建基准平面的相切面，然后选择草图截面(1)中的该轴段直线，作为要创建基准平面的线性对象，如图 4.55 所示。

图 4.54 "基准平面"对话框

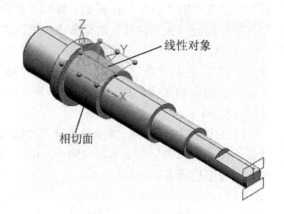

图 4.55 基准平面创建

(15) 在"基准面"对话框中，单击"确定"按钮，完成基准平面的创建，如图 4.56 所示。

(16) 创建矩形键槽。单击"特征"工具条中的"键槽"按钮，弹出"键槽"对话框。

(17) 在"键槽"对话框中，选择键槽类型"矩形槽"，取消选中"通槽"复选框，单击"确定"按钮，弹出"矩形键槽"对话框。

(18) 在视图区域内选择如图 4.56 所示的已创建基准平面作为键槽放置面，并弹出深度方向对话框，如图 4.57 所示。

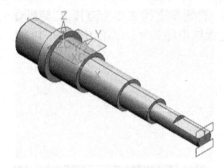

图 4.56   基准平面创建完成

图 4.57   深度方向对话框

(19) 在视图区域内观察放置面上的深度方向箭头，若指向实体，则单击"接受默认边"按钮；若背向实体，则单击"反向默认侧"按钮。单击其中一个按钮后，弹出"水平参考"对话框。

(20) 在视图区域内选择 XC 轴作为键槽放置方向，同时弹出"矩形键槽"参数对话框。设置"长度"为 25，"宽度"为 10，"深度"为 5，如图 4.58 所示。单击"确定"按钮，弹出"定位"对话框。

(21) 在"定位"对话框中，单击按钮，弹出"水平"对话框，如图 3.101 所示。

(22) 选择如图 4.59 所示的圆弧 1 作为目标对象，弹出"设置圆弧的位置"对话框。

图 4.58   "矩形键槽"参数对话框

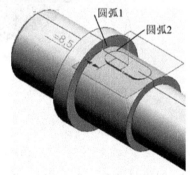

图 4.59   水平定位

(23) 在"设置圆弧的位置"对话框中选择"圆弧中心"作为第一个参考点，回到"水平"对话框。

(24) 选择如图 4.59 所示的圆弧 2 作为刀具边，再次弹出"设置圆弧的位置"对话框，在对话框中选择"圆弧中心"作为第二个参考点，弹出"创建表达式"对话框，如图 4.60 所示。

图 4.60　"创建表达式"对话框(3)

（25）在"创建表达式"对话框中的文本框中输入 8.5。单击"确定"按钮，返回"定位"对话框。在对话框中单击 按钮，弹出"竖直"对话框。

（26）选择如图 4.61 所示的直线 1 作为目标边，再选择直线 2 作为刀具边。同时弹出"创建表达式"对话框，如图 4.62 所示，在其中的文本框中输入 5。单击"确定"按钮，返回"定位"对话框。

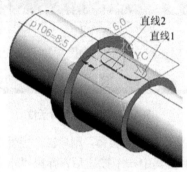

图 4.61　竖直定位

图 4.62　"创建表达式"对话框(4)

（27）在"定位"对话框中单击"确定"按钮，完成矩形键槽的创建，如图 4.63 所示。

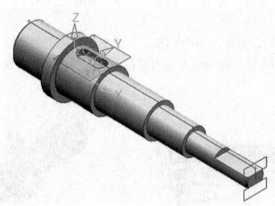

图 4.63　矩形键槽创建完成

（28）创建燕尾槽。单击"特征"工具条中的"键槽"按钮 ，弹出"键槽"对话框。选择键槽类型为"燕尾槽"，取消选中"通槽"复选框，如图 4.64 所示。单击"确定"按钮弹出"燕尾槽"对话框，如图 4.65 所示。

（29）在视图区域内选择如图 4.66 所示的实体右前端平面作为键槽放置面，并弹出"水平参考"对话框。在视图区域内选择 X 轴作为键槽放置方向，同时弹出"燕尾槽"参数对话框。

图 4.64 "键槽"对话框(2)

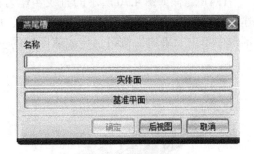

图 4.65 "燕尾槽"对话框

(30) 设置"燕尾槽"参数,"宽度"为 3mm,"深度"为 3mm,"角度"为 75°,"长度"为 25mm,如图 4.67 所示。单击"确定"按钮,弹出"定位"对话框。

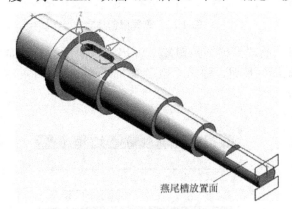

图 4.66 燕尾槽创建

图 4.67 "燕尾槽"参数对话框

(31) 在"定位"对话框中,单击 按钮,弹出"水平"对话框。选择如图 4.68 所示的直线 3 作为目标边,再选择圆弧 3 作为刀具边,同时弹出"设置圆弧的位置"对话框。

(32) 在"设置圆弧的位置"对话框中单击"圆弧中心"按钮,以圆弧 3 的圆心作为参考点,同时弹出"创建表达式"对话框。

(33) 在"创建表达式"对话框中的文本框中输入 15,如图 4.69 所示。单击"确定"按钮,返回"定位"对话框。在对话框中,单击 按钮,弹出"竖直"对话框。

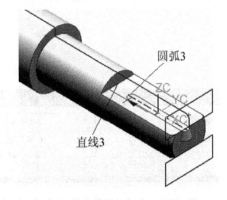

图 4.68 水平定位

图 4.69 "创建表达式"对话框(5)

(34) 选择如图 4.70 所示的直线 4 作为目标边，再选择直线 5 作为刀具边。同时弹出"创建表达式"对话框，在文本框中输入 1.5，单击"确定"按钮，返回"定位"对话框。在对话框中单击"确定"按钮，完成燕尾槽的创建，如图 4.71 所示。

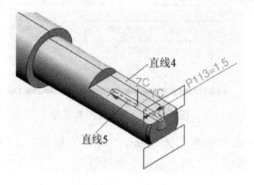

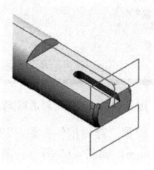

图 4.70　竖直定位

图 4.71　燕尾槽创建完成

(35) 创建槽 1。单击"特征"工具条中的"开槽"按钮🛢，弹出"槽"对话框，如图 4.72 所示。在"槽"对话框中单击"矩形"按钮，弹出"矩形槽"对话框，如图 4.73 所示。

图 4.72　"槽"对话框

图 4.73　"矩形槽"对话框

(36) 在视图区域内选择如图 4.74 所示的放置面 1 作为槽放置面，并弹出"矩形槽"参数对话框。设置"矩形槽"参数，在"槽直径"文本框中输入 14，在"宽度"文本框中输入 3，如图 4.75 所示。然后单击"确定"按钮，弹出"定位槽"对话框。

(37) 在视图区域中选择如图 4.75 所示的参考圆弧 1 作为定位参考，再选择矩形槽的左端面圆弧，同时弹出"创建表达式"对话框。

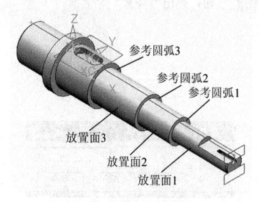

图 4.74　放置面和参考圆弧

图 4.75　"矩形槽"参数对话框(1)

(38) 在"创建表达式"对话框中输入 0，单击"确定"按钮，如图 4.76 所示，完成槽 1 的创建，如图 4.77 所示。

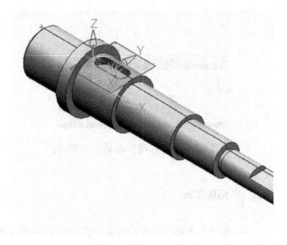

图 4.76　"创建表达式"对话框(6)

图 4.77　槽 1 创建

(39) 同理创建槽 2。选择放置面 2 作为槽放置面，如图 4.74 所示。设置"槽直径"为 19mm，"宽度"为 3mm，如图 4.78 所示。定位选择参考圆弧 2，如图 4.74 所示。其他与槽 1 相同，创建结果如图 4.79 所示。

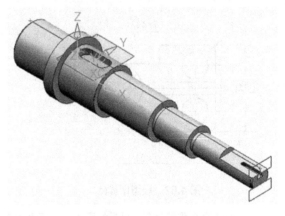

图 4.78　"矩形槽"参数对话框(2)

图 4.79　槽 2 创建

(40) 同理创建槽 3。选择放置面 3 作为槽放置面，如图 4.74 所示。设置"槽直径"为 24mm，"宽度"为 5mm，如图 4.80 所示。定位选择参考圆弧 3，如图 4.74 所示。其他与创建槽 1 相同，创建结果如图 4.81 所示。

(41) 隐藏草图和基准面。首先在视图区域中分别选中已创建的草图(1)、草图(2)和基准平面，然后单击"实用工具"工具条中的"隐藏"按钮，将选中对象隐藏。

(42) 保存文件。在菜单栏中选择"文件"|"保存"命令，或单击"标准"工具条中的"保存"按钮，完成文件的保存。

图 4.80 "矩形槽"参数对话框(3)

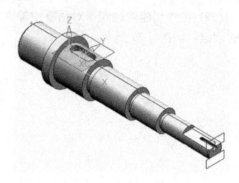

图 4.81 槽 3 创建

拓展实训

1. 综合应用建模命令，根据如图 4.82 所示零件图样创建如图 4.83 所示的模型。

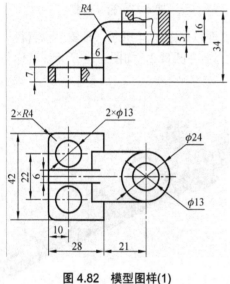

图 4.82 模型图样(1)

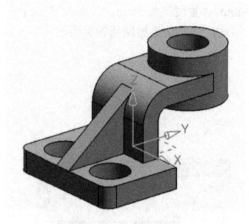

图 4.83 模型展示(1)

2. 综合应用建模命令，根据如图 4.84 所示的零件图样创建如图 4.85 所示的模型。

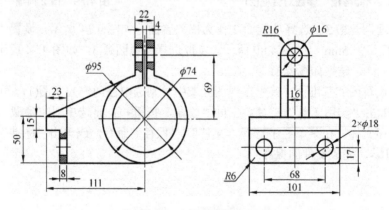

图 4.84 模型图样(2)

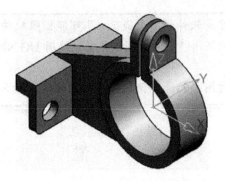

图 4.85　模型展示(2)

3.　综合应用建模命令，根据如图 4.86 所示的零件图样创建如图 4.87 所示的模型。

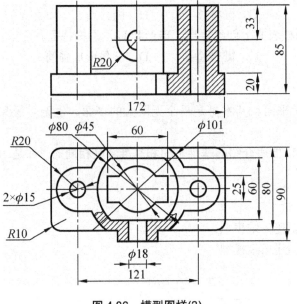

图 4.86　模型图样(3)

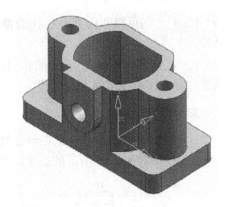

图 4.87　模型展示(3)

任 务 小 结

　　通过本任务主要学习基准特征和设计特征。在实体建模中，基准特征为所创建的三维模型提供参考或基准的依据；设计特征是为已创建实体添加孔、腔体、键槽等特征。基准特征是创建三维实体的基础和重点；设计特征是创建三维实体必要的操作和捷径。应熟练掌握基准特征和设计特征的相关命令操作。

　　基准特征学习要掌握循序渐进的原则。首先学习基准平面，然后学习基准轴，最后学习 CSYS。在基准特征学习过程中，要注意创建方法的掌握和理解。例如，基准平面有 15 种创建方法，但总结起来还有几种平面的构成方法，如不在同一直线上的 3 点、直线和直线外一点等。注意总结应用技巧，提高建模效率。

设计特征的学习要注意软件的命令提示，尽可能按照软件提示来完成操作。另外在一些类型选择中，多尝试使用"自动判断"类型。使用 UG NX 8.0 中的"自动判断"功能是十分便捷的。

学习时应注意建模时图层的选择使用，养成良好的建模习惯。

习　题

1. 选择题

(1) (　　)和孔特征类似，只是生成方式和孔的生成方式相反。

A. 槽　　　　　　　B. 凸台　　　　　　C. 圆柱体　　　　D. 腔体

(2) 在(　　)建模中，只能用于在圆柱表面上创建矩形、球形和 U 形沟槽特征。

A. 孔特征　　　　　B. 槽特征　　　　　C. 键槽特征　　　D. 三角形加强筋

2. 填空题

(1) (　　)可以作为其他特征的参考平面。其本身是一个无限大的平面，也无质量和体积。

(2) 在特征建模中，(　　)的作用同前面所介绍的基准平面和基准轴是相同的，都是用来定位特征模型在空间上的位置。

3. 操作题

(1) 根据如图 4.88 所示的二维图样创建三维模型。

(2) 根据如图 4.89 所示的二维图样创建三维模型。

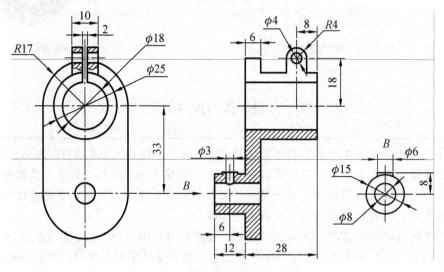

图 4.88　模型创建图样(1)

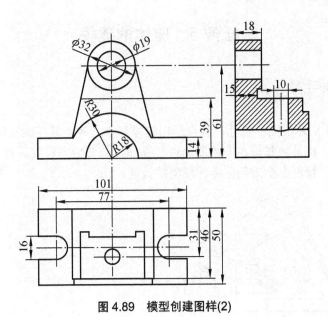

图 4.89 模型创建图样(2)

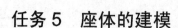
任务 5　座体的建模

5.1　任务导入

　　根据如图 5.1 所示的图样尺寸，综合运用建模命令，建立其三维模型，如图 5.2 所示。通过该图的练习，应熟练掌握草图绘制、特征操作、细节特征和关联复制等命令，熟练掌握通过草图截面、特征命令来创建零件模型的技能。

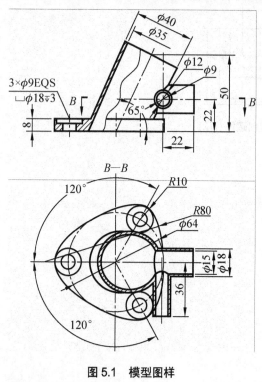

图 5.1　模型图样　　　　　　　　　　　　图 5.2　模型展示

5.2　任务分析

　　从图 5.2 中可以看出，该模型由 4 部分组成，分别是底座、大圆柱筒、小圆柱筒和小管。4 部分需要 4 个草图截面经拉伸创建。而创建草图需要创建若干基准平面和基准轴。模型主体创建后，经过孔创建命令完成模型。该模型创建需要综合运用前面几个任务的建模知识，本任务学习细节特征命令和关联复制相关命令。

5.3　任务知识点

5.3.1　细节特征

　　细节特征是在特征建模的基础上增加一些细节的表现，是在主体模型的基础上进行的详细设计。通过细节特征命令，可以完善模型创建，从而满足工艺需求，符合生产要求。

1.　拔模

"拔模"命令是将实体表面沿指定的拔模方向倾斜一定角度。注塑件和铸件一般需要一定的拔模斜度才能顺利脱模。

在菜单栏选择"插入"|"细节特征"|"拔模"命令，或单击"特征"工具条中的"拔模"按钮，弹出"拔模"对话框，如图5.3所示。

(1)　拔模类型分为"从平面"、"从边"、"与多个面相切"和"至分型边"4种方式，这里重点介绍前两种。

①　从平面：用于指定固定面，拔模操作不改变固定平面处的体横截面大小，如图5.3所示。

②　从边：用于指定所选的系列边作为固定边，并指定拥有这些边且要以指定的角度拔模的面。当需要固定的边不包含在垂直于方向矢量的平面中时使用此选项，如图5.4所示。

图5.3　"拔模"对话框——"从平面"　　　图5.4　"拔模"对话框——"从边"

(2)　"拔模"命令的一般步骤("从平面"方式)见表5-1。

表5-1　"拔模"命令的一般步骤——"从平面"方式

步骤	创建步骤	图示
1	在"类型"下拉列表框中选择"从平面"方式	如图5.3所示
2	选择脱模的方向	如图5.5所示
3	如需要调整选中的脱模方向，单击"反向"按钮	如图5.3所示
4	在视图区域中选择固定面	如图5.6所示
5	在"角度"文本框中设置拔模角度	如图5.3、图5.6所示
6	选择要拔模的面，即选择要倾斜的面	如图5.7所示
7	单击"确定"或"应用"按钮，完成拔模操作	如图5.8所示

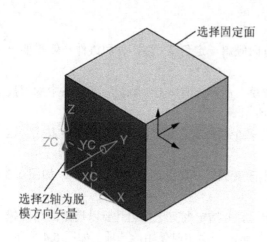

图 5.5　脱模方向

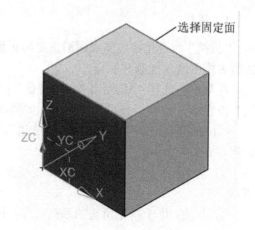

图 5.6　固定面

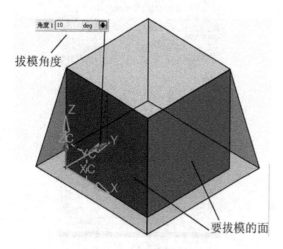

图 5.7　要拔模的面

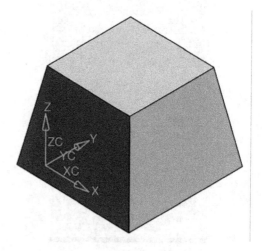

图 5.8　"从平面"拔模效果

(3) "拔模"命令的一般步骤（"从边"方式)见表 5-2。

表 5-2　"拔模"命令的一般步骤——"从边"方式

步骤	创建步骤	图示
1	在"类型"下拉列表框中选择"从边"方式	如图 5.4 所示
2	选择脱模的方向	如图 5.9 所示
3	如需要调整选中的脱模方向，单击"反向"按钮☒	如图 5.4 所示
4	在视图区域中选择固定边缘，作为拔模操作中不改变的实体边	如图 5.9 所示
5	在"角度"文本框中设置拔模角度	如图 5.4 所示
6	单击"确定"或"应用"按钮，完成拔模操作	如图 5.10 所示

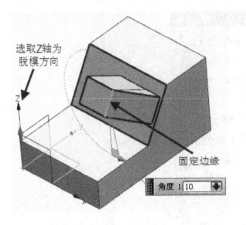

选取Z轴为
脱模方向

固定边缘

角度 1 | 10

图 5.9　脱模方向和固定边缘

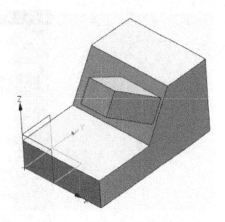

图 5.10　"从边"拔模效果

2. 缩放体

"缩放体"命令用于缩放实体和片体。其比例应用于几何体而不用于组成该体的独立特征。

在菜单栏选择"插入"|"偏置/缩放"|"缩放体"命令，或单击"特征"工具条中的"缩放体"按钮 ，弹出"缩放体"对话框，如图 5.11 所示。

(1) 系统提供了"均匀"、"轴对称"和"常规"3 种方式。

① 均匀：实体整体等比例缩放，如图 5.11 所示。

② 轴对称：通过轴向和其他方向来缩放实体，如图 5.12 所示。

③ 常规：在选定坐标系中设置 X、Y、Z 这 3 个方向的比例因子来缩放实体，如图 5.13 所示。

图 5.11　"缩放体"对话框-均匀

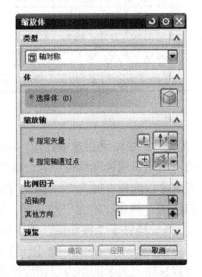

图 5.12　"缩放体"对话框-轴对称

图 5.13 "缩放体"对话框-常规

(2) "缩放体"命令的一般步骤见表 5-3。

表 5-3 "缩放体"命令的一般步骤

步骤	创建步骤
1	选择缩放体类型："均匀"、"轴对称"或"常规"
2	在视图区选择要缩放操作的实体
3	"均匀"方式：指定缩放点(缩放中位置不变化的点) "轴对称"方式：指定矢量(轴向缩放的方向)、指定轴通过点(缩放中位置不变化的点) "常规"方式：指定 CSYS(缩放中参考的坐标系)
4	"均匀"方式：输入比例因子数值 "轴对称"方式：输入"沿轴向"和"其他方向"两个比例因子数值 "常规"方式：输入"X 向"、"Y 向"和"Z 向"3 个比例因子数值
5	单击"确定"或"应用"按钮，完成缩放体操作

3. 抽壳

"抽壳"命令根据指定壁厚值，将实体的一个或多个表面去除，从而掏空实体内部。该命令常用于塑料或铸造零件中，可以把零件内部掏空，使零件的厚度变小，从而节省材料。

在菜单栏选择"插入"|"偏置/缩放"|"抽壳"命令，或单击"特征"工具条中的"抽壳"按钮，弹出"抽壳"对话框，如图 5.14 所示。

(1) 系统提供了"移除面，然后抽壳"和"对所有面抽壳"两种方式。

① 移除面，然后抽壳：选取一个或多个面作为抽壳面，选取的面为开口面，和内部实体一起被移除，剩余的面为以指定厚度值形成薄壁，如图 5.14 所示。

② 对所有面抽壳：按照某个指定厚度值，在不穿透实体表面的情况下挖空实体，即可创建中空的实体，如图 5.15 所示。

图 5.14　"抽壳"对话框

图 5.15　"抽壳"对话框——对所有面抽壳

(2) "抽壳"命令的一般步骤("移除面,然后抽壳"方式)见表 5-4。

表 5-4　"抽壳"命令的一般步骤——"移除面,然后抽壳"方式

步骤	创建步骤	图示
1	选择抽壳类型:"移除面,然后抽壳"	如图 5.14 所示
2	选择一个或多个要穿透的面(即移除的面)	如图 5.16 所示
3	在"厚度"文本框中设置抽壳厚度值	如图 5.14、图 5.17 所示
4	若需设置不同壁厚,在"备选厚度"选项组选择要改变壁厚的面	如图 5.18 所示
5	在"厚度 1"文本框输入备选厚度值	如图 5.18 所示
6	单击"确定"或"应用"按钮,完成抽壳操作	如图 5.19 所示

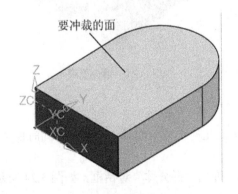

图 5.16　要冲裁的面

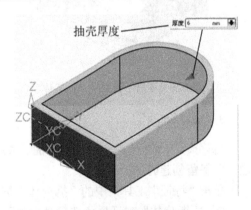

图 5.17　抽壳厚度

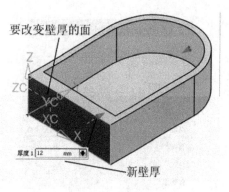

图 5.18　改变壁厚

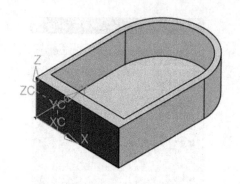

图 5.19　抽壳效果

（3）"抽壳"命令的一般步骤（"对所有面抽壳"方式）见表 5-5。

表 5-5　"抽壳"命令的一般步骤——"对所有面抽壳"方式

步骤	创建步骤	图示
1	选择抽壳类型："对所有面抽壳"	如图 5.15 所示
2	选择要抽壳的体	如图 5.20 所示
3	在"厚度"文本框中设置抽壳厚度值	如图 5.15、图 5.21 所示
4	若需设置不同壁厚，在"备选厚度"选项组选择要改变壁厚的面	如图 5.22 所示
5	在"厚度 1"文本框输入备选厚度值	如图 5.22 所示
6	单击"确定"或"应用"按钮，完成抽壳操作	如图 5.23 所示

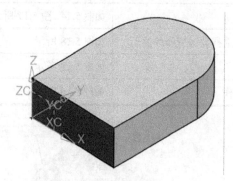

图 5.20　要对所有面抽壳的实体

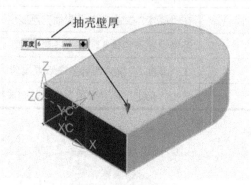

图 5.21　抽壳壁厚

4．拆分体

"拆分体"命令使用一个现有平面、基准平面或几何实体将实体一分为二，同时保留两边，并保留创建时的所有参数。

单击"特征"工具条中的"拆分体"按钮🔲，弹出"拆分体"对话框，如图 5.24 所示。

（1）"拆分体"对话框各选项功能如下。

① 选择体：选择要拆分的对象。

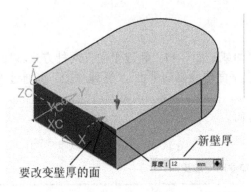

新壁厚

厚度 1 | 12 　　mm |

要改变壁厚的面

图 5.22　改变壁厚

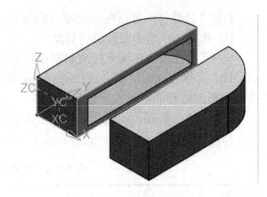

图 5.23　抽壳效果(剖切展示)

② 工具选项：在该下拉列表框中可选择"面或平面"、"新建平面"、"拉伸"和"回转"4 种方式。"面或平面"直接在视图区域中选择现有平面或基准平面作为拆分平面，"新建平面"可通过下拉列表框创建新的平面作为修剪平面，"拉伸"通过拉伸指定曲线来创建刀具体，"回转"通过回转指定曲线来创建刀具体。

(2) "拆分体"命令的一般步骤见表 5-6。

表 5-6　"拆分体"命令的一般步骤

步骤	创建步骤
1	选择要修剪的实体对象
2	选择现有平面、基准平面、新建基准平面或拉伸回转曲线作为修剪面
3	单击"确定"或"应用"按钮，完成拆分体操作

5．修剪体

"修剪体"命令使用一个现有平面或者基准平面将实体一分为二，保留一边切除另一边。实体修剪后仍然是参数化实体，并保留创建时的所有参数。

单击"特征"工具条中的"修剪体"按钮，弹出"修剪体"对话框，如图 5.25 所示。

图 5.24　"拆分体"对话框

图 5.25　"修剪体"对话框

(1) "修剪体"对话框各选项功能如下。

① 选择体：选择要修剪的对象。

② 工具选项：在该下拉列表框中可选择"面或平面"和"新建平面"两种方式。"面或平面"直接在视图区域中选择现有平面或基准平面作为修剪平面；"新建平面"可通过下拉列表框创建新的平面作为修剪平面。

③ 反向：单击⊠按钮，调整修剪实体的方向。

(2) "修剪体"命令的一般步骤见表 5-7。

表 5-7　"修剪体"命令的一般步骤

步骤	创建步骤
1	选择要修剪的实体对象
2	选择现有平面、基准平面或新建基准平面作为修剪面
3	单击"反向"按钮⊠，调整修剪实体的方向
4	单击"确定"或"应用"按钮，完成修剪体操作

特别提示

使用实体表面或片体修剪实体时，修剪面必须完全通过实体，否则会出现错误提示。

5.3.2　关联复制

1. 对特征形成图样

使用"对特征形成图样"命令可创建特征的阵列(线性、圆形、多边形等)，并通过各种选项来定义阵列边界、实例方位、旋转方向和变化。

选择"插入"|"关联复制"|"对特征形成图样"命令，或单击"特征"工具栏中的"对特征形成图样"按钮)，打开"对特征形成图样"对话框，如图 5.26 所示。

定义阵列有 7 个可用的布局，如表 5-8 所示。

表 5-8　布局选择说明

序号	布局	说　　明	图　　示
1	线性	使用一个或两个方向定义布局	如图 5.27 所示
2	圆形	使用旋转轴和可选径向间距参数定义布局	如图 5.28 所示
3	多边形	使用正多边形和可选径向间距参数定义布局	如图 5.29 所示
4	螺旋式	使用螺旋路径定义布局	如图 5.30 所示
5	沿	定义一个跟随连续曲线链和(可选)第二条曲线链或矢量的布局	如图 5.31 所示
6	常规	使用由一个或多个目标点或坐标系定义的位置来定义布局	如图 5.32 所示
7	参考	使用现有阵列定义布局	如图 5.33 所示

图 5.26 "对特征形成图样"对话框

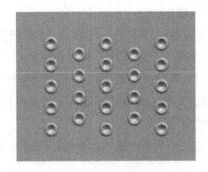

图 5.27 "线性"布局

图 5.28 "圆形"布局

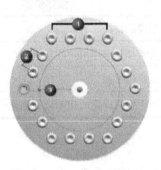

图 5.29 "多边形"布局

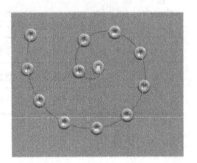

图 5.30 "螺旋式"布局

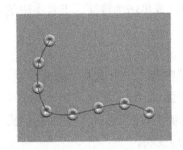

图 5.31 "沿"布局

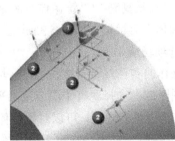

图 5.32 "常规"布局

图 5.33 "参考"布局

2. 镜像特征

"镜像特征"命令用来创建镜像体内的一个或多个特征，用于构建对称部件。

在菜单栏中选择"插入"|"关联复制"|"镜像特征"命令，或单击"特征"工具条中的"镜像特征"按钮，弹出"镜像特征"对话框，如图 5.34 所示。

(1) "镜像特征"对话框各选项功能如下。

① 选择特征：选择要镜像操作的特征。

② 添加相关特征：选中该复选框，则将选定要镜像特征的相关特征包括在"相关特征"的列表框中。

③ 添加体中的全部特征：选中该复选框，则将选定要镜像特征所在实体中的所有特征都包含在"相关特征"的列表框中。

④ 平面：在该下拉列表中可选择"现有平面"和"新平面"两种方式。"现有平面"直接在视图区域中选择现有平面或基准平面，"新平面"可通过下拉列表框创建新的平面作为镜像平面。

(2) "镜像特征"命令的一般步骤见表 5-9。

表 5-9 "镜像特征"命令的一般步骤

步　　骤	创建步骤
1	在视图区域中选择要镜像的特征
2	若有需要，选中"相关特征"选项组中的复选框
3	选择镜像平面或创建新镜像平面
4	单击"确定"或"应用"按钮，完成镜像特征创建

3. 镜像体

使用"镜像体"命令可跨基准平面镜像整个体。镜像体时，镜像特征与原始体关联，不能在镜像体中编辑任何参数。

在菜单栏中选择"插入"|"关联复制"|"镜像体"命令，或单击"特征"工具条中的"镜像体"按钮，弹出"镜像体"对话框，如图 5.35 所示。

(1) "镜像体"对话框各选项功能如下。

① 选择体：选择要镜像操作的实体，可直接在视图区域中选择一个或多个特征。

② 选择平面：直接在视图区域中选择现有平面或基准平面。

③ 固定于当前时间戳记：选中该复选框，可以对镜像体加上时间戳记，则此后对原实体的任何特征操作，如打孔、修剪等，都不会在镜像体中得到反映。

选中复制螺纹复选框，可用于复制符号螺纹，不需要重新创建与源体相同的螺纹。

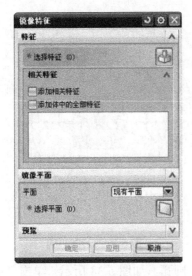

图 5.34 "镜像特征"对话框

图 5.35 "镜像体"对话框

(2) "镜像体"命令的一般步骤见表 5-10。

表 5-10 "镜像体"命令的一般步骤

步 骤	创建步骤
1	创建基准平面作为镜像平面
2	在视图区域中直接选择要镜像的实体
3	选择已创建的基准平面作为镜像平面
4	单击"确定"或"应用"按钮，完成镜像体操作

5.4 建模步骤

(1) 创建文件。创建一个基于模型模板的新公制部件，并输入 zuoti.prt 作为该部件的名称。单击"确定"按钮，UG NX 8.0 会自动启动"建模"应用程序。

(2) 设置草图图层。在菜单栏中选择"格式"|"图层设置"命令，弹出"图层设置"对话框，在"工作图层"文本框中输入 21，设置 21 层为工作层，关闭"图层设置"对话框，完成图层设置。

(3) 绘制草图截面 1。在菜单栏中选择"插入"|"草图"命令，或单击"特征"工具条中的"任务环境中的草图"按钮，弹出"创建草图"对话框。选择 X-Y 平面作为草图平面，单击"确定"按钮进入草图绘制界面。绘制直径为 64mm 的基准圆和夹角为 120°的 3 条参考直线，如图 5.36 所示。

(4) 以 120°基准线和基准圆的交点为圆心，绘制 3 个直径为 20mm 的圆，如图 5.37 所示。

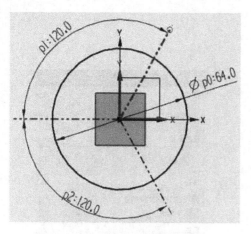

图 5.36　绘制基准圆和参考直线

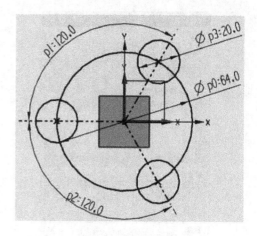

图 5.37　绘制小圆

（5）分别绘制与两圆相切且半径为 80mm 的 3 个圆弧，如图 5.38 所示。单击"草图"工具条中的"完成草图"按钮 ，完成草图截面 1 的绘制。

（6）设置实体图层。在菜单栏中选择"格式"|"图层设置"命令，弹出"图层设置"对话框，在"工作图层"文本框中输入 1，设置 1 层为工作层，关闭"图层设置"对话框，完成图层设置。

（7）创建拉伸特征 1。在菜单栏中选择"插入"|"设计特征"|"拉伸"命令，或单击"特征"工具条中的"拉伸"按钮 ，弹出"拉伸"对话框。在"曲线规则"工具条中设置为"单条曲线"选项，并且单击 按钮，激活"在相交处停止"选项。逐一选择草图曲线，作为拉伸截面，如图 5.39 所示。

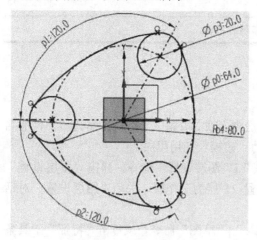

图 5.38　绘制相切圆弧

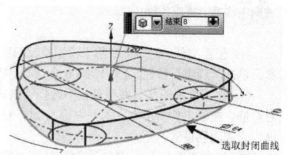

选取封闭曲线

图 5.39　选取拉伸截面

（8）在"拉伸"对话框中，设置"拉伸"对话框中的"极限"选项组，设置"开始"选项为"值"，在其"距离"文本框中输入 0；同样设置"结束"选项为"值"，在其"距离"文本框中输入 8。单击"确定"按钮，完成拉伸特征 1 创建。在"视图"工具条中单击"静态线框"按钮 ，使创建实体应用"静态线框"视图样式，如图 5.40 所示。

（9）设置基准图层。在菜单栏中选择"格式"|"图层设置"，弹出"图层设置"对话框，

在"工作图层"文本框中输入 62，设置 62 层为工作层，关闭"图层设置"对话框，完成图层设置。

(10) 创建基准平面 1。在菜单栏中选择"插入"|"基准/点"|"基准平面"命令，或单击"特征"工具条中的"基准平面"按钮，弹出"基准平面"对话框。在对话框的"类型"下拉列表框中选择"按某一距离"选项，如图 5.41 所示。

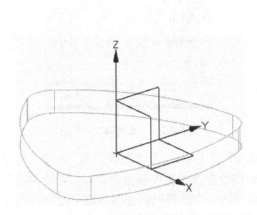

图 5.40　静态线框样式

图 5.41　"基准平面"对话框

(11) 在视图区域中选择实体的底面作为创建基准平面的平面参考，在"偏置"选项组中的"距离"文本框中输入 50，作为偏置距离，在"偏置"选项组中单击"反向"按钮，调整基准平面创建方向，如图 5.42 所示。在"基准平面"对话框中，单击"确定"按钮，完成基准平面 1 的创建。

(12) 创建基准平面 2。在菜单栏中选择"插入"|"基准/点"|"基准平面"命令，或单击"特征"工具条中的"基准平面"按钮，弹出"基准平面"对话框。在对话框的"类型"下拉列表框中选择"成一角度"选项。在视图区域中选择 X-Y 坐标平面作为创建基准平面的平面参考，选择 Y 轴作为创建基准平面的通过轴，在"角度"选项组中的"角度选项"下拉列表框中选择"值"选项，在"角度"文本框中输入 65，如图 5.43 所示。单击"确定"按钮，完成基准平面 2 的创建。结果如图 5.44 所示。

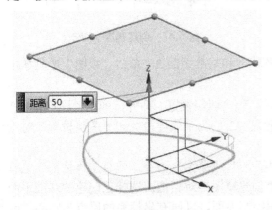

图 5.42　创建基准平面 1

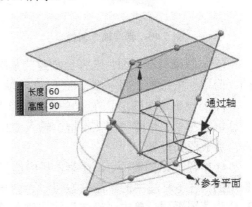

图 5.43　创建基准平面 2

(13) 创建基准轴 1。在菜单栏中选择"插入"|"基准/点"|"基准轴"命令，或单击"特征"工具条中的"基准轴"按钮 ，弹出"基准轴"对话框，在对话框的"类型"下拉列表框中选择"交点"选项，如图 5.45 所示。在视图区分别选择已创建基准平面 1 和基准平面 2 作为要相交的对象。单击"确定"按钮，完成基准轴 1 的创建，如图 5.46 所示。

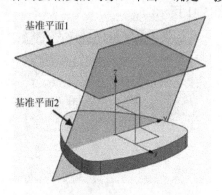

图 5.44　创建的基准平面 1 和基准平面 2

图 5.45　"基准轴"对话框

(14) 创建基准平面 3。在菜单栏中选择"插入"|"基准/点"|"基准平面"命令，或单击"特征"工具条中的"基准平面"按钮 ，弹出"基准平面"对话框。在对话框的"类型"下拉列表框中选择"成一角度"选项，在视图区域中选择已创建的基准平面 2 作为创建基准平面的平面参考，选择基准轴 1 作为创建基准平面的通过轴，在"角度"选项组的"角度选项"下拉列表框中选择"垂直"选项，创建通过基准轴 1 与基准平面 2 垂直的基准平面，如图 5.47 所示。单击"确定"按钮，完成基准平面 3 创建。

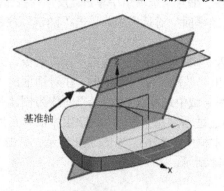

图 5.46　基准轴 1 创建

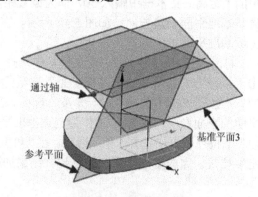

图 5.47　创建基准平面 3

(15) 隐藏基准平面。选择已创建的基准平面 1 和基准平面 2，单击"视图"工具条中的"隐藏"按钮 ，将基准平面 1、2 隐藏。

(16) 设置草图图层。在菜单栏中选择"格式"|"图层设置"命令，弹出"图层设置"对话框，在"工作图层"文本框中输入 22，设置 22 层为工作层，关闭"图层设置"对话框，完成图层设置。

(17) 绘制草图截面 2。在菜单栏中选择"插入"|"草图"命令，或单击"特征"工具条中的"任务环境中的草图"按钮 ，弹出"创建草图"对话框。选择已创建的基准平面 3 作为草图平面，单击"确定"按钮进入草图绘制界面，以原有坐标系的原点为圆心，创

建直径为 40mm 的圆，如图 5.48 所示。单击"草图"工具条中的"完成草图"按钮，完成草图截面 2 的绘制。

(18) 设置实体图层。在菜单栏中选择"格式"|"图层设置"命令，弹出"图层设置"对话框，在"工作图层"文本框中输入 1，设置 1 层为工作层，关闭"图层设置"对话框，完成图层设置。

(19) 创建拉伸特征 2。在菜单栏中选择"插入"|"设计特征"|"拉伸"命令，或单击"特征"工具条中的"拉伸"按钮，弹出"拉伸"对话框。选择草图截面 2 作为拉伸截面，设置"开始"下拉列表框为"值"，在其"距离"文本框中输入 0，同时设置"结束"下拉列表框为"直至下一个"，设置"布尔"下拉列表框为"求和"。在"拉伸"对话框中，单击"确定"按钮，完成拉伸特征创建。结果如图 5.49 所示。

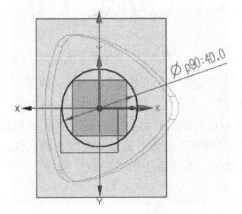

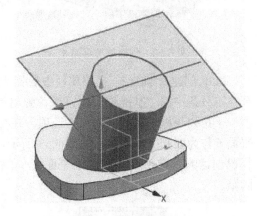

图 5.48　绘制草图截面 2　　　　图 5.49　创建拉伸特征 2

(20) 隐藏基准平面和基准轴。选择已创建的基准平面 3 和基准轴 1，单击视图工具条中的"隐藏"按钮，将其隐藏。

(21) 设置基准图层。在菜单栏中选择"格式"|"图层设置"命令，弹出"图层设置"对话框，在"工作图层"文本框中输入 63，设置 63 层为工作层，关闭"图层设置"对话框，完成图层设置。

(22) 创建基准平面 4。在菜单栏中选择"插入"|"基准/点"|"基准平面"命令，或单击"特征"工具条中的"基准平面"按钮，弹出"基准平面"对话框。在对话框的"类型"下拉列表框中选择"相切"选项，在视图区域中选择已创建的圆柱体作为创建基准平面的参考几何体，如图 5.50 所示。单击"确定"按钮，完成基准面 4 的创建。

(23) 创建基准轴 2。在菜单栏中选择"插入"|"基准/点"|"基准轴"命令，或单击"特征"工具条中的"基准轴"按钮，弹出"基准轴"对话框。在对话框的"类型"下拉列表框中选择"交点"选项，在视图区域中分别选择 X-Z 平面和已创建的基准平面 4 作为要相交的对象，如图 5.51 所示。单击"确定"按钮，完成基准轴 2 的创建。

(24) 创建基准平面 5。在菜单栏中选择"插入"|"基准/点"|"基准平面"命令，或单击"特征"工具条中的"基准平面"按钮，弹出"基准平面"对话框。在对话框的"类型"下拉列表框中选择"按某一距离"选项，在视图区域中选择坐标系 X-Y 平面作为创建基准平面的平面参考，在"偏置"选项组中的"距离"文本框中输入 22，作为偏置距离，在"偏置"选项组中单击"反向"按钮，调整基准平面创建方向，如图 5.52 所示。在"基准平面"对话框中，单击"确定"按钮，完成基准平面 5 的创建。

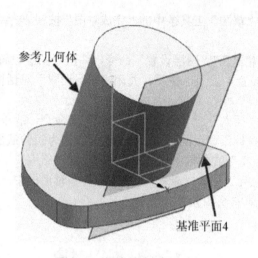

图 5.50　创建基准平面 4

图 5.51　创建基准轴 2

　　(25) 创建基准轴 3。在菜单栏中选择"插入"|"基准/点"|"基准轴"命令，或单击"特征"工具条中的"基准轴"按钮 ↑，弹出"基准轴"对话框。在"基准轴"对话框的"类型"下拉列表框中选择"交点"选项，在视图区域中分别选择已创建的基准平面 4 和基准平面 5 作为要相交的对象，如图 5.53 所示。单击"确定"按钮，完成基准轴 3 的创建。选择已创建的基准平面 4 和基准平面 5，单击"视图"工具条中的"隐藏"按钮 ，将其隐藏。

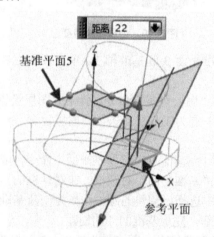

图 5.52　创建基准平面 5

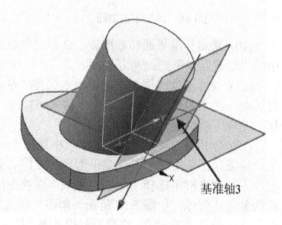

图 5.53　创建基准轴 3

　　(26) 创建基准平面 6。在菜单栏中选择"插入"|"基准/点"|"基准平面"命令，或单击"特征"工具条中的"基准平面"按钮 □，弹出"基准平面"对话框。在对话框的"类型"下拉列表框中选择"成一角度"选项，在视图区域中选择 Y-Z 坐标平面作为创建基准平面的平面参考，选择基准轴 3 作为创建基准平面的通过轴，在"角度"选项组的"角度选项"下拉列表框中选择"平行"选项，创建通过基准轴 3 与 Y-Z 坐标平面平行的基准平面，如图 5.54 所示。单击"确定"按钮，完成基准平面 6 的创建。

　　(27) 创建基准平面 7。在"基准平面"对话框的"类型"下拉列表框中选择"按某一距离"选项，在视图区域中选择已创建基准平面 6 作为创建基准平面的平面参考，在"偏置"选项组中的"距离"文本框中输入"22",作为偏置距离,如图 5.55 所示。单击"确定"按钮,完成基准平面 7 的创建。

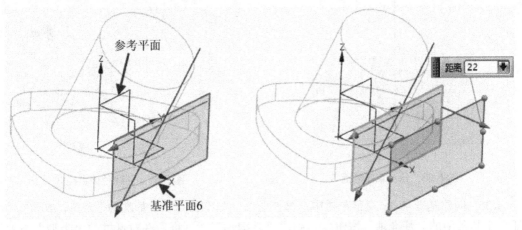

图 5.54　创建基准平面 6　　　　图 5.55　创建基准平面 7

(28) 隐藏。选择已创建的基准平面 6,单击"视图"工具条中的"隐藏"按钮,将其隐藏。

(29) 设置草图图层。在菜单栏中选择"格式"|"图层设置"命令,弹出"图层设置"对话框,在"工作图层"文本框中输入 23,设置 23 层为工作层,关闭"图层设置"对话框,完成图层设置。

(30) 绘制草图截面 3。在菜单栏中选择"插入"|"草图"命令,或单击"特征"工具条中的"任务环境中的草图"按钮,弹出"创建草图"对话框。选择已创建的基准平面 7 作为草图平面,单击"确定"按钮进入草图绘制界面,以已创建的基准轴 2 和 Z 坐标轴的交点为圆心,创建直径为 18mm 的圆,如图 5.56 所示。单击"草图"工具条中的"完成草图"按钮,完成草图截面 3 的绘制。

(31) 设置实体图层。在菜单栏中选择"格式"|"图层设置"命令,弹出"图层设置"对话框,在"工作图层"文本框中输入 1,设置 1 层为工作层,关闭"图层设置"对话框,完成图层设置。

(32) 创建拉伸特征 3。在菜单栏中选择"插入"|"设计特征"|"拉伸"命令,或单击"特征"工具条中的"拉伸"按钮,弹出"拉伸"对话框。选择草图截面 3 作为拉伸截面,单击"方向"选项组中的"反向"按钮,调整拉伸方向,设置"开始"选项为"值",在其"距离"文本框中输入 0;同样设置"结束"选项为"直至下一个",设置"布尔"选项为"求和",设置"选择体"为已创建实体,如图 5.57 所示。单击"确定"按钮,完成拉伸特征的创建。

(33) 隐藏。选择已创建的基准平面 7,单击视图工具条中的"隐藏"按钮,将其隐藏。

(34) 设置基准图层。在菜单栏中选择"格式"|"图层设置"命令,弹出"图层设置"对话框,在"工作图层"文本框中输入 64,设置 64 层为工作层,关闭"图层设置"对话框,完成图层设置。

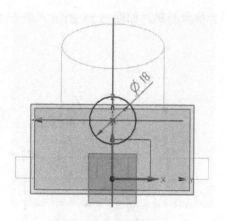

图 5.56　绘制草图截面 3

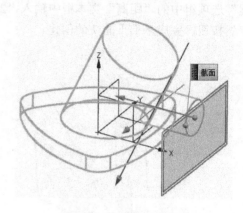

图 5.57　创建拉伸特征 3

(35) 创建基准轴 4。在菜单栏中选择"插入"|"基准/点"|"基准轴"命令，或单击"特征"工具条中的"基准轴"按钮 ，弹出"基准轴"对话框。在对话框的"类型"下拉列表框中选择"曲线/面轴"选项，在视图区中选择拉伸特征 3(小圆柱)作为曲线或面，将拉伸特征 3(小圆柱)的轴线，创建为基准轴，如图 5.58 所示。单击"确定"按钮，完成基准轴 4 的创建。

(36) 设置草图图层。在菜单栏中选择"格式"|"图层设置"命令，弹出"图层设置"对话框，在"工作图层"文本框中输入 24，设置 24 层为工作层，关闭"图层设置"对话框，完成图层设置。

(37) 绘制草图截面 4。在菜单栏中选择"插入"|"草图"命令，或单击"特征"工具条中的"任务环境中的草图"按钮 ，弹出"创建草图"对话框。选择 X-Z 坐标平面作为草图平面，单击"确定"按钮进入草图绘制界面，以已创建的基准轴 2 和基准轴 4 的交点为圆心，创建直径为 12mm 的圆，如图 5.59 所示。单击"草图"工具条中的"完成草图"按钮 ，完成草图截面 4 的绘制。

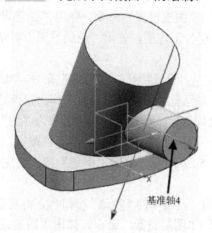

图 5.58　"基准轴"对话框

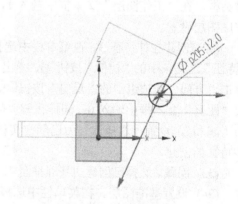

图 5.59　绘制草图截面 4

(38) 设置实体图层。在菜单栏中选择"格式"|"图层设置"命令，弹出"图层设置"对话框，在"工作图层"文本框中输入 1，设置 1 层为工作层，关闭"图层设置"对话框，完成图层设置。

(39) 创建拉伸特征 4。在菜单栏中选择"插入"|"设计特征"|"拉伸"命令，或单击"特征"工具条中的"拉伸"按钮，弹出"拉伸"对话框。选择草图截面 4 作为拉伸截面，设置"开始"选项为"值"，在其"距离"文本框中输入 0；同样设置"结束"选项为"值"，在其"距离"文本框中输入 36，设置"布尔"选项为"求和"，设置"选择体"为已创建实体，单击"确定"按钮，完成拉伸特征的创建，如图 5.60 所示。

(40) 隐藏基准轴和草图曲线。选择基准轴和草图曲线，单击"视图"工具条中的"隐藏"按钮，将其隐藏，如图 5.61 所示。

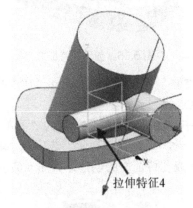

图 5.60　创建拉伸特征 4

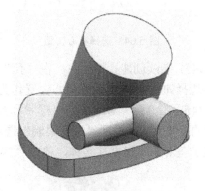

图 5.61　隐藏基准轴和草图效果

(41) 创建孔特征 1。在菜单栏中选择"插入"|"设计特征"|"孔"命令，或单击"特征"工具条中的"孔"按钮，弹出"孔"对话框。在对话框的"类型"下拉列表框中选择"常规孔"选项，选择如图 5.62 所示的圆心位置作为孔特征的圆心。

(42) 在"孔"对话框的"形状和尺寸"选项组中，选择"成形"类型为"简单"，设置"直径"为 35，设置"深度限制"选项为"贯通体"，设置"布尔"选项为"求差"，设置求差对象为已创建实体，单击"应用"按钮，完成孔特征 1 的创建，如图 5.63 所示。

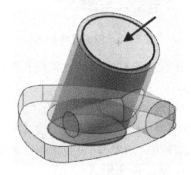

图 5.62　选择孔心位置

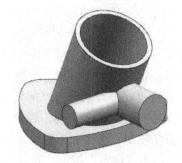

图 5.63　创建孔特征 1

(43) 同理创建孔特征 2。在"孔"对话框的"类型"下拉列表框中选择"常规孔"选项，选择如图 5.64 所示的圆心位置作为孔特征的圆心。

(44) 在"孔"对话框的"形状和尺寸"选项组中，选择"成形"类型为"简单"，设置"直径"为 15，设置"深度限制"选项为"直至下一个"，选择"布尔"选项为"求差"，设置求差对象为已创建实体，单击"应用"按钮，完成孔特征 2 的创建，如图 5.65 所示。

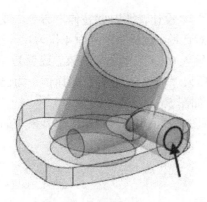

图 5.64　选择孔心位置

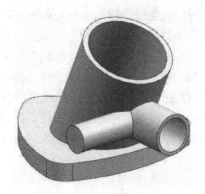

图 5.65　创建孔特征 2

（45）继续创建孔特征 3。在"孔"对话框的"类型"下拉列表框中选择"常规孔"选项，选择如图 5.66 所示的圆心位置作为孔特征的圆心。

（46）在"孔"对话框的"形状和尺寸"选项组中，选择"成形"类型为"简单"，设置"直径"为 9，设置"深度限制"选项为"直至下一个"，选择"布尔"选项为"求差"，设置求差对象为已创建实体，单击"应用"按钮，完成孔特征 3 的创建，如图 5.67 所示。

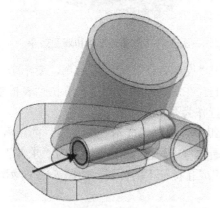

图 5.66　选择孔心位置

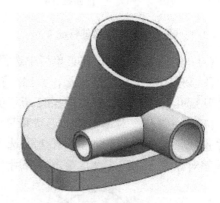

图 5.67　创建孔特征 3

（47）创建孔特征 4。在"孔"对话框的"类型"下拉列表框中选择"常规孔"选项，选择如图 5.68 所示的圆弧圆心位置作为孔特征的圆心。

（48）在"孔"对话框的"形状和尺寸"选项组中，选择"成形"类型为"沉头"，设置"沉头直径"文本框为 18，设置"沉头深度"文本框为 3，设置"直径"文本框为 9，设置"深度限制"选项为"贯通体"，选择"布尔"选项为"求差"，设置求差对象为已创建实体，单击"确定"按钮，完成孔特征 4 的创建，如图 5.69 所示。

（49）创建阵列特征。在菜单栏中选择"插入"|"关联复制"|"对特征形成图样"命令，或单击"特征"工具条中的"对特征形成图样"按钮 ，弹出"对特征形成图样"对话框。在绘图区域中选择孔特征 4 为要形成图样的特性，在"阵列定义"选项组下的"布局"下拉列表中选择"圆形"选项，选取 Z 轴为旋转轴，单击"指定点"后面的 按钮，弹出"点"对话框，设置各坐标值为 0，如图 5.70 所示，单击"确定"按钮回到"对特征形成图样"对话框，设置坐标原点为指定点。

(50) 按如图 5.71 所示设置"角度方向"选项组,单击"确定"按钮完成特征的阵列,如图 5.72 所示。

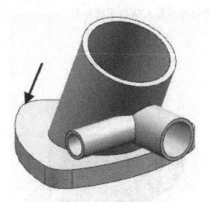

图 5.68　选择沉头孔中心位置

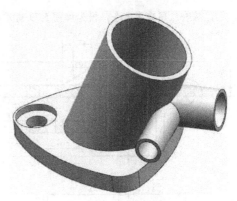

图 5.69　创建孔特征 4

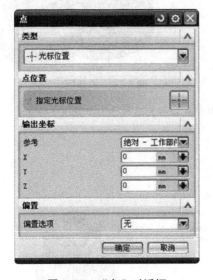

图 5.70　"点"对话框

图 5.71　设置"角度方向"

图 5.72　创建阵列特征

(51) 保存文件。在菜单栏中选择"文件"|"保存"命令,或单击"标准"工具条中的"保存"按钮 ,完成文件的保存。

拓展实训

1. 综合应用建模命令，根据如图 5.73 所示的零件图样创建如图 5.74 所示的模型。

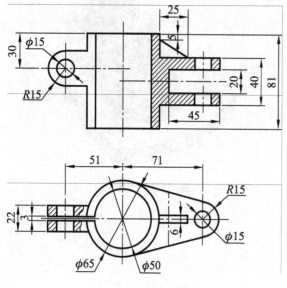

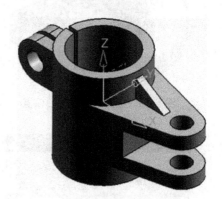

图 5.73　模型图样(1)

图 5.74　模型展示(1)

2. 综合应用建模命令，根据如图 5.75 所示的零件图样创建如图 5.76 所示的模型。

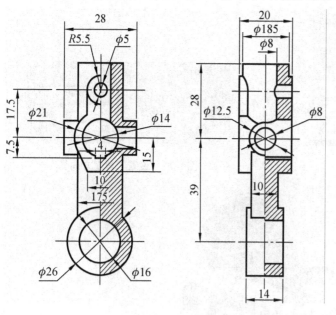

图 5.75　模型图样(2)

图 5.76　模型展示(2)

任 务 小 结

通过本任务主要学习细节特征和关联复制。细节特征是在特征建模的基础上增加一些细节表现；关联复制完成模型特征和实体的相关复制工作。细节特征是在毛坯模型的基础上进行的详细设计，完善模型创建，从而满足工艺需求；关联复制可以减少重复劳动，提高工作效率。两者都是建模的必备技能，应该熟练掌握。

细节特征相关命令一般应用在模型创建的后半部分，是对模型的一种完善。初学者应该掌握命令使用的时机。过早使用有可能会影响其他特征的使用，以及对模型的调整和修改。

关联复制操作主要介绍了对特征形成图样、镜像特征和镜像体等命令。使用该类命令，不仅可以减少工作量，还能够通过其关联性更好地控制模型的编辑和修改。

习　　题

1. 选择题

(1) 设置变半径(　　)是指沿指定边缘，按可变半径对实体或片体进行倒圆，倒圆面通过指定的陡峭边缘，并与倒圆边缘邻接的一个面相切。

　　　A. 边倒圆　　　　　B. 面倒圆　　　　　C. 软倒圆　　　　　D. 倒斜角

(2) 使用从边拔模方式时，选择的所有参考边在任意处的切线与拔模方向的夹角必须(　　)拔模角度。

　　　A. 大于　　　　　B. 等于　　　　　C. 小于　　　　　D. 以上都有可能

(3) 建立一个线性阵列，将沿(　　)定义偏置方向。

　　　A. 工作坐标系的轴　　　　　　B. 绝对坐标系

　　　C. 指定矢量　　　　　　　　　D. 参考坐标系

(4) 修剪体和拆分体的区别在于(　　)。

　　　A. 修剪体是将实体或片体一分为二

　　　B. 拆分体是将实体或片体一分为二

　　　C. 执行拆分体操作后，所有的参数将全部丢失

　　　D. 执行修剪体操作后，所有的参数将全部丢失

2. 操作题

(1) 根据如图 5.77 所示的二维图样创建三维模型。

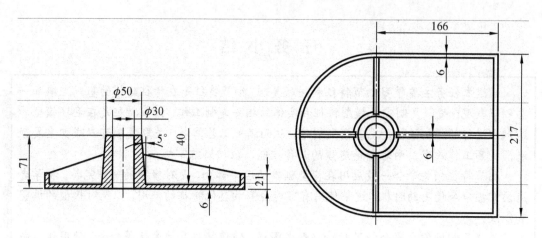

图 5.77　建模练习(1)

(2) 根据如图 5.78 所示的二维图样创建三维模型。

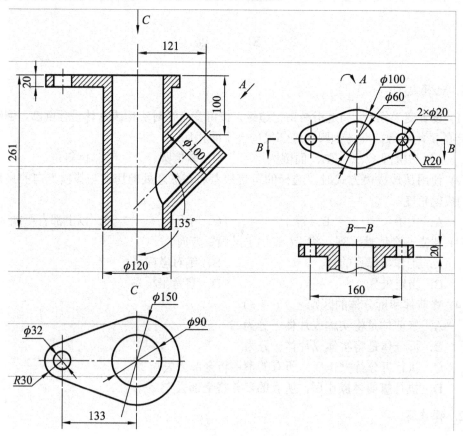

图 5.78　建模练习(2)

项目 2

曲面类零件的建模

学习目标

本项目是学习 UG NX 8.0 的重要环节，通过若干典型工作任务的学习，达到熟练运用该软件实现曲面类零件建模的目的。

学习要求

(1) 了解编辑曲面的方法。
(2) 掌握构建曲面的基本方法。
(3) 掌握曲面实体复合建模的方法。
(4) 理解并基本掌握曲面建模的一般步骤和技巧。

项目导读

UG NX 8.0 曲面建模技术是体现 CAD/CAM 软件建模能力的重要标志，直接采用前面项目的方法就能够完成设计的产品是有限的，大多数实际产品的设计离不开曲面建模。曲面建模用于构造用非曲面建模方法无法创建的复杂形状，它既能生成曲面(在 UG NX 8.0 中称为片体，即零厚度实体)，也能生成实体。

UG NX 8.0 曲面建模的方法繁多，功能强大，使用方便。全面掌握和正确合理使用是用好该模块的关键。曲面的基础是曲线，构造曲线要避免重叠、交叉和断点等缺陷。

曲面建模的一般步骤：首先根据产品轮廓创建曲线；然后根据创建的曲线，利用通过曲线组、直纹、通过曲线网格、扫掠等选项，创建产品的主要或者大面积的曲面；最后利用桥接面、软倒圆、N-边曲面、修剪的片体等功能，对前面创建的曲面进行过渡连接、编辑或者光顺处理，最终得到完整的产品模型。

任务 6　电热杯体的建模

6.1　任务导入

　　根据如图 6.1 所示的电热杯体平面图样建立其三维模型。通过练习，初步掌握使用"草图"功能绘制产品轮廓曲线及使用通过曲线组、拉伸曲面、有界平面、修剪片体和缝合功能创建一般曲面模型的技能。

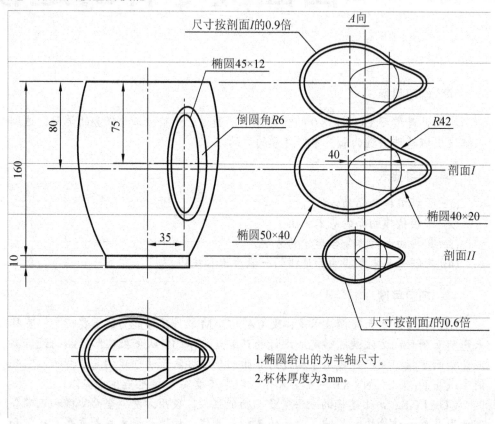

图 6.1　电热杯体平面图样

6.2　任务分析

　　从图 6.1 可以看出，该模型的 3 个截面按照不同的比例变化，可首先利用"草图"功能绘制基准截面 I，然后使用投影曲线和"变换"功能绘制另外两个截面曲线，最后利用"通过曲线组"功能完成模型主体曲面的创建。把手部分的曲面通过拉伸椭圆曲线然后修剪曲面实现，杯底曲面同样用拉伸曲面和有界平面创建。所有曲面完成后使用"曲面加厚"功能将曲面加厚到图样要求的厚度，圆角部分使用"边倒圆"功能来创建。

6.3　任务知识点

6.3.1　通过曲线组

"通过曲线组"命令通过一系列轮廓曲线(大致在同一方向)建立曲面或实体。轮廓曲线又称截面。截面可以是曲线、实体边界或实体表面等几何体。其生成特征与截面相关联,当截面编辑修改后,特征会自动更新。

选择"插入"|"网格曲面"|"通过曲线组"命令,或者单击"曲面"工具条中的"通过曲线组"按钮 ,弹出"通过曲线组"对话框,如图 6.2 所示。

对话框中各常用选项说明如下。

1. 截面

"截面"选项组中各选项功能说明见表 6-1。

图 6.2　"通过曲线组"对话框

表 6-1　"截面"选项组中各选项含义

选　　项	含　　义
选择曲线或点	最多可选择 150 个截面。点只能用于第一个截面或最后截面
反向	反转截面的方向。为生成光顺的曲面,所有截面都必须指向相同的方向
指定原始曲线	选择封闭曲线环时,允许用户更改原始曲线
添加新集	将当前截面添加到模型中并创建一个新的截面。还可以在选择截面时,通过按鼠标中键来添加新集
列表	列出向模型中添加的截面。可以重排序或删除截面

2. 连续性

"连续性"选项组如图 6.3 所示,各选项功能说明见表 6-2。

图 6.3　"连续性"选项组

表 6-2 "连续性"选项组各选项含义

选 项	含 义
全部应用	将相同的连续性应用于第一个和最后一个截面。选中此复选框并选择连续性设置时，UG NX 8.0 将把更改应用于这两个设置
第一截面 最后截面	从每个列表中为模型选择相应的 G0、G1 或 G2 连续
选择面	选择一个或多个面作为约束曲面在"第一截面"和"最后截面"处与创建的直纹曲面保持相应的连续性
流向	指定与约束曲面相关的流动方向。此选项仅适用于使用约束曲面的模型，在所有"连续性"选项设置为 G0 时不可用。此选项包括：①未指定，即流向直接通到另一侧；②等参数，即流向沿着约束曲面的等参数方向(U 或 V)；③垂直，即流向垂直于约束曲面的基本边

3. 对齐

"对齐"选项组通过定义如何沿截面隔开新曲面的等参数曲线来控制曲面的形状，如图 6.4 所示。各选项的含义见表 6-3。

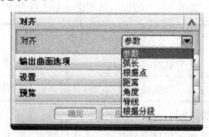

图 6.4 "对齐"选项组

表 6-3 "对齐"选项组中各选项的含义

选 项	含 义
参数	沿截面以相等的参数间隔来隔开等参数曲线连接点。参数值会根据曲率而有所不同，曲率越紧密，间隔越接近
弧长	沿定义的曲线以相等的圆弧长间隔隔开等参数曲线连接点
根据点	对齐不同形状的截面线串之间的点
距离	在指定方向上沿每个截面以相等的距离隔开点。这样会得到全部位于垂直于指定方向矢量的平面内的等参数曲线
角度	在指定的轴线周围沿每条曲线以相等的角度隔开点。这样得到所有在包含有轴线的平面内的等参数曲线
脊线	将点放置在选定曲线与垂直于输入曲线的平面的相交处。曲面范围取决于脊线的限制
根据分段	与"参数"对齐方法相似，只是沿每个曲线段平均分隔等参数曲线，而不是按相等参数间隔来分隔

4. 输出曲面选项

"输出曲面选项"选项组如图 6.5 所示,各选项含义见表 6-4。

图 6.5 "输出曲面选项"选项组

表 6-4 "输出曲面选项"选项组各选项意义

选 项	含 义
补片类型	控制 V 向(垂直于线串)的补片是单个还是多个
V 向封闭	当选中该复选框时,片体沿列方向(V 向)封闭第一个与最后一个截面之间的特征
垂直于终止截面	使输出曲面垂直于两个终止截面
构造	用于指定创建曲面的构造方法

5. 设置

"设置"选项组中各选项含义见表 6-5。

表 6-5 "设置"选项组各选项意义

选 项	含 义
体类型	用于为"通过曲线组"特征指定片体或实体
保留形状	通过强制公差值为 0.0,并替代逼近输出曲面的默认值,可以保留尖角
重新构建	通过重新定义截面的阶次或段数来构造高质量的曲面

6.3.2 有界平面

使用"有界平面"命令可以创建由一组首尾相连的平面曲线封闭的平面曲面。其中,曲线必须共面,且形成封闭形状。

选择"插入"|"曲面"|"有界平面"命令,或者单击"特征"工具条中的"有界平面"按钮 ，弹出"有界平面"对话框,如图 6.6 所示。

图 6.6 "有界平面"对话框

"有界平面"命令通过选择连续的边界曲线串或边线串来指定平面截面，如图 6.7 所示。如要创建一个带孔的平面，还必须定义所有内部孔的边界，如图 6.8 所示。

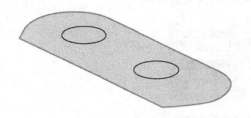

图 6.7　创建"有界平面"示例(1)　　　　图 6.8　创建"有界平面"示例(2)

6.3.3　修剪片体

在曲面设计中，创建的曲面往往大于实际模型的曲面，在此基础上利用"修剪片体"功能把曲面裁剪成与模型曲面一致的尺寸。修剪片体功能提供了对曲面进行裁剪的方法。

单击"特征"工具条中的"修剪片体"按钮，弹出"修剪片体"对话框，如图 6.9 所示，各选项含义见表 6-6。

图 6.9　"修剪片体"对话框

表 6-6　"修剪片体"对话框中各选项含义

选　项		含　义
目标	选择片体	选择目标曲面作为要修剪的曲面。选择目标体的位置将确定保持或舍弃的区域
边界对象	选择对象	选择作为修剪边界的对象，该对象可以是面、边、曲线和基准平面
	允许目标边作为工具对象	选中此复选框后，可选择目标的边作为修剪对象

续表

选　项		含　义
投影方向	垂直于面	定义投影方向为沿着面的法向方向
	垂直于曲线平面	将投影方向定义为垂直于边界曲线所在的平面
	沿矢量	将投影方向定义为沿矢量方向
区域	选择区域	完成选择目标曲面体、投影方法和修剪对象后，可以选择要保持和舍弃哪些区域。选择的区域与修剪对象相关联
	保持	当修剪曲面时保持选定的区域
	舍弃	当修剪曲面时舍弃选定的区域

6.3.4　缝合

可将两个或更多片体连结成一个片体。如果这组片体完全包围一定的体积，则创建的是一个实体。但所选片体的任何缝隙都不能大于指定公差，否则将获得一个片体，而非实体。

选择"插入"|"组合"|"缝合"命令，弹出"缝合"对话框，如图 6.10 所示，各主要选项说明见表 6-7。

图 6.10　"缝合"对话框

表 6-7　"缝合"对话框中各选项的含义

选　项		含　义
类型	片体	缝合片体
	实体	缝合两个实体
目标	选择片体	在类型为"片体"时显示，用于选择目标片体
	选择面	在类型为"实体"时显示，用于选择目标实体面
工具	选择片体	用于选择要缝合到目标片体的一个或多个工具片体
	选择面	用于从第二个实体上选择一个或多个工具面
设置	输出多个片体	仅在类型为"片体"时可用，可生成多个缝合体
	缝合所有实例	如果选定体是某个实例阵列的一部分，则缝合整个实例阵列

6.3.5 加厚

"加厚"命令可将一个或多个相互连接的面或片体加厚为一个实体。加厚效果是通过将选定面沿着其法线方向进行偏置然后创建侧壁而生成的。

选择"插入"|"偏置/缩放"|"加厚"命令，弹出"加厚"对话框，如图 6.11 所示，各主要选项含义见表 6-8。

图 6.11　"加厚"对话框

表 6-8　"加厚"对话框中各主要选项含义

选　　项		含　　义
面	选择面	选择要加厚的面和片体，所有选择对象必须相互连接
厚度	偏置 1/偏置 2	为加厚特征指定一个或两个偏置值，正偏置值应用于加厚方向，该方向由显示的箭头指示，负偏置值应用在反方向上
显示故障数据	显示故障数据	发生加厚错误时可用。可标识可能导致加厚操作失败的面
设置	逼近偏置面	在计算过程中使用逼近而不是精确定义偏置曲面。这样在其他方法无法完成时可以通过创建加厚特征来实现

6.4　建模步骤

6.4.1　创建截面曲线

(1) 创建一个基于模型模板的新公制部件，并输入 beiti.prt 作为该部件的名称。单击"确定"按钮，UG NX 8.0 会自动启动"建模"应用程序。

(2) 选择"格式"|"图层设置"命令，弹出"图层设置"对话框，在"工作图层"文本框中输入"21"，设置 21 层为工作层，关闭"图层设置"对话框，完成图层设置。

(3) 在"特征"工具条中单击"任务环境中的草图"按钮，弹出"创建草图"对话框，单击"确定"按钮以默认的草图平面绘制草图。

(4) 在"草图工具"工具条中单击"椭圆"按钮 ⊙，弹出"椭圆" 对话框。以原点为圆心并按照如图 6.12 所示设置参数绘制一个大椭圆。同样在该椭圆的右侧再绘制一个小椭圆，参数如图 6.13 所示，得到的图形如图 6.14 所示。

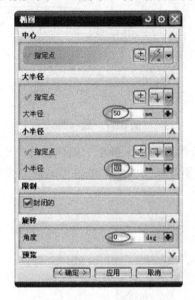

图 6.12　设置大椭圆参数

图 6.13　设置小椭圆参数

(5) 在"草图工具"工具条中单击"约束"按钮，选择小椭圆的圆心和 X 轴，单击 按钮约束小椭圆圆心在 X 轴上。选择大椭圆的圆心和基准坐标原点，单击 按钮约束大椭圆圆心在坐标原点上。

(6) 如图 6.15 所示，单击大椭圆的左侧拾取椭圆曲线和 X 轴，单击 按钮约束椭圆的旋转角度。用同样的方法约束小椭圆的旋转角度。

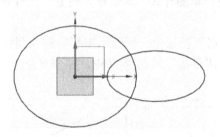

图 6.14　创建的椭圆

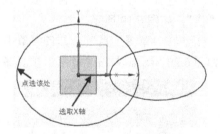

图 6.15　添加"垂直"约束

(7) 在"草图工具"工具条中单击"自动判断尺寸"按钮，添加尺寸约束如图 6.16 所示。

(8) 在"草图工具"工具条中单击"圆弧"按钮，在弹出的"圆弧"工具条中单击"三点定圆弧"按钮，分别捕捉两椭圆上一点和两椭圆上方一点，绘制一个半径为 142mm 的圆弧，如图 6.17 所示。

(9) 在"草图工具"工具条中单击"约束"按钮，选择大椭圆和上一步绘制的圆弧，两者为相切约束，同样约束小椭圆与圆弧相切。在"草图"工具条中单击"自动判断尺寸"按钮，标注圆弧的半径为 142mm。

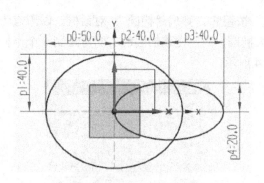

图 6.16　添加尺寸约束　　　　　　　　　　图 6.17　绘制圆弧

（10）选择"插入"|"来自曲线集的曲线"|"镜像"命令，弹出"镜像曲线"对话框，选择 X 轴为镜像中心线，选择上一步绘制的圆弧为要镜像的曲线，单击"确定"按钮完成圆弧的镜像操作，如图 6.18 所示。

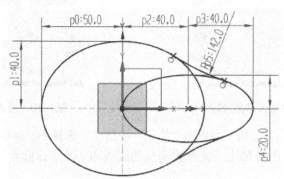

图 6.18　镜像圆弧

（11）选择"任务"|"草图样式"命令，弹出"草图样式"对话框，设置"尺寸标签"为"值"，如图 6.19 所示。

（12）在"草图工具"工具条中单击"快速修剪"按钮，删除不需要的部分圆弧，结果如图 6.20 所示。单击"草图"工具条中的"完成草图"按钮，完成草图。

图 6.19　"草图样式"对话框

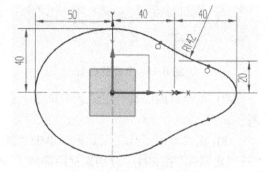

图 6.20　修剪草图结果

（13）选择"格式"|"图层设置"命令，弹出"图层设置"对话框，在"工作图层"文本框中输入"62"，设置 62 层为工作层，关闭"图层设置"对话框，完成图层设置。

（14）在"特征"工具条中单击"基准平面"按钮，弹出"基准平面"对话框，单击

XY 平面并在"偏置"选项组中的"距离"文本框中输入 80，在"平面的数量"文本框中输入 1，如图 6.21 所示。单击"应用"按钮完成第一个基准平面的创建，如图 6.22 所示。

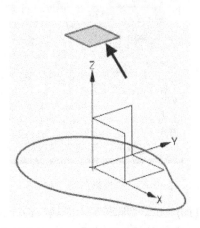

图 6.21　设置第一个基准平面参数　　　　　图 6.22　创建第一个基准平面

(15) 同样，单击 XY 平面并在"偏置"选项组中的"距离"文本框中输入 80，再单击"反向"按钮⊠调整偏置的方向，如图 6.23 所示。单击"确定"按钮完成第二个基准平面的创建，如图 6.24 所示。

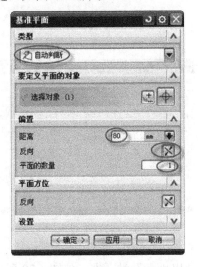

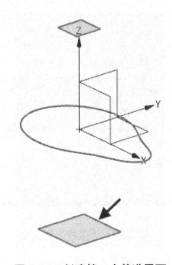

图 6.23　设置第二个基准平面参数　　　　　图 6.24　创建第二个基准平面

(16) 选择"格式"|"图层设置"命令，弹出"图层设置"对话框，在"工作图层"文本框中输入 41，设置 41 层为工作层，关闭"图层设置"对话框，完成图层设置。

(17) 在"曲线"工具条中单击"投影曲线"按钮，弹出如图 6.25 所示的"投影曲线"对话框，选择前面创建的草图曲线为要投影的曲线，选择创建的第一个基准平面为要投影的对象，其余按默认设置。单击"确定"按钮完成曲线的投影操作，如图 6.26 所示。

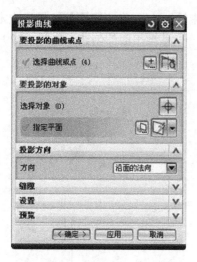

图 6.25 "投影曲线"对话框

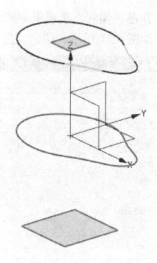

图 6.26 创建投影曲线

(18) 选择"编辑"|"变换"命令，弹出"变换"对话框，如图 6.27 所示，系统提示选择要变换的对象，选择上一步创建的投影曲线，单击"确定"按钮，又弹出一个"变换"对话框，系统提示选择变换的选项，如图 6.28 所示。

图 6.27 "变换"对话框

图 6.28 选择变换选项

(19) 在"变换"对话框中单击"比例"按钮，弹出"点"对话框，如图 6.29 所示，系统提示选择不变的缩放点，选择投影曲线中大椭圆弧的圆心，接着弹出另一个"变换"对话框，如图 6.30 所示。

(20) 在"比例"本框中输入 0.9 后单击"确定"按钮，又弹出一个"变换"对话框，如图 6.31 所示。单击"复制"按钮完成变换操作，结果如图 6.32 所示。

(21) 在"变换"对话框中单击"取消"按钮，关闭"变换"对话框。隐藏投影得到的曲线，完成第二截面曲线的创建。

图 6.29　"点"对话框

图 6.30　设置变换比例(1)

图 6.31　选择变换操作

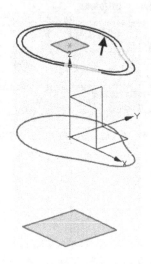

图 6.32　创建的"变换"曲线(1)

(22) 选择"格式"|"图层设置"命令，弹出"图层设置"对话框，在"工作图层"文本框中输入"42"，设置 42 层为工作层，关闭"图层设置"对话框，完成图层设置。

(23) 重复步骤(17)~(21)，在第二个基准平面上创建"刻度尺"为 0.6mm 的截面曲线，如图 6.33 和图 6.34 所示。

(24) 选择"格式"|"图层设置"命令，弹出"图层设置"对话框，取消勾选图层 62 前面的复选框，使得 62 层为不可见层，如图 6.35 所示，从而隐藏前面创建的两个基准平面。关闭"图层设置"对话框，完成图层设置，至此完成 3 条截面曲线的创建，结果如图 6.36 所示。

图 6.33 设置变换比例(2)

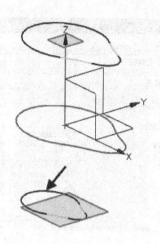

图 6.34 创建的"变换"曲线(2)

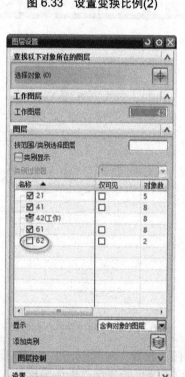

图 6.35 "图层设置"对话框

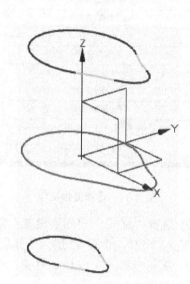

图 6.36 创建的截面曲线

6.4.2 创建曲面

(1) 选择"格式"|"图层设置"命令，弹出"图层设置"对话框，在"工作图层"文本框中输入 11，设置 11 层为工作层，关闭"图层设置"对话框，完成图层设置。

(2) 选择"首选项"|"建模"命令，弹出"建模首选项"对话框，在"体类型"选项组中选中"片体"单选按钮，如图 6.37 所示，单击"确定"按钮关闭对话框。

(3) 在"曲面"工具条中单击"通过曲线组"按钮 ，打开"通过曲线组"对话框如图 6.38 所示。

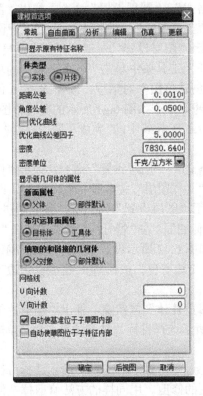

图 6.37　"建模首选项"对话框

图 6.38　"通过曲线组"对话框

(4) 设置"曲线规则"为"相切曲线"，在对应的位置依次拾取前面创建的 3 个截面曲线。注意每拾取一个曲线按一次鼠标中键或单击"添加新集"按钮，并保持 3 条截面曲线起始位置和方向一致，如图 6.39 所示。单击"确定"按钮完成曲面的创建，结果如图 6.40 所示。

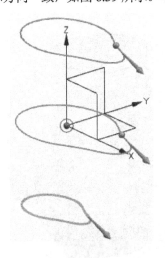

图 6.39　拾取截面曲线

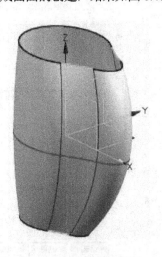

图 6.40　创建的曲面

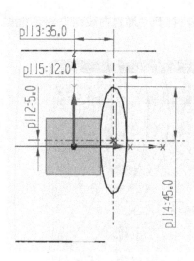

图 6.41　创建草图曲线

(5) 单击"视图"工具条上的"静态线框"按钮，让模型以静态线框显示。

(6) 选择"格式"|"图层设置"命令，弹出"图层设置"对话框，在"工作图层"文本框中输入"22"，设置 22 层为工作层，关闭"图层设置"对话框，完成图层设置。

(7) 在"特征"工具条中单击"任务环境中的草图"按钮，弹出"创建草图"对话框，选择 X-Z 平面为草图平面，绘制并约束一个如图 6.41 所示的椭圆草图。

(8) 单击"草图"工具条中的"完成草图"按钮，完成草图。

(9) 选择"格式"|"图层设置"命令，弹出"图层设置"对话框，在"工作图层"文本框中输入"12"，设置 12 层为工作层，关闭"图层设置"对话框，完成图层设置。

(10) 创建拉伸曲面。在"特征"工具条中单击"拉伸"按钮，选择上一步绘制的草图为拉伸截面，按如图 6.42 所示设置参数，单击"确定"按钮完成拉伸曲面操作，单击"视图"工具条中的"带边着色"按钮，模型以带边着色显示，结果如图 6.43 所示。

(11) 修剪曲面。在"曲面"工具条中单击"修剪片体"按钮，弹出"修剪片体"对话框，如图 6.44 所示设置参数，并按照如图 6.45 所示选择目标片体和边界对象。单击"应用"按钮完成第一次修剪。

(12) 继续修剪曲面。按如图 6.46 所示设置参数，并按照如图 6.47 所示选择目标片体和边界对象。单击"应用"按钮完成拉伸曲面一侧的修剪。用同样的方法修剪掉拉伸曲面的另一侧。

图 6.42　"拉伸"对话框

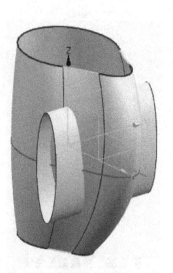

图 6.43　创建的"拉伸"曲面

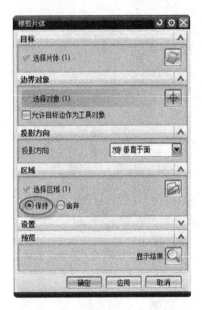

图 6.44　设置"修剪片体"参数

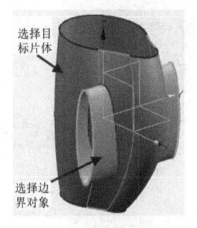

图 6.45　选择目标片体和边界对象

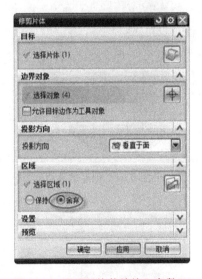

图 6.46　设置"修剪片体"参数(2)

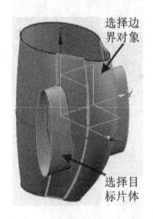

图 6.47　选择目标片体和边界对象

(13) 创建拉伸曲面。在"特征"工具条中单击"拉伸"按钮，选择下面的截面曲线向下拉伸 10mm，如图 6.48 所示，单击"确定"按钮完成拉伸曲面操作，结果如图 6.49 所示。

(14) 在"特征"工具条中单击"有界平面"按钮，选择上一步拉伸曲面的底边为平面截面，如图 6.50 所示，单击"确定"按钮完成操作，结果如图 6.51 所示。

(15) 同样，选择上面的截面曲线为平面截面，如图 6.52 所示，单击"确定"按钮完成操作，结果如图 6.53 所示。

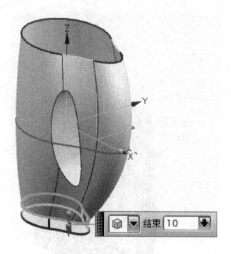

图 6.48　选择拉伸"截面"

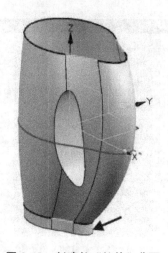

图 6.49　创建的"拉伸"曲面

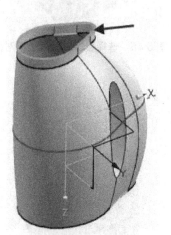

图 6.50　选择曲线(1)

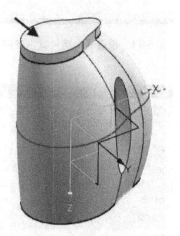

图 6.51　创建的平面

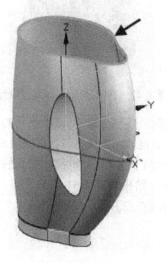

图 6.52　选择曲线(2)

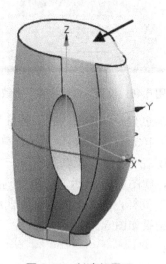

图 6.53　创建的平面

6.4.3　创建实体

(1) 选择"格式"|"图层设置"命令，弹出"图层设置"对话框，在"工作图层"文本框中输入 1，设置 1 层为工作层，同时设置 21、22、41、42、61 和 62 层为不可见，关闭"图层设置"对话框，完成图层设置。接着选择"首选项"|"建模"命令，弹出"建模首选项"对话框，在"体类型"选项组中选中"实体"单选按钮。

(2) 缝合曲面为实体。选择"插入"|"组合"|"缝合"命令，弹出"缝合"对话框。选择上一步创建的平面为目标片体，其余曲面为工具片体，单击"确定"按钮完成缝合操作，结果如图 6.54 所示。

(3) 在"特征"工具条中单击"边倒圆"按钮，选择如图 6.55 所示把手两侧边缘，设置倒圆半径为 6mm，单击"应用"按钮完成边倒圆操作，结果如图 6.56 所示。

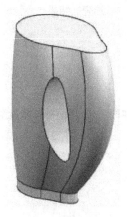

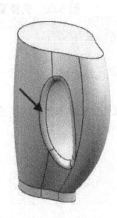

图 6.54　缝合结果　　　　图 6.55　选择要倒圆的边(1)　　　图 6.56　创建的倒圆面(1)

(4) 继续创建边倒圆操作，选择如图 6.57 所示杯体和杯底的交线为倒圆边，设置倒圆半径为 10mm，单击"确定"按钮完成边倒圆操作，如图 6.58 所示。

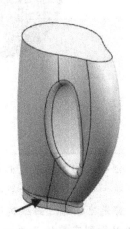

图 6.57　选择要倒圆的边(2)　　　　　　图 6.58　创建的倒圆面(2)

(5) 创建抽壳特征。在"特征"工具条中单击"抽壳"按钮，选择杯子顶面为要穿透的面，如图 6.59 所示，设置"厚度"为 3mm，单击"应用"按钮完成抽壳操作，结果如图 6.60 所示。

图 6.59 选择要穿透的面   图 6.60 "抽壳"结果

(6) 保存文件。

 拓展实训

综合应用基本曲线、通过曲线组、回转曲面、边倒圆和抽壳特征创建如图 6.61 所示的花瓶模型，尺寸读者自定。

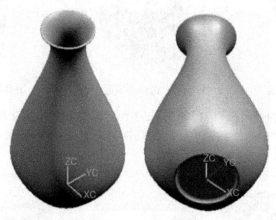

图 6.61 花瓶模型展示

任 务 小 结

通过本任务主要学习通过曲线组、有界平面、修剪的片体、缝合曲面和加厚曲面等曲面创建和编辑命令。对于一般的简单曲面，可以一次完成曲面的建立。而对于相对复杂的曲面，首先应该通过曲线构造生成主要的或面积大的片体，然后使用曲面的相应操作进行处理以得到完整的造型。

通过曲线组与直纹面方法类似，区别在于"直纹面"只适用两条截面线串，而"通过曲线组"最多允许使用 150 条截面线串。另外，此命令还提供了更多选项，可以将新曲面约束为与相邻曲面 G0、G1 或 G2 连续。

习　题

1. 问答题

(1) 创建直纹面和通过曲线组曲面有何异同点？

(2) 利用"通过曲线组"功能创建曲面时，对曲线的数量和选择方式有何要求？

(3) 缝合与求和的区别是什么？

2. 操作题

根据素材提供的文件 huaping.prt 创建如图 6.62 所示的花瓶模型。

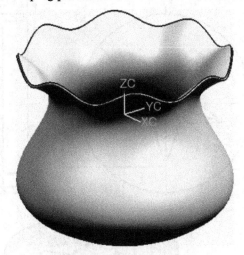

图 6.62　模型创建展示

任务 7　五角星体的建模

7.1　任务导入

　　根据图 7.1 所示的五角星体平面图形和外观造型图建立其三维模型。通过该图的练习，进一步掌握使用"草图"功能绘制产品轮廓曲线、空间直线，以及使用"直纹"、"有界平面"和"缝合"命令创建一般曲面模型的技能。

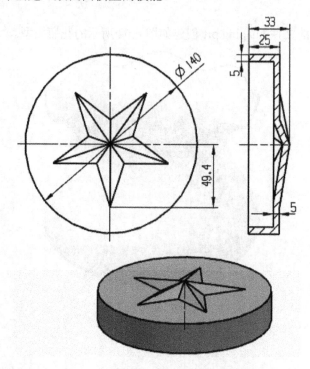

图 7.1　五角星体平面图形及三维模型

7.2　任务分析

　　从图 7.1 可以看出，该模型是由一个五角星和一个圆柱体组成，首先应用"曲线"工具条中的"多边形"功能画出一个正五边形，然后再应用"曲线"工具条中"直线"命令绘制出五角星的各个边，接着利用"直纹"和"有界平面"命令创建五角星的各个面，利用"缝合"命令缝合所有面，最后应用"求和"、"拉伸"和"抽壳"等命令完成整个五角星体的建模。

7.3　任务知识点

　　"直纹"命令是指通过两组截面线串(大致在同一方向)建立曲面，其中直纹形状是截面之间的线性过渡。截面线串可以是曲线、实体边界或实体面等几何体。其生成特征与截面线串相关联，当截面线串编辑修改后，特征会自动更新。

选择"插入"|"网格曲面"|"直纹"命令，或者单击"曲面"工具条中的"直纹"按钮，弹出"直纹"对话框，如图 7.2 所示，该对话框中各选项含义见表 7-1。

图 7.2 "直纹"对话框

表 7-1 "直纹"对话框中各选项含义

选项		含义
截面线串	选择曲线或点	只能选择两个截面线串，点只能用于"截面线串 1"
	反向	反转截面的方向，所选两个截面线串都必须指向相同的方向
	指定原始曲线	选择封闭曲线串时，允许用户更改原点曲线
对齐	参数	沿截面以相等的参数间隔来隔开曲线连接点，目的是让每条曲线完全被等分，此时创建的曲面在等分的间隔点处对齐
	弧长	沿定义曲线将等参数曲线将要通过的点以相等的弧长间隔隔开。当组成截面线串的曲线数目及长度不协调时，可以使用该选项
	根据点	对齐不同形状的截面之间的点，系统沿截面方向放置对齐点和对齐线。用于不同形状的截面线的对齐，特别是当截面线有尖角时，应该选择该方式
	距离	在指定方向上将对齐点沿每条曲线以相等的距离隔开，这样会得到全部位于垂直于指定方向矢量平面内的等参数曲线
	角度	围绕指定的轴线沿每条曲线以相等角度隔开点，这样会得到所有在包含有轴线的平面内的等参数曲线
	脊线	将点放置在所选截面与垂直于所选脊线平面的相交处。得到体的范围取决于这条脊线的限制
设置	保留形状	通过强制公差值为 0.0 并替代逼近输出曲面的默认值，从而保留尖角
	G0(位置)	可以指定输入几何体与得到体之间的最大距离

7.4 建模步骤

(1) 创建一个基于模型模板的新公制部件，并输入 wujiaoxing.prt 作为该部件的名称。单击"确定"按钮，UG NX 8.0 会自动启动"建模"应用程序。

(2) 选择"格式"|"图层设置"命令，弹出"图层设置"对话框，在"工作图层"文本框中输入 41，设置 41 层为工作图层，设置 61 层为不可见图层。关闭"图层设置"对话框，完成图层设置。

(3) 在"视图"工具条中单击"俯视图"按钮，绘图区中坐标系已经转换成如图 7.3 所示的坐标系。

(4) 单击"曲线"工具条中的"多边形"按钮，弹出"多边形"对话框，如图 7.4 所示，在其中的"边数"文本框中输入 5，单击"确定"按钮。

图 7.3 "顶部"视图坐标系　　　　　图 7.4 "多边形"对话框(1)

(5) 弹出另一个"多边形"对话框，如图 7.5 所示，在其中单击"外接圆半径"按钮，在弹出的"多边形"对话框中按图 7.6 所示设置参数，设置完后单击"确定"按钮，弹出如图 7.7 所示的"点"对话框，用于设定正五边形的中心位置，按系统默认设置(X、Y、Z均为 0)，单击"确定"按钮，完成正五边形的创建，结果如图 7.8 所示。

图 7.5 "多边形"对话框(2)　　　　　图 7.6 设置多边形参数

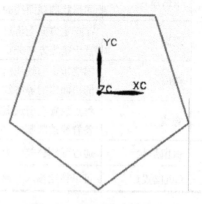

图 7.7 "点"对话框　　　　　图 7.8 正五边形创建完成

(6) 单击"曲线"工具条中的"基本曲线"按钮 ，弹出"基本曲线"对话框，如图 7.9 所示。单击其中的"直线"按钮 ，其余选项按系统默认设置，间隔拾取正五边形的顶点绘制如图 7.10 所示的五角星的 5 个角。

图 7.9　"基本曲线"对话框

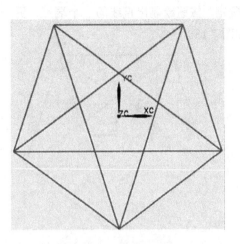

图 7.10　绘制五角星

(7) 单击"基本曲线"对话框中的"修剪"按钮 ，弹出"修剪曲线"对话框，按图 7.11 所示设置各选项。选择"要修剪的曲线"和"边界对象"，如图 7.12 所示，单击"应用"按钮，完成第一条边的修剪，结果如图 7.13 所示。

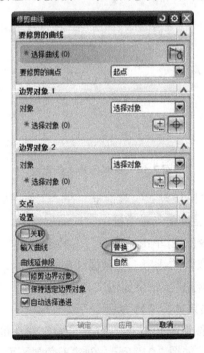

图 7.11　"修剪曲线"对话框

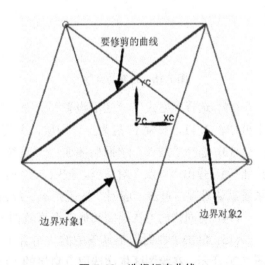

图 7.12　选择相应曲线

(8) 采取同样的步骤修剪另外 4 条边，隐藏正五边形，最终结果如图 7.14 所示。

(9) 在"视图"工具条中单击"正二测视图"按钮，改变视图的显示方式。

(10) 单击"曲线"工具条中的"基本曲线"按钮，弹出"基本曲线"对话框。单击其中的"直线"按钮，取消选中"线串模式"复选框，在"点方法"下拉列表框中选择 选项，弹出"点"对话框，在"XC"、"YC"、"ZC"文本框中分别输入 0、0、8，单击"确定"按钮绘制出直线的一个端点，另一端捕捉五角星的一个顶点，绘制一条直线，结果如图 7.15 所示。

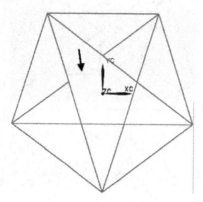

图 7.13　修剪第一条边

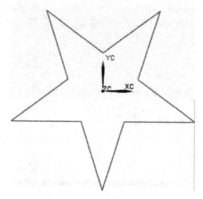

图 7.14　修剪其余边

(11) 分别捕捉五角星其余 4 个顶点和上一步所绘直线的端点，绘制另外 4 条直线，结果如图 7.16 所示。

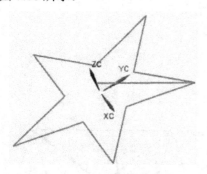

图 7.15　绘制的直线

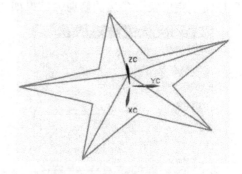

图 7.16　绘制另外 4 条直线

(12) 选择"格式"|"图层设置"命令，弹出"图层设置"对话框，在"工作图层"文本框中输入 11，设置 11 层为工作图层，关闭"图层设置"对话框，完成图层设置。

(13) 选择"插入"|"网格曲面"|"直纹"命令(或者单击"曲面"工具条中的"直纹"按钮)，弹出"直纹"对话框，按图 7.17 所示选取截面线串 1 和截面线串 2，其余选项按系统默认设置，单击"应用"按钮完成直纹曲面的创建，结果如图 7.18 所示。

(14) 用同样的方法绘制其他 9 个直纹曲面，结果如图 7.19 所示。

(15) 单击"曲面"工具条中的"有界平面"按钮，弹出"有界平面"对话框，如图 7.20 所示。在绘图区依次选取五角星的 10 条边，如图 7.21 所示，创建五角星平面片体，结果如图 7.22 所示。

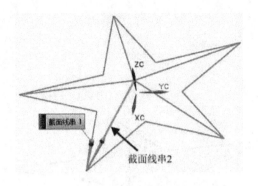

图 7.17　选取截面线串

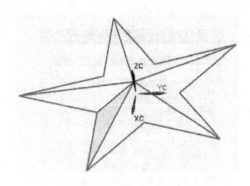

图 7.18　创建直纹曲面

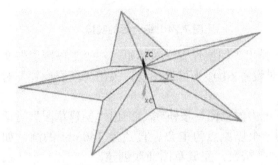

图 7.19　创建其余直纹曲面

图 7.20　"有界平面"对话框

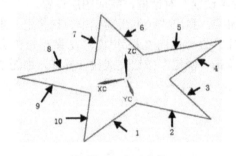

图 7.21　选取曲线

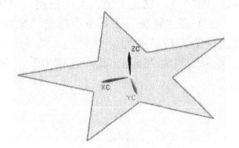

图 7.22　创建平面片体

　　(16) 选择"格式"|"图层设置"命令，弹出"图层设置"对话框，在"工作图层"文本框中输入 1，设置 1 层为工作图层，同时设置 41 层为不可见图层，关闭"图层设置"对话框，完成图层设置。

　　(17) 选择"插入"|"组合"|"缝合"命令，或单击"特征"工具条中的"缝合"按钮，弹出如图 7.23 所示的"缝合"对话框。选取上一步创建的有界平面为"目标"片体，选取 10 个直纹曲面为"工具"片体，然后单击"确定"按钮将曲面缝合为实体，结果如图 7.24 所示。

特别提示

　　在 UG NX 建模时，缝合封闭的曲面系统会自动实体化封闭的空间，但如果实体化不成功，可以输入更大的缝合公差使其实体化。

图 7.23　"缝合"对话框

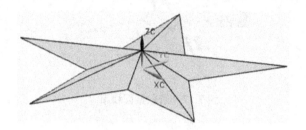

图 7.24　缝合后的实体

（18）选择"格式"|"图层设置"命令，弹出"图层设置"对话框，在"工作图层"文本框中输入 21，设置 21 层为工作图层，同时设置 61 层为可选图层，关闭"图层设置"对话框，完成图层设置。

（19）在"特征"工具条中单击"任务环境中的草图"按钮 ，弹出"创建草图"对话框，选择 X-Y 基准平面为草图平面，绘制一个以原点为中心、直径为 140mm 的圆，如图 7.25 所示，单击"草图"工具条中的 完成草图 按钮，完成草图曲线创建。

（20）选择"格式"|"图层设置"命令，弹出"图层设置"对话框，在"工作图层"文本框中输入 1，设置 1 层为工作图层，关闭"图层设置"对话框，完成图层设置。

（21）在"特征"工具条中单击"拉伸"按钮 ，弹出"拉伸"对话框，选择上一步绘制的草图为拉伸截面，并单击"方向"选项组中的"反向"按钮 ，设置开始距离为 0，结束距离为 25mm，其余选项为默认设置，单击"确定"按钮完成拉伸操作，如图 7.26 所示。

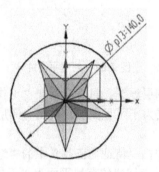

图 7.25　绘制草图圆

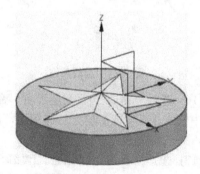

图 7.26　拉伸实体

（22）在"特征"工具条中单击"求和"按钮 ，弹出如图 7.27 所示的"求和"对话框，选取上一步创建的拉伸特征为"目标"体，选取五角星为"刀具"体，单击"确定"按钮完成求和操作，结果如图 7.28 所示。

（23）在"特征"工具条中单击"抽壳"按钮 ，弹出"抽壳"对话框，在"厚度"文本框中输入 5，按图 7.29 所示选择"要穿透的面"，单击"确定"按钮完成抽壳操作，结果如图 7.30 所示。

图 7.27　"求和"对话框

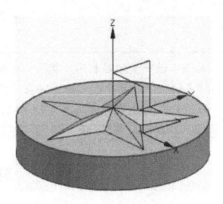

图 7.28　"求和"结果

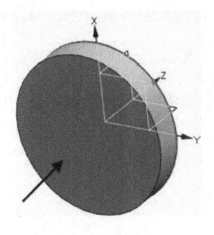

图 7.29　选择"要穿透的面"

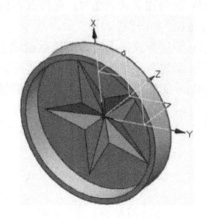

图 7.30　"抽壳"结果

(24) 隐藏所有曲线并保存文件。

拓展实训

综合应用基本曲线、直纹、边倒圆和抽壳特征创建如图 7.31 所示的罩子模型。

图 7.31　罩子模型

任 务 小 结

　　本任务进一步学习利用"草图"功能绘制产品轮廓曲线和空间直线画法，重点掌握利用"直纹"、"有界平面"和"缝合"功能创建一般曲面模型的技能。在创建直纹曲面时，要注意截面线串的方向要大致相同，否则就会形成交叉曲面。

习 题

判断题

(1) 在创建直纹曲面时，选择截面线串1后，不需要按鼠标中键，直接选择截面线串2就可以创建一个平面。　　　　　　　　　　　　　　　　　　　　　　　　　　　　（　　）

(2) 创建直纹曲面时，两组截面线串的方向应大致相同。　　　　　　　　　　　（　　）

(3) 创建有界平面时，组成有界平面的曲线可以不封闭。　　　　　　　　　　　（　　）

(4) 只能先绘制草图，然后才能够进行拉伸命令的操作。　　　　　　　　　　　（　　）

任务 8   灯罩的建模

8.1   任务导入

根据图 8.1 所示的灯罩外形尺寸和外观造型图建立其三维模型。通过该图的练习，进一步掌握使用"草图"功能绘制产品截面，以及通过"扫掠"、"修剪体"、"通过曲线网格"、"直纹"和"缝合"命令创建一般曲面模型的技能。

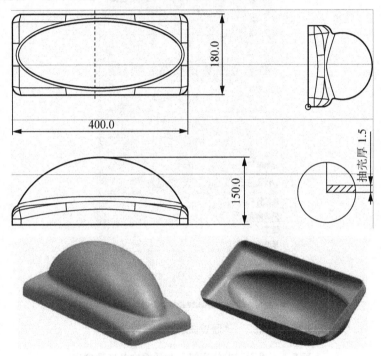

图 8.1   吸顶灯罩体平面图形及三维模型

8.2   任务分析

从图 8.1 中可以看出，该模型是由一个弧形体和一个拉伸体组成，这里首先要通过"拉伸"命令绘制出一个长方体，然后再应用曲面工具条中的"扫掠"命令绘制出圆弧曲面，应用"直纹"和"通过曲线网格"命令来创建弧形面并"利用缝合"命令缝合为实体，最后利用"求和"、"拉伸"和"抽壳"命令完成整个灯罩的创建任务。

8.3   任务知识点

8.3.1   通过曲线网格

"通过曲线网格"命令是通过主曲线和交叉曲线建立曲面。这些曲线可以是曲线和实体边界等。每组曲线都必须连续，各组主曲线必须大致平行，且各组交叉曲线也必须大致平行。可以使用点而非曲线作为第一个或最后一个主曲线。其生成特征与曲线关联，当曲线编辑修改后，特征会自动更新。

选择"插入"|"网格曲面"|"通过曲线网格"命令，或者单击"曲面"工具条中的"通过曲线网格"按钮🖼)，弹出"通过曲线网格"对话框，如图8.2所示，该对话框中各选项含义见表8-1。

图8.2 "通过曲线网络"对话框

表8-1 "通过曲线网格"对话框中各选项含义

	选　项	含　义
主曲线/ 交叉曲线	选择曲线或点	用于选择包含曲线、边或点的主曲线集
	反向	反转曲线的方向
	指定原始曲线	选择封闭曲线环时，允许更改原点曲线
	添加新集	将当前曲线添加到模型中并创建一个新的曲线
连续性	全部应用	将相同的连续性应用于第一个和最后一个主(交叉)线串
	第一主(交叉)线串和 最后主(交叉)线串	从每个列表中为模型选择相应的G0、G1或G2连续性
	选择面	分别选择一个或多个面作为约束曲面在第一主(交叉)线串和最后主(交叉)线串处与创建的"通过曲线网格"曲面保持相应的连续性

选　　项		含　　义
输出曲面选项		指定生成的体通过主线串或交叉线串，或者这两个线串的中间位置。此选项只在主线串和交叉线串不相交时才适用
	着重	两者皆是：主线串和交叉线串有同样的效果 主线串：主线串发挥更多的作用 交叉线串：交叉线串发挥更多的作用
	构造	法向：使用标准步骤建立曲线曲面。与其他"构造"的选项相比，使用此选项将以更多数目的补片来创建体或曲面 样条点：通过为输入曲线使用点和这些点处的斜率值来创建体。对于此选项，选择的曲线必须有相同数目定义点的单根 B 曲线 简单：建立尽可能简单的曲线网格曲面
设置	重新构建	通过重新定义主曲线和交叉曲线的阶次和(或)段数，构造一个高质量的曲面 无：关闭"重新构建" 阶次和公差：使用指定的阶次重新构建曲面 自动拟合：在指定的最高次数与最大段数范围内创建尽可能光顺的曲面
	阶次	指定多补片曲面的阶次

8.3.2　扫掠

"扫掠"命令是通过沿一条、两条或三条引导线串扫掠一个或多个截面来创建实体或片体。截面曲线和引导曲线可以是曲线和实体边界等。其生成特征与曲线关联，当曲线串编辑修改后，特征会自动更新。

选择"插入"|"扫掠"|"扫掠"命令，或者单击"曲面"工具条中的"扫掠"按钮，弹出"扫掠"对话框，如图 8.3 所示。

图 8.3　"扫掠"对话框

1. 截面

"截面"选项组中各选项含义见表 8-2。

表 8-2　"截面"选项组中各选项含义

选　项	含　义
选择曲线	选择截面线串，最多可选择 150 条
反向	反转各个截面线串的方向
指定原始曲线	选择封闭曲线环时，允许用户更改原点曲线
添加新集	将当前曲线添加到模型中并创建一个新的曲线

2. 引导线(最多 3 根)

引导线控制扫掠方向上体的方位和比例。引导线可以由一个对象或多个对象组成，并且每个对象既可以是曲线、实体边，也可以是实体面，每条引导线串的所有对象必须是光顺且连续的。如果所有的引导线串形成了闭环，则可以将第一个截面线串重新选择为最后一个截面线串。"引导线(最多 3 根)"选项组中各选项含义见表 8-3。

表 8-3　"引导线(最多 3 根)"选项组中各选项含义

选　项	含　义
选择曲线	选择引导线串，最多可选择 3 条
反向	反转各个引导线串的方向
指定原始曲线	选择封闭曲线环时，允许用户更改原点曲线
添加新集	将当前曲线添加到模型中并创建一个新的曲线

3. 脊线

使用脊线可以控制截面线串的方位，并避免在导线上不均匀分布参数导致的变形。

4. 截面选项

该选项组的内容随着截面线串和引导线串的数量不同而变化，如图 8.4 和图 8.5 所示。

图 8.4　截面线串为一条时

图 8.5　截面线串为多条时

(1) 截面位置：仅有一个截面线串时出现该选项。

① 沿引导线任何位置：当截面位于引导线的中间位置时，使用此选项将沿引导线的两个方向上进行扫掠。

② 引导线末端：从截面开始沿引导线一个方向进行扫掠。

(2) 对齐方法：截面线串为一条或多条时可用选项不同。

① 参数：沿定义曲线将等参数曲线所通过的点以相等的参数间隔隔开。

② 弧长：沿定义曲线将等参数曲线将要通过的点以相等的弧长间隔隔开。

③ 根据点：将不同外形的截面线串之间的点对齐。当截面线串为一条时没有该选项。

(3) 对于两条引导线，仅有以下选项可用。

① 均匀：在横向和竖直两个方向缩放截面线串。

② 横向：仅在横向缩放截面线串。

(4) 定位方法：在扫掠曲面只有一条引导线串时，用"定位方法"参数来控制曲面的方位。因为引导线只有一条，当截面线串沿引导线串扫掠时，可以是简单的平移，也可以在平移的同时进行旋转，所以只需要一个参数来控制曲面的方向。方向控制有 7 种方法，如图 8.6 示。

① 固定：在截面线串沿着引导线移动时保持固定的方向，并且结果是平行的或平移的简单扫掠。

② 面的法向：将局部坐标系的第二个轴与一个或多个面(沿引导线的每一点指定公共基线)的法向矢量对齐。这样可以约束截面线串保持和基本面的一致关系。

③ 矢量方向：可以将局部坐标系的第二根轴与在引导线串上指定的矢量对齐。

④ 另一条曲线：通过连接引导线上相应的点和其他曲线获取的局部坐标系的第二根轴来定向截面。

⑤ 一个点：截面线串方位中一个端点固定在选定点位置，另一个端点沿导引线移动。

⑥ 角度规律：通过设定角度变化规律来控制扫掠面相对于截面线串的转动。

⑦ 强制方向：与"矢量方向"基本相同，如果遇到小曲率的引导线串时可以防止自相交现象的产生。

(5) 缩放方法：当只有一条引导线时，有以下 6 个选项可用，如图 8.7 所示。

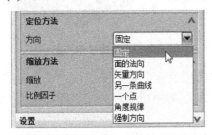

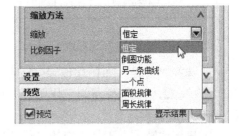

图 8.6 　"方向"下拉列表框 　　　　　图 8.7 　"缩放"下拉列表框

① 恒定：指定沿整条引导线保持恒定的比例因子。

② 倒圆功能：在指定的起始和终止比例因子之间按照线性或三次比例插值，起始比例因子和终止比例因子对应于引导线串的起点和终点。

③ 另一条曲线：类似于"定位方法"选项组中的"另一条曲线"，但是此处在任意给

定点的比例是以引导线串和其他曲线或实体边之间的划线长度上任意给定点的比例为基础的。

④ 一个点：和"另一条曲线"相同，但是使用点而不是曲线。

⑤ 面积规律：允许使用规律子函数控制扫掠体的交叉截面积。

⑥ 周长规律：类似于"面积规律"，不同的是，用户控制扫掠体的横截面周长，而不是它的面积。

8.4 建模步骤

(1) 创建一个基于模型模板的新公制部件，并输入 dengzhao.prt 作为该部件的名称。单击"确定"按钮，UG NX 8.0 会自动启动"建模"应用程序。

(2) 选择"格式"|"图层设置"命令，弹出"图层设置"对话框，在"工作图层"文本框中输入 21，设置 21 层为工作图层，关闭"图层设置"对话框，完成图层设置。

(3) 在"特征"工具条中单击"任务环境中的草图"按钮，弹出"创建草图"对话框，单击"确定"按钮以默认的草图平面绘制草图。绘制并约束如图 8.8 所示的草图曲线，单击"草图"工具条中的 按钮，完成草图曲线 1。

(4) 选择"格式"|"图层设置"命令，弹出"图层设置"对话框，在"工作图层"文本框中输入 1，设置 1 层为工作图层，关闭"图层设置"对话框，完成图层设置。

(5) 在"特征"工具条中单击"拉伸"按钮，选择上一步绘制的草图为拉伸截面，设置开始距离为 0，结束距离为 80mm，其余选项为默认设置，单击"确定"按钮完成拉伸操作，如图 8.9 所示。

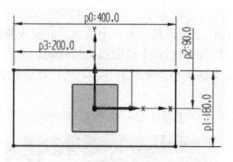

图 8.8 绘制草图曲线 1

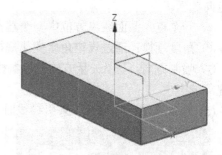

图 8.9 创建拉伸特征

(6) 选择"格式"|"图层设置"命令，弹出"图层设置"对话框，在"工作图层"文本框中输入 22，设置 22 层为工作图层，同时设置 21 层为不可见，关闭"图层设置"对话框，完成图层设置。

(7) 单击"特征"工具条中的"任务环境中的草图"按钮，弹出"创建草图"对话框，选择 X-Z 基准平面，绘制如图 8.10 所示的草图。单击"草图"工具条中的 按钮，完成草图曲线 2。

(8) 单击"特征"工具条中的"任务环境中的草图"按钮，弹出"创建草图"对话框，选择 Y-Z 平面，绘制如图 8.11 所示的草图曲线 3。单击"草图"工具条中的 按钮，完成草图曲线 3。

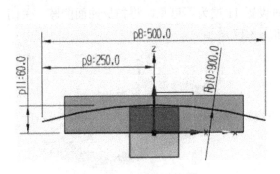

图 8.10　绘制草图曲线 2

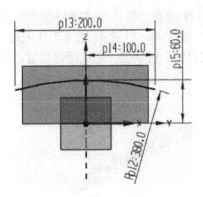

图 8.11　绘制草图曲线 3

(9) 选择"格式"|"图层设置"命令，弹出"图层设置"对话框，在"工作图层"文本框中输入 11，设置 11 层为工作图层，关闭"图层设置"对话框，完成图层设置。再将视图以"静态线框"显示，结果如图 8.12 所示。

(10) 单击"曲面"工具条中的"扫掠"按钮，弹出"扫掠"对话框，按图 8.13 所示选择截面线和引导线，其余选项按系统默认设置，单击"确定"按钮完成扫掠曲面操作，切换视图以"带边着色"显示，结果如图 8.14 所示。

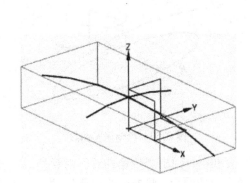

图 8.12　"静态线框"显示模型

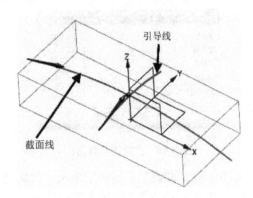

图 8.13　选择截面线和引导线

(11) 修剪实体。在"特征"工具条上单击"修剪体"按钮，弹出"修剪体"对话框，选择拉伸特征为"目标"体，选取扫掠曲面为"工具"体，如图 8.15 所示。单击"确定"按钮完成实体修剪操作，结果如图 8.16 所示。

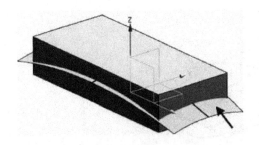

图 8.14　扫掠曲面创建完成

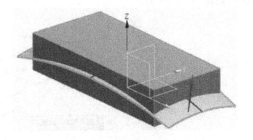

图 8.15　选取"目标"体和"工具"体

(12) 选择"格式"|"图层设置"命令，弹出"图层设置"对话框，在"工作图层"文本框中输入 41，设置 41 层为工作图层，同时设置 11 层为不可见，将扫掠曲面隐藏，关闭"图层设置"对话框，完成图层设置，结果如图 8.17 所示。

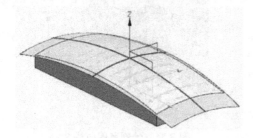

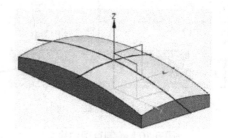

图 8.16　创建"修剪体"操作　　　　　图 8.17　隐藏扫掠曲面

(13) 单击"曲线"工具条中的"椭圆"按钮，弹出"点"对话框，在该对话框中设置椭圆的中心坐标 X、Y、Z 均为 0，单击"确定"按钮弹出"椭圆"参数对话框，如图 8.18 所示设置其参数，单击"确定"按钮完成椭圆的绘制。再将视图以"静态线框"显示，结果如图 8.19 所示。

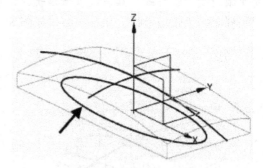

图 8.18　"椭圆"对话框　　　　　图 8.19　绘制椭圆曲线

(14) 在"曲线"工具条中单击"投影曲线"按钮，弹出"投影曲线"对话框。选择如图 8.20 所示曲线为"要投影的曲线或点"，选择模型顶面为"要投影的对象"，并设置"投影方向"为"沿面的法向"，其余选项按如图 8.21 所示设置，单击"确定"按钮完成"投影曲线"的创建，结果如图 8.22 所示。

(15) 选择"编辑"|"曲线"|"分割"命令，弹出"分割曲线"对话框，按照图 8.23 所示设置参数，选取上一步创建的投影曲线，单击"确定"按钮将椭圆曲线分割成 4 段，结果如图 8.24 所示。

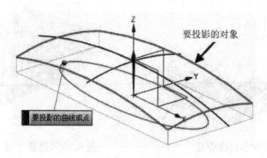

图 8.20　选取椭圆曲线和模型顶面

图 8.21　"投影曲线"对话框

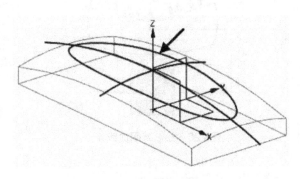

图 8.22　创建投影曲线

图 8.23　"分割曲线"对话框

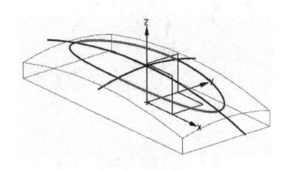

图 8.24　分割曲线

(16) 选择"格式"|"图层设置"命令，弹出"图层设置"对话框，在"工作图层"文本框中输入 23，设置 23 层为工作图层，同时设置 22 层为不可见，关闭"图层设置"对话框，完成图层设置。

(17) 单击"特征"工具条中的"任务环境中的草图"按钮 ，弹出"创建草图"对话框，选择 Y-Z 基准平面，绘制如图 8.25 所示的草图。单击"草图"工具条中的 完成草图 按钮，完成草图曲线 4。

(18) 单击"特征"工具条中的"任务环境中的草图"按钮 ，选择 X-Z 基准平面，绘制如图 8.26 所示的草图。单击"草图"工具条中的 完成草图 按钮，弹出"创建草图"对话框，完成草图曲线 5。

(19) 选择"格式"|"图层设置"命令，弹出"图层设置"对话框，在"工作图层"文本框中输入 12，设置 12 层为工作层，关闭"图层设置"对话框，完成图层设置。

(20) 选择"插入"|"网格曲面"|"通过曲线网格"命令，或者单击"曲面"工具条中的"通过曲线网格"按钮 ，弹出"通过曲线网格"对话框，按图 8.27 所示选取 3 条主曲线和 3 条交叉曲线，其余选项按默认设置，单击"确定"按钮完成网格曲面的创建，切换

视图以"带边着色"显示，结果如图 8.28 所示。

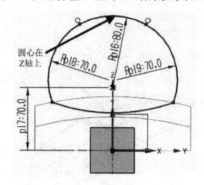

图 8.25　绘制草图曲线 4

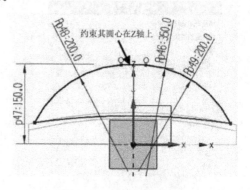

图 8.26　绘制草图曲线 5

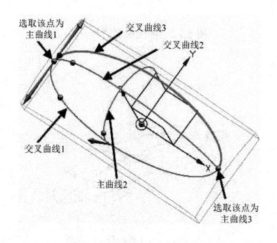

图 8.27　选取主曲线和交叉曲线

图 8.28　创建网格曲面

(21) 选择"插入"|"网格曲面"|"直纹"命令，或者单击"曲面"工具栏中的"直纹"按钮，弹出"直纹"对话框，按图 8.29 所示选取截面线串 1 和截面线串 2，其余选项按默认设置，单击"确定"按钮完成直纹曲面的创建，隐藏实体特征和网格曲面后结果如图 8.30 所示。

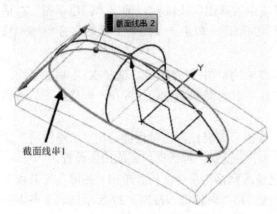

图 8.29　选取截面线串

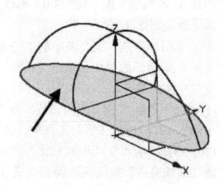

图 8.30　创建直纹曲面

(22) 选择"格式"|"图层设置"命令,弹出"图层设置"对话框,在"工作图层"文本框中输入 13,设置 13 层为工作图层,同时设置 23 层和 41 层为不可见层,关闭"图层设置"对话框,完成图层设置。

(23) 在"特征"工具条中单击"缝合" 按钮,弹出"缝合"对话框,选择网格曲面为"目标"片体,选取直纹曲面为"刀具"片体,单击"确定"按钮完成"缝合"操作。

(24) 选择"格式"|"图层设置"命令,弹出"图层设置"对话框,在"工作图层"文本框中输入 1,设置 1 层为工作图层,关闭"图层设置"对话框,完成图层设置。

(25) 在"特征"工具条中单击"求和"按钮,弹出"求和"对话框,按图 8.31 所示选择目标体和刀具体,单击"确定"按钮完成"求和"操作,结果如图 8.32 所示。

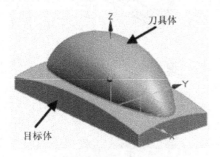

图 8.31　选取目标体和刀具体

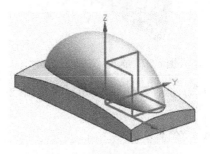

图 8.32　"求和"结果图示

(26) 在"特征"工具条中单击"边倒圆"按钮,弹出"边倒圆"对话框,按图 8.33 所示选择边并设置半径值,单击"应用"按钮完成倒圆特征 1 操作,结果如图 8.34 所示。

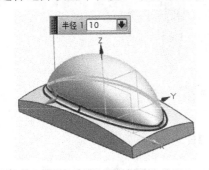

图 8.33　创建"边倒圆"特征 1

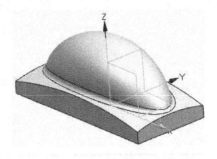

图 8.34　"边倒圆"特征 1 结果图示

(27) 继续创建倒圆特征。按图 8.35 所示选择边及设置半径值,单击"确定"按钮完成倒圆特征 2 操作,结果如图 8.36 所示。

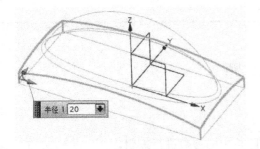

图 8.35　创建"边倒圆"特征 2

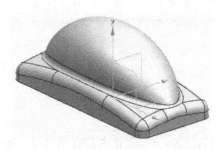

图 8.36　"边倒圆"特征 2 结果图示

（28）在"特征"工具条中单击"抽壳"按钮 ，弹出"抽壳"对话框，在"厚度"文本框中输入 1.5，按图 3.37 所示选择"要穿透的面"，单击"确定"按钮完成抽壳操作，结果如图 8.38 所示。

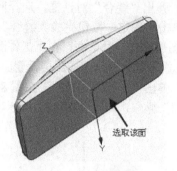

图 8.37 选择"要穿透的面"

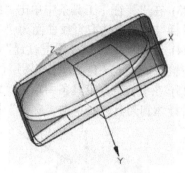

图 8.38 "抽壳"结果图示

（29）保存文件，完成灯罩的建模。

拓展实训

综合应用"椭圆"、"草图"、"通过曲线网格"命令创建如图 8.39 所示的龟壳模型。

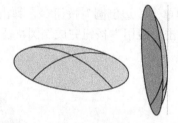

图 8.39 龟壳模型

任 务 小 结

通过本任务的学习，进一步掌握使用"草图"功能绘制产品轮廓曲线、"扫掠"、"通过网格曲面"、"直纹"和"缝合"命令的操作，重点掌握使用"通过曲线网格"和"修剪体"命令创建一般曲面模型的技能。在用"通过曲线网格"命令创建曲面时，主曲线和交叉曲线必须相交，否则就无法创建曲面。

习 题

1. 判断题

（1）双击三维实体中的圆角部分，可以对圆角中的参数进行编辑。 （　　）

（2）双击部件导航器中的特征图标，不能对该特征的参数进行编辑。 （　　）

(3) 可以在部件导航器中对实体的某一部分实现隐藏。　　　　　　　　（　　）

(4) 用"扫掠"命令创建曲面时，截面线和引导线可以不相交。　　　　（　　）

2. 操作题

根据如图 8.40 所示的二维图样，创建其三维模型。

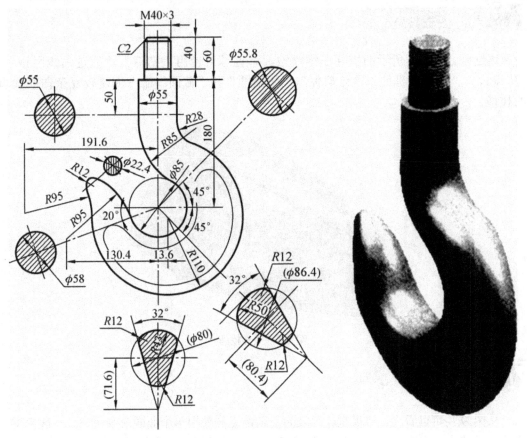

图 8.40　吊钩模型

任务 9　熨斗的建模

9.1　任务导入

通过创建图 9.1 所示的熨斗三维模型，掌握综合使用"扫掠"、"通过曲线网格"、"从点云"、"修剪和延伸"、"修剪体"、"面倒圆"和"截面"命令创建较复杂曲面模型的技能。

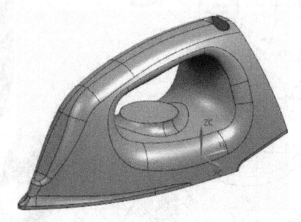

图 9.1　熨斗模型

9.2　任务分析

从图 9.1 可以看出，该模型轮廓较为复杂，无法使用单个曲面命令完成。一般来讲，需首先通过曲线构造方法生成主要或大面积曲面，然后进行曲面的过渡和连接、光顺处理、曲面的编辑等完成整体造型。本例即从已构造的曲线出发介绍该模型的建模过程。

9.3　任务知识点

9.3.1　点集

使用"点集"命令可以创建一组对应于现有几何体的点。可以复制已有曲线上的点，也可以通过已有曲线的某种属性来生成其他点集。通常利用"点集"命令沿曲线、面或者在样条或面的极点处生成点，还可以重新创建样条的定义极点。

选择"插入" | "基准/点" | "点集"命令，或者单击"特征"工具条中的"点集"按钮，弹出"点集"对话框。该对话框的"类型"下拉列表框中提供了 3 种创建点集类型，其对话框分别如图 9.2、图 9.3 和图 9.4 所示，该对话框中各选项含义见表 9-1。

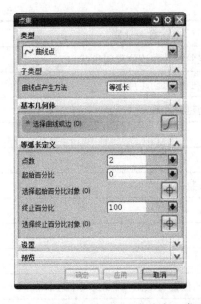

图 9.2　"点集"对话框-"曲线点"类型

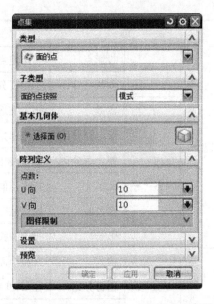

图 9.3　"点集"对话框-"面的点"类型

图 9.4　"样条点"类型

表 9-1　"点集"对话框中各选项含义

选　　项			含　　义
曲线点	子类型	等弧长	沿曲线路径以等距离间隔创建点集
		等参数	基于曲线的特性或参数间隔创建点集。在某些情况下，弯曲的曲线会导致较密的间距，而较直的曲线段则允许有较宽的间距
		几何级数	基于几何级数比间隔创建点集
		弦公差	基于弦公差间隔创建点集。点是从曲线起点开始创建，直到曲线终点结束。在"弦公差"文本框中输入的值表示父曲线与点集中两个相邻点所形成的直线(弦)之间的最大距离
		增量弧长	用于输入各点之间的路径长度。圆弧长距离必须小于等于所选择曲线的长度，并且大于 0。所创建的点数根据输入的弧长和选中曲线圆弧总长度来计算

续表

选 项			含 义
曲线点	子类型	投影点	将选定点投影到指定曲线并在该位置创建点
		曲线百分比	指定百分比的距离在曲线上创建点
	其他相关参数	点数	指定在选定曲线上创建的点数
		起始百分比	指定起始百分比值
		终止百分比	指定终止百分比值
		比率	指定点间距的几何级数比
		弦公差	指定弦公差的值
		弧长	指定圆弧长的值
面的点	子类型	模式	在整个面上创建点
		面百分比	在 U 和 V 百分比值的位置上，在一个或多个面上添加点
		B 曲面极点	在任意面的极点处创建点
	其他相关参数	对角点	用于定义参数范围的两个点
		百分比	用于定义点的起始和终止位置的百分比
样条点	子类型	定义点	用于选择通过点创建的样条并重新创建构造点
		结点	用于使用现有样条的结点创建一组点
		极点	用于在任意样条的极点处创建点，包括端点

9.3.2　从点云

“从点云”命令构建曲面的方式主要是处理三坐标测量仪等设备扫描所得到的点数据。使用“从点云”命令创建曲面时，其曲面控制点不是以链方式存在的，而是无规律排列的。

在“曲面”工具条中单击“从点云”按钮 ⬧，弹出如图 9.5 所示“从点云”对话框，其各选项含义见表 9-2。

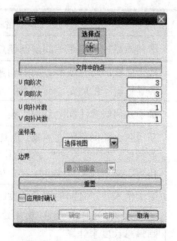

图 9.5　“从点云”对话框

表 9-2　"从点云"对话框中各选项含义

选　项		含　义
选择点		用于选择创建曲面所需要的点
文件中的点		通过选择包含点的文件来定义这些点
U 向阶次		在 U 向控制片体的阶次
V 向阶次		在 V 向控制片体的阶次
U 向补片数		指定 U 方向的补片数目
V 向补片数		指定 V 方向的补片数目
坐标系[①]	选择视图	U-V 平面在视图的平面内，并且法向矢量位于视图的法向。U 矢量指向右，V 矢量指向上
	WCS	当前的"工作坐标系"
	当前视图	当前工作视图的坐标系
	指定的 CSYS	选择事先定义的坐标系
	指定新的 CSYS	弹出"CSYS"对话框，用来创建坐标系
边界	最小包围盒	通过把所有选择的数据点投影到 U-V 平面上而产生的矩形边界
	指定的边界	使用事先定义的边界
	指定新的边界	将打开"点"对话框，同时提示用户指定第 1 个拐角点，在指定第 2 个点到第 4 个点时，所有点通过直线连接形成一个凸四边形，以此四边形作为片体的边界

①由一条近似垂直于片体的矢量(对应于 Z 轴)和两条指明片体的 U 向和 V 向的矢量(对应于 X 轴和 Y 轴)组成。

9.3.3　修剪和延伸

"修剪和延伸"命令可使用由边或曲面组成的一组工具对象来延伸和修剪一个或多个曲面，能同时获得修剪和延伸的效果。

单击"曲面"工具条中的"修剪和延伸"按钮 ，弹出"修剪和延伸"对话框，如图 9.6 所示。该对话框中主要选项含义见表 9-3。

图 9.6　"修剪和延伸"对话框

表9-3　"修剪和延伸"对话框中主要选项含义

选　项		含　义
类型	按距离	使用给定值延伸曲面边。这种情况不具有修剪功能
	已测量百分比	将边延伸到指定边的总圆弧长的某个百分比，也不具有修剪功能
	直至选定对象	使用边或面作为工具修剪或延伸目标。如选择边作为目标或工具，则在修剪之前进行延伸；选择面则在修剪之前不会进行延伸
	制作拐角	将在目标和工具之间形成拐角
要移动的边	选择边	选择要修剪或延伸的边且只能选择边
延伸	距离	输入选中对象延伸的距离值
	已测量边的百分比	输入测量边的百分比。延伸距离是所有选中边总长度的百分比
设置	延伸方法②	自然相切	在选中的边上，延伸曲面在与面相切的方向上是线性的
		自然曲率	曲面延伸时曲率连续
		镜像的	面的延伸尽可能反映或"镜像"被延伸面的形状
	作为新面延伸（保留原有的面）	将原始边保留在目标面或工具面上，输入边缘不受修剪或延伸操作的影响，且保持在其原始状态。新边缘是基于该操作的输出而创建的，且被添加为新对象

②通过"延伸方法"选项设定延伸操作的连续类型

9.3.4　面倒圆

"面倒圆"命令用于创建复杂的圆角面，与两组输入面相切，此功能不仅能够对两组曲面进行倒圆角，还能够对两组曲面进行裁减。

选择"插入"|"细节特征"|"面倒圆"命令，或者单击"特征"工具条中的"面倒圆"按钮 ，弹出"面倒圆"对话框，如图9.7所示。对该对话框中各主要选项说明如下。

1. 类型

(1) 两个定义面链：对两个面链进行倒圆。

(2) 三个定义面链：对三个面链进行倒圆。

2. 面链

(1) 选择面链1：用于选择第1组面。

(2) 选择面链2：用于选择第2组面。

(3) 选择中间的面或平面：对于三面倒圆，用于选择中间的面链或平面。

3. 横截面

展开"横截面"选项组，如图9.8所示。

(1) 截面方位。

① 滚球：创建滚球面倒圆，类似于滚球与输入面恒定接触所创建的曲面。

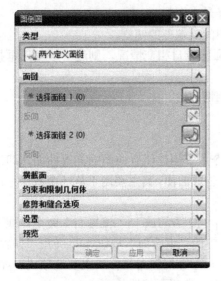

图 9.7　"面倒圆"对话框

图 9.8　"横截面"选项组

② 扫掠截面：创建扫掠截面倒圆，其曲面由一个沿脊线长度方向扫掠且垂直于脊线的横截面控制。

(2) 选择脊线：当"截面方位"为"扫掠截面"倒圆时需指定脊线。

(3) 形状：指定"圆形"、"对称二次曲线"或"不对称二次曲线"横截面。

(4) 半径方法。当"形状"设置为"圆形"时，可从以下选项中选择。

① 恒定：保持倒圆半径恒定，除非选择相切的约束曲线。

② 规律控制：根据"规律类型"和"规律值"，基于脊线上两个或多个点改变倒圆半径。

③ 相切约束：可通过指定位于其中一个定义面链中的曲线(边)来控制倒圆半径，其中倒圆面必须与选定曲线(边)保持相切。

4. 约束和限制几何体

展开"约束和限制几何体"选项组，如图 9.9 所示。

(1) 选择重合曲线：可使倒圆穿过选定曲线，而不是保持与定义面组相切。

(2) 选择相切曲线：用于选择曲线，倒圆将沿该曲线与定义面保持相切。

5. 设置

展开"设置"选项组，如图 9.10 所示。

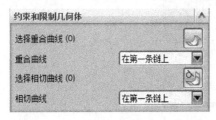

图 9.9　"约束和限制几何体"选项组

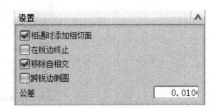

图 9.10　"设置"选项组

(1) 相遇时添加相切面：允许为每个面链选择最小面数。

(2) 在锐边终止：允许倒圆面延伸穿过倒圆中间或端部的凹槽。

(3) 移除自相交：如定义的面链使得倒圆曲面出现自相交情况，则选中该复选框按钮可用补片自动替换自相交区域。

(4) 跨锐边倒圆：延伸倒圆曲面使之跨过不相切的边。

图 9.11 "偏置面"对话框

9.3.5 偏置面

"偏置面"命令用于创建原有曲面的偏置曲面，即沿指定平面的法向偏置生成曲面，其主要用于从一个或多个已有的面生成曲面。

选择"插入"|"偏置/缩放"|"偏置面"命令，或者单击"特征"工具条中的"偏置面"按钮，弹出"偏置面"对话框，如图 9.11 所示。对该对话框中主要选项说明如下。

(1) 要偏置的面：选择要偏置的面。

(2) 偏置：设置要偏置的距离值。

9.3.6 截面

创建截面可以理解为在截面曲线上创建曲面，主要是利用与截面曲线相关的条件来控制一组连续截面曲线的形状，从而生成一个连续的曲面。其特点是垂直于脊线的每个横截面内均为精确的二次(三次或五次)曲线，在飞机机身和汽车覆盖件建模中应用广泛。

UG NX 8.0 提供了 20 种截面曲面类型，下面介绍本任务用到的类型。

选择"插入"|"网格曲面"|"截面"|"由圆角-桥接创建截面"命令，弹出"剖切曲面"对话框，如图 9.12 所示。

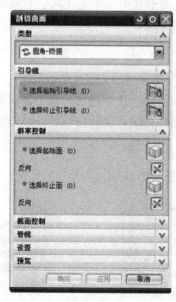

图 9.12 "剖切曲面"对话框

对"剖切曲面"对话框中主要选项说明如下。

1. 引导线

用于选择曲线或边，以分别从起始面或终止面来定义剖切曲面的整体形状。

2. 斜率控制

用于选择曲线或边，其形状可以控制分别来自选定的起始引导线或终止引导线的剖切曲面的斜率。

3. 截面控制

展开"截面控制"选项组，如图 9.13 和图 9.14 所示。

(1) 剖切方法。

① 连续性：用于控制剖切曲面的形状，方法是指定独立的起始和终止连续性参数。

② 继承形状：创建与选定的起始面和终止面相切连续的截面，而且其 U 向上的总体外形从选定的曲线继承。

(2) 深度和歪斜度。

① 控制区域：在截面曲面上定位"深度"和"歪斜"滑块的效果，有以下 3 个单选按钮。

整个——整个剖切曲面都受影响。

起点——只有起始面附近的剖切曲面受影响。

终点——只有终止面附近的剖切曲面受影响。

② 深度：控制截面的曲率对"圆角-桥接"曲面的影响程度。该值越大，则截面的弯曲越明显；该值越小，则截面越平。默认值是 50。

③ 歪斜：控制最大曲率在"圆角-桥接"曲面上的位置。该值代表了沿桥接方向从起始到终止距离的百分比。

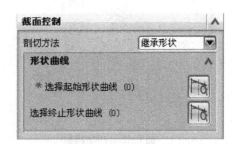

图 9.13　"截面控制"选项组-"连续性"剖切方法　　图 9.14　"截面控制"选项组-"继承形状"剖切方法

4. 脊线

"脊线"选项组用来控制剖切平面的方位，可以减少引导曲线上的参数分配不均而导致的变形。当脊线处于引导曲线的法向时，其状态最佳。展开该选项组，如图 9.15 所示。

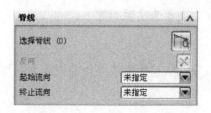

图 9.15　"脊线"选项组

（1）选择脊线。选择一条曲线或边来定义剖切曲面的脊线。

（2）起始、终止流向。将"剖切方法"设置为"连续性"时，出现该选项。

① 未指定：起始面或终止面的流向直通另一侧。

② 垂直：起始面或终止面的流向垂直于用于指定"圆角-桥接"曲面的基本边。

③ 等 U 线：起始面或终止面的流向沿着用于指定"圆角-桥接"基本曲面的 U 形曲线。

④ 等 V 线：起始面或终止面的流路方向沿着用于指定"圆角-桥接"基本曲面的 V 形曲线。

9.4　建模步骤

9.4.1　创建熨斗顶部曲面

（1）选择"文件"|"打开"命令，或单击"标准"工具栏中的"打开"按钮，弹出"打开"对话框，在存储目录中找到 yundou.prt 文件，单击"OK"按钮，进入建模环境，如图 9.16 所示。

（2）选择"格式"|"图层设置"命令，弹出"图层设置"对话框，在"工作图层"文本框中输入 1，设置 1 层为工作图层，41 层为可选图层，其余为不可见图层，关闭"图层设置"对话框，完成图层设置，结果如图 9.17 所示。

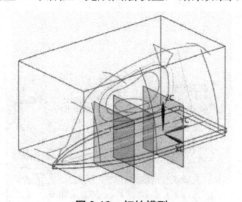

图 9.16　初始模型

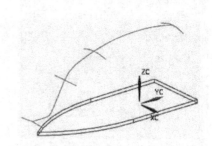

图 9.17　完成"图层设置"后的模型

（3）在"曲面"工具条中单击"扫掠"按钮，弹出"扫掠"对话框。按图 9.18 所示选择 4 条截面曲线和 1 条引导线，其余选项按默认设置，单击"确定"按钮完成熨斗顶部曲面的创建，结果如图 9.19 所示。

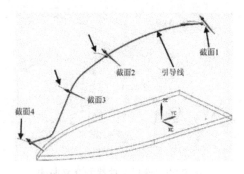

图 9.18　选择截面曲线和引导线

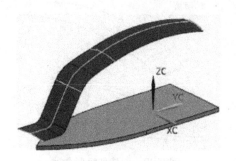

图 9.19　创建熨斗顶部曲面

 特别提示

在选择截面曲线时，要保持 4 条截面曲线方向一致。

9.4.2　创建熨斗侧面曲面

（1）选择"格式"｜"图层设置"命令，弹出"图层设置"对话框，设置 42 层和 43 层为可选图层，41 层为不可见图层，关闭"图层设置"对话框，完成图层设置。切换视图以"静态线框"显示，结果如图 9.20 所示。

（2）在"曲线"工具条中单击"投影曲线"按钮，弹出"投影曲线"对话框。按图 9.21 所示选择"要投影的曲线或点"和"要投影的对象"，并在"投影方向"选项组中设置"方向"为"沿矢量"，在"指定矢量"下拉列表框中选择，单击"确定"按钮完成"投影曲线"的创建，结果如图 9.22 所示。

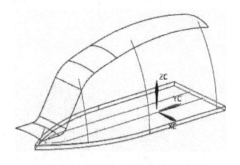

图 9.20　"静态线框"显示模型

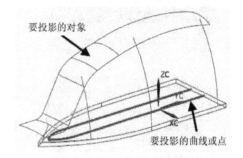

图 9.21　选择曲线和曲面

（3）在"曲面"工具条中单击"通过曲线网格"按钮，弹出"通过曲线网格"对话框，按图 9.23 所示选择 4 条主曲线和 2 条交叉曲线，并在"设置"选项组中设置"交点"公差值为 0.02，其余选项按默认设置，单击"确定"按钮完成网格曲面的创建，切换视图以"带边着色"显示，结果如图 9.24 所示。

（4）选择"格式"｜"图层设置"命令，弹出"图层设置"对话框，设置 42 层和 43 层为不可见图层，关闭"图层设置"对话框，完成图层设置。隐藏顶部曲面和投影得到的曲线，其旋转视图可见如图 9.25 所示处曲面皱褶。

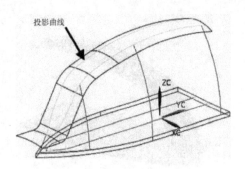

图 9.22　创建的投影曲线

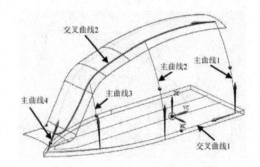

图 9.23　选择主曲线和交叉曲线

图 9.24　"带边着色"显示创建的曲面

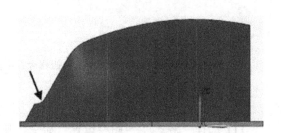

图 9.25　曲面皱褶

（5）选择"插入"|"基准/点"|"点集"命令，弹出"点集"对话框。按图 9.26 所示在"类型"选项组中选择"面的点"，选取上一步创建的网格曲面为"基本几何体"，在"U向"文本框中输入 50，在"V 向"文本框中输入 200，在"设置"选项组中取消选中"关联"复选框，其余选项按默认设置，单击"确定"按钮完成"点集"的创建，结果如图 9.27所示。

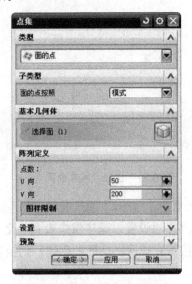

图 9.26　"点集"对话框

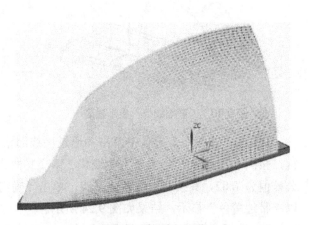

图 9.27　创建的点集

（6）隐藏前面创建的网格曲面，单击"视图"工具条中的"右视图"按钮将视图以右视图显示，如图 9.28 所示。

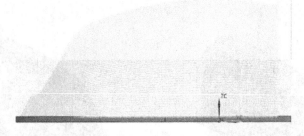

图 9.28　"右视图"显示模型

（7）选择"插入" | "曲面" | "从点云"命令，弹出"从点云"对话框。框选上一步创建的所有点，其余选项按默认设置，单击"确定"按钮弹出如图 9.29 所示的"拟合信息"提示框，单击"确定"按钮完成"从点云"曲面的创建，隐藏所有点，结果如图 9.30 所示。

图 9.29　"拟合信息"提示框

图 9.30　"从点云"创建的曲面

（8）选择"插入" | "修剪" | "修剪和延伸"命令，弹出"修剪和延伸"对话框，选择如图 9.31 所示的曲面边为要延伸的边，并按照图 9.32 所示设置各选项，单击"确定"按钮完成曲面延伸操作。

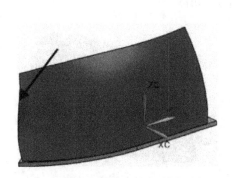

图 9.31　选择要延伸的边

图 9.32　"修剪和延伸"对话框

（9）单击"实用工具"工具条中的 按钮，系统弹出"类选择"对话框，选取隐藏的顶部曲面，单击"确定"按钮将顶部曲面显示出来。

（10）修剪曲面。在"特征"工具条中单击"修剪体"按钮 ，弹出"修剪体"对话框。选择上一步创建的曲面为"目标"体，顶部曲面为"工具"体，注意箭头所指方向为舍弃部分，如图 9.33 所示，单击"确定"按钮完成修剪曲面操作，结果如图 9.34 所示。

图 9.33　选择曲面及修剪方向

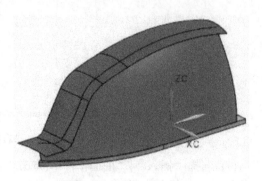

图 9.34　修剪结果图(1)

(11) 继续修剪曲面。选择顶部曲面和上一步修剪的曲面为"目标"体，在"工具选项"下拉列表框中选择"新建平面"选项，单击"指定平面"下拉按钮，在弹出的快捷工具条中单击通过对象![icon]按钮，如图 9.35 所示。拾取如图 9.36 所示的曲线，在图中出现一平面，注意箭头所指方向为舍弃部分，单击"确定"按钮完成修剪曲面操作，结果如图 9.37 所示。

图 9.35　选择"工具"平面

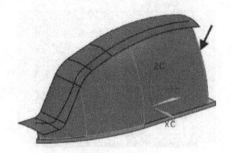

图 9.36　拾取曲线

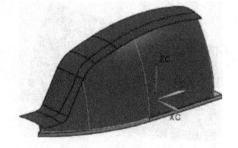

图 9.37　修剪后的曲面(1)

(12) 镜像曲面。在绘图区选取熨斗侧面曲面，选择"编辑"|"变换"命令，在弹出的"变换"对话框中选择"通过一平面镜像"选项，弹出"平面"对话框，在"类型"下拉列表框中选择"YC-ZC 平面"选项，其余选项按默认设置，如图 9.38 所示，单击"确定"按钮，在随后弹出的"变换"对话框中单击"复制"按钮，再单击"确定"按钮完成侧面的镜像操作，结果如图 9.39 所示。

图 9.38　"平面"对话框

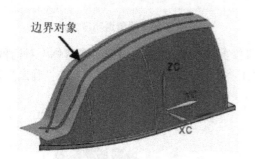

图 9.39　镜像的曲面

（13）修剪顶部曲面。在"特征"工具条中单击"修剪片体"按钮，弹出"修剪片体"对话框，选择顶部曲面为"目标"片体，选择两侧曲面的上面边缘为"边界对象"，如图 9.40 所示，其余按默认设置，单击"应用"按钮完成曲面修剪操作，结果如图 9.41 所示。

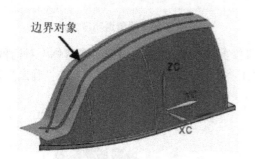

图 9.40　选择修剪边界

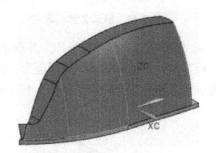

图 9.41　修剪后的曲面(2)

（14）修剪侧面曲面。选择一侧面曲面为"目标"片体，选择另一侧曲面为"边界对象"，单击"应用"按钮完成一侧曲面修剪操作，同理交换"目标"片体和"边界对象"完成另一侧曲面的修剪，结果如图 9.42 所示。至此完成熨斗侧面曲面的创建。

9.4.3　创建熨斗实体

（1）缝合曲面。选择"插入"|"组合体"|"缝合"命令，弹出"缝合"对话框，选择顶部曲面为"目标"片体，两个侧面曲面为"工具"片体，如图 9.43 所示，单击"确定"按钮完成缝合操作。

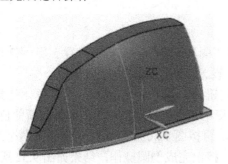

图 9.42　修剪侧面后效果

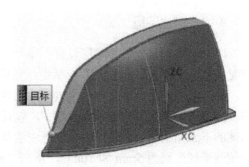

图 9.43　选择曲面

（2）选择"格式"|"图层设置"命令，弹出"图层设置"对话框，设置 2 层为可选图层，同时设置 43 层为不可见图层，关闭"图层设置"对话框，完成图层设置，结果如图 9.44 所示。

（3）设置实体显示属性。在绘图区选取长方体，选择"编辑"|"对象显示"命令，在弹出的"编辑对象显示"对话框中拖动"透明度"滑块至 60，单击"确定"按钮完成实体透明度设置，结果如图 9.45 所示。

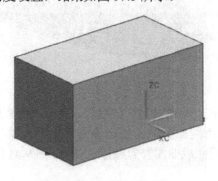

图 9.44　显示 2 层实体

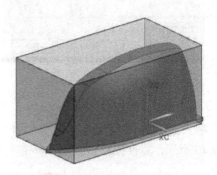

图 9.45　设置透明度效果

（4）修剪实体。在"特征"工具条中单击"修剪体"按钮 ▭，弹出"修剪体"对话框，选择长方体为"目标"体，选择缝合曲面为"工具"体，如图 9.46 所示。单击"确定"按钮完成实体修剪操作，结果如图 9.47 所示。

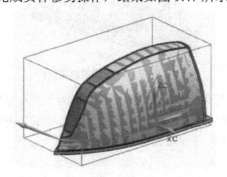

图 9.46　选择目标体和工具体

图 9.47　修剪后效果

（5）隐藏曲面。在"实用工具"工具条中单击 ⯎ 按钮，弹出"类选择"对话框，选取缝合曲面，单击"确定"按钮，结果如图 9.48 所示。

9.4.4　创建倒圆

（1）选择"格式"|"图层设置"命令，弹出"图层设置"对话框，设置 5 层、42 层为可见图层，关闭"图层设置"对话框，完成图层设置。结果如图 9.49 所示。

（2）在"特征"工具条中单击"边倒圆"按钮 ◰，弹出"边倒圆"对话框，选择如图 9.50 所示的棱边为"要倒圆的边"，展开"可变半径点"选项组，单击"指定新的位置"右侧的下三角按钮，在弹出的列表框中选择点 ◿，再按图 9.50 和图 9.51 所示设置两个终点的倒圆半径分别为 5mm 和 10mm，单击"确定"按钮完成倒圆操作，结果如图 9.52 所示。

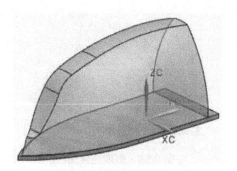

图 9.48　隐藏曲面后效果图

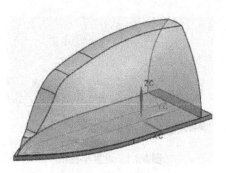

图 9.49　显示曲线和点

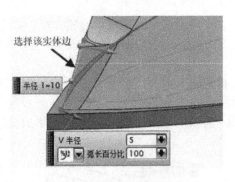

图 9.50　选择要倒圆的边

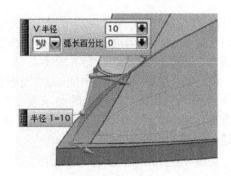

图 9.51　输入倒圆半径

(3) 在"特征"工具条中单击"面倒圆"按钮，弹出"面倒圆"对话框，选择顶部曲面为"面链 1"，选择侧面曲面和上一步得到的倒圆面为"面链 2"，注意箭头方向均指向熨斗内侧。在"半径方法"下拉列表框中选择"规律控制"，在"规律类型"下拉列表框中选择"沿脊线的三次"，选择如图 9.53 所示曲线串为脊线，在"指定新的位置"选项中分别选取并设置如图 9.54 所示中点 1、2、3、4 的半径值为 20，5、6 两点的半径值为 10，7、8 两点的半径值为 5，其余选项按系统默认设置，单击"确定"按钮完成倒圆操作，结果如图 9.55 所示。

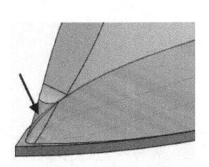

图 9.52　"边倒圆"效果图

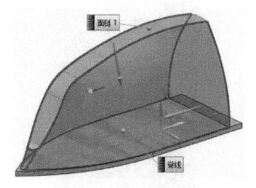

图 9.53　选择面链和脊线

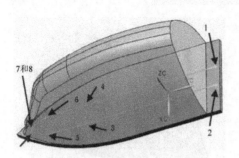

图 9.54　设置半径值

图 9.55　倒圆结果图(1)

9.4.5　创建熨斗把手部分

(1) 选择"格式"|"图层设置"命令，弹出"图层设置"对话框，设置 5 层、42 层为不可见图层，44 层为可选图层，关闭"图层设置"对话框，完成图层设置。再将视图以"静态线框"显示，结果如图 9.56 所示。

(2) 在"曲线"工具条中单击"投影曲线"按钮 ⟫，弹出"投影曲线"对话框。选择图 9.57 所示曲线为"要投影的曲线或点"，选择两个侧面为"要投影的对象"，并设置"投影方向"沿 XC 轴，其余选项按图 9.58 所示设置，单击"确定"按钮完成"投影曲线"的创建，结果如图 9.59 所示。

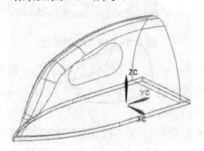

图 9.56　"静态线框"显示视图(1)

图 9.57　选择"要投影的曲线或点"(1)

图 9.58　设置"投影曲线"有关选项

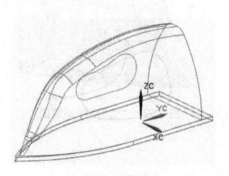

图 9.59　投影结果

(3) 在"曲面"工具条中单击"通过曲线组"按钮，弹出"通过曲线组"对话框。按图 9.60 所示分别选取 3 条曲线串为"截面"曲线并注意保持方向一致，在"设置"选项组中取消选中"保留形状"复选框，在"对齐"选项组中设置"对齐"方式为"脊线"，并选取中间的"截面"曲线作为脊线，其余选项按默认设置，单击"确定"按钮完成曲面创建，结果如图 9.61 所示。

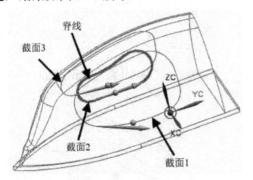

图 9.60   选取截面组

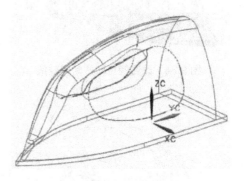

图 9.61   创建的曲面

(4) 修剪实体。在"特征"工具条中单击"修剪体"按钮，选择熨斗体为"目标"体，选取上一步创建的曲面为"工具"体，箭头方向如图 9.62 所示，单击"确定"按钮完成实体修剪操作。设置视图以"带边着色"显示并隐藏曲面，结果如图 9.63 所示。

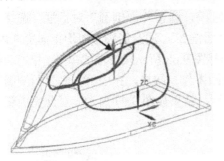

图 9.62   选择"目标"体和"工具"体(1)

图 9.63   修剪结果图(2)

(5) 在绘图区选取熨斗体，选择"编辑"|"对象显示"命令，在弹出的"编辑对象显示"对话框中拖动"透明度"滑块到 0，并改变其颜色为粉红色，单击"确定"按钮完成设置，结果如图 9.64 所示。

(6) 隐藏第 2 步投影得到的曲线，选择"格式"|"图层设置"命令，弹出"图层设置"对话框，设置 44 层为不可见图层，45 层为可选图层，关闭"图层设置"对话框，完成图层设置。再将视图以"静态线框"显示，结果如图 9.65 所示。

(7) 同第(2)步操作，在"曲线"工具条中单击"投影曲线"按钮，弹出"投影曲线"对话框。选择图 9.66 所示曲线为"要投影的曲线或点"，选择两个侧面为"要投影的对象"，并设置"投影方向"为 XC 轴，单击"确定"按钮完成"投影曲线"的创建，结果如图 9.67 所示。

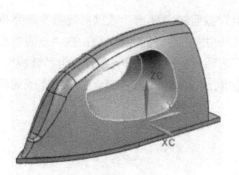

图 9.64　改变颜色和透明度效果

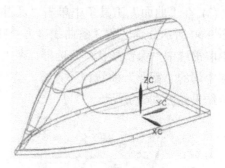

图 9.65　"静态线框"显示视图(2)

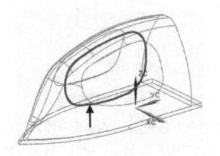

图 9.66　选择"要投影的曲线或点"(2)

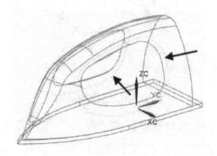

图 9.67　创建的投影曲线

（8）在"特征"工具条中单击"面倒圆"按钮，弹出"面倒圆"对话框，选择一侧面曲面为"面链 1"，选择第(3)步创建的曲面为"面链 2"，注意箭头方向均指向熨斗内侧。在下拉列表框中选择"半径方法""相切约束"，选择图 9.68 所示投影曲线串为"相切曲线"，其余选项按默认设置，单击"确定"按钮完成倒圆操作。同样，完成另一侧"面倒圆"操作，隐藏投影曲线，并将视图以"带边着色"显示，结果如图 9.69 所示。至此完成熨斗把手部分的创建。

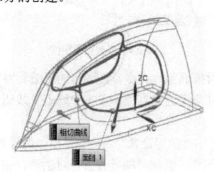

图 9.68　选择面链和相切曲线

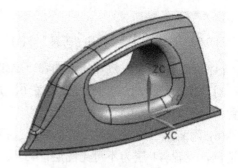

图 9.69　创建的倒圆曲面

9.4.6　创建熨斗底面部分

（1）选择"格式"|"图层设置"命令，弹出"图层设置"对话框，设置 45 层为不可见图层，62 层为可选图层，关闭"图层设置"对话框，完成图层设置，结果如图 9.70 所示。

（2）在"特征"工具条中单击"拉伸"按钮，弹出"拉伸"对话框。将"曲线规则"

设定为"区域边界曲线",选择如图 9.71 所示表面为拉伸"截面",其余选项按图 9.72 所示设置,单击"确定"按钮完成拉伸操作,结果如图 9.73 所示。

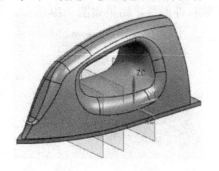

图 9.70 显示基准面

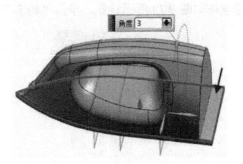

图 9.71 选择拉伸截面(1)

图 9.72 设置"拉伸"相关选项(1)

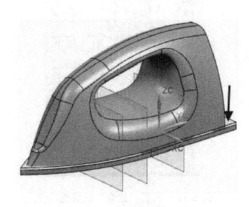

图 9.73 拉伸的实体部分

(3) 在"特征"工具条中单击"修剪体"按钮，弹出"修剪体"对话框,选择上一步拉伸的实体为"目标"体,选取左侧的基准平面为"工具"体,箭头方向如图 9.74 所示,单击"确定"按钮完成实体修剪操作,结果如图 9.75 所示。

(4) 在"特征"工具条中单击"求和"按钮，弹出"求和"对话框,选择最下面的实体为"目标"体,选择上一步修剪得到的实体为"刀具"体,单击"确定"按钮完成求和操作,如图 9.76 所示。

图 9.74 选择"目标"体和"工具"体(2)

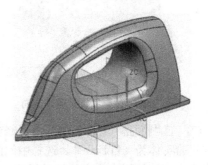

图 9.75 修剪结果图(3)

（5）同第（2）步，在"特征"工具条中单击"拉伸"按钮，弹出"拉伸"对话框，将"曲线规则"设定为"区域边界"，选择如图 9.77 所示箭头所指表面为拉伸"截面"，其余选项按如图 9.78 所示设置，单击"确定"按钮完成拉伸操作，结果如图 9.79 所示。

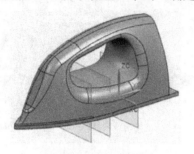

图 9.76　求和结果图

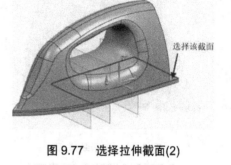

图 9.77　选择拉伸截面(2)

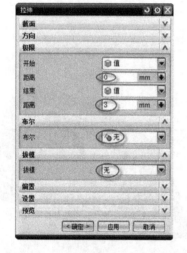

图 9.78　设置"拉伸"相关选项(2)

图 9.79　拉伸结果图(1)

（6）在"特征"工具条中单击"偏置面"按钮，弹出"偏置面"对话框，选择上一步拉伸实体的前后两个面为"要偏置的面"，偏置距离及方向如图 9.80 所示，单击"确定"按钮完成"偏置面"操作，结果如图 9.81 所示。

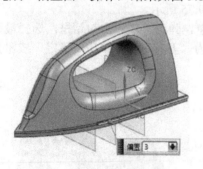

图 9.80　设置偏置距离及方向

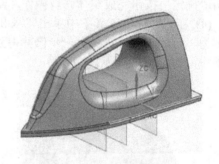

图 9.81　偏置结果图

（7）在"特征"工具条中单击"修剪体"按钮，弹出"修剪体"对话框，选择上一步创建的实体为"目标"体，选择中间的基准平面为"工具"体，箭头方向如图 9.82 所示，单击"确定"按钮完成实体修剪操作，结果如图 9.83 所示。

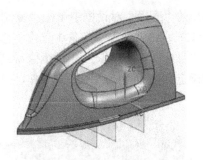

图 9.82　选择"目标"体和"工具"体(3)　　　图 9.83　修剪结果图(4)

(8) 在"特征"工具条中单击"求和"按钮，弹出"求和"对话框，选择上面熨斗体为"目标"体，选择上一步修剪得到的实体为"刀具"体，单击"确定"按钮完成求和操作。

(9) 选择"插入"|"网格曲面"|"截面"|"由圆角-桥接创建截面"命令，弹出"剖切曲面"对话框，按图 9.84 所示选择"起始引导线"和"起始面"，按图 9.85 所示选择"终止引导线"和"终止面"，注意在选择引导线时均靠近上面的端点拾取。其余选项按默认设置，单击"确定"按钮完成截面的创建。

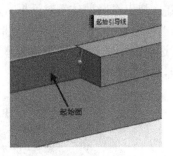

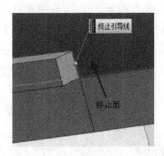

图 9.84　选择"起始引导线"和"起始面"　　　图 9.85　选择"终止引导线"和"终止面"

(10) 在"特征"工具条中单击"修剪体"按钮，弹出"修剪体"对话框，选择熨斗体为"目标"体，选择上一步创建的曲面为"工具"体，箭头方向如图 9.86 所示，单击"确定"按钮完成实体修剪操作，结果如图 9.87 所示。

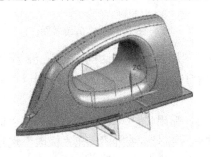

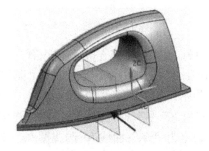

图 9.86　选择"目标"体和"工具"体(4)　　　图 9.87　修剪结果图(5)

(11) 镜像曲面。在绘图区选取第(8)步创建的曲面，选择"编辑"|"变换"命令，在弹出的"变换"对话框中选择"通过一平面镜像"选项，在弹出的"平面"对话框中的"类型"下拉列表框中选择"YC-ZC 平面"选项，其余选项按默认设置，单击"确定"按钮，

在弹出的"变换"对话框中单击"复制"按钮，再单击"确定"按钮完成侧面的镜像操作。

(12) 在"特征"工具条中单击"修剪体"按钮 ，弹出"修剪体"对话框，选择熨斗体为"目标"体，选取上一步镜像得到的曲面为"工具"体，箭头方向如图 9.88 所示，单击"确定"按钮完成实体修剪操作，结果如图 9.89 所示。

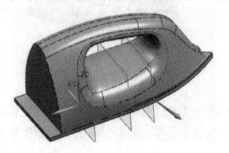

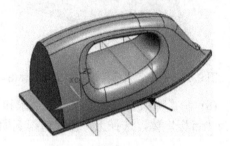

图 9.88　选择"目标"体和"工具"体(5)　　　　图 9.89　修剪结果图(6)

(13) 隐藏第(8)步创建的曲面和第(11)步创建的镜像曲面。

(14) 在"特征"工具条中单击"求和"按钮 ，弹出"求和"对话框，选择上面熨斗体为"目标"体，选择熨斗底部实体为"刀具"体，单击"确定"按钮完成求和操作。

(15) 在"特征"工具条中单击"修剪体"按钮 ，弹出"修剪体"对话框，选择熨斗体为"目标"体，在"工具选项"下拉列表框中选择"新建平面"选项，单击"指定平面"右侧的下拉按钮，在弹出的菜单中选择 □选项，接着选取图 9.90 所示的两条实体边，注意修剪方向向下，单击"确定"按钮完成实体修剪操作，结果如图 9.91 所示。

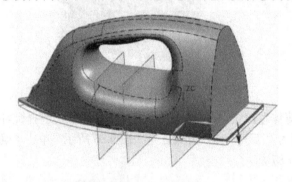

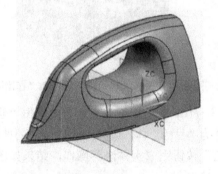

图 9.90　选择"目标"体　　　　　　　　图 9.91　修剪结果图(7)

(16) 选择"格式"|"图层设置"命令，弹出"图层设置"对话框，设置 62 层为不可见图层，47 层为可选图层，关闭"图层设置"对话框，完成图层设置。将视图以"静态线框"显示，结果如图 9.92 所示。

(17) 在"特征"工具条中单击"拉伸"按钮 ，弹出"　　　　"对话框，将"曲线规则"设定为"单条曲线"，选择图 9.93 箭头指示曲线为拉伸"截面"，在"极限"选项组中设置对称拉伸，距离为 80mm，其余选项按默认设置，单击"确定"按钮完成拉伸操作，结果如图 9.95 所示。

(18) 在"特征"工具条中单击"修剪体"按钮 ，弹出"修剪体"对话框，选择熨斗体为"目标"体，选择上一步拉伸得到的曲面为"工具"体，修剪方向如图 9.94 所示，单击"确定"按钮完成实体修剪操作，隐藏拉伸曲面，结果如图 9.95 所示。

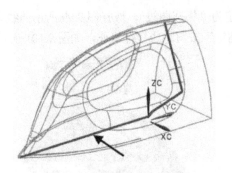

图 9.92　"静态线框"显示视图(3)

图 9.93　拉伸结果图(2)

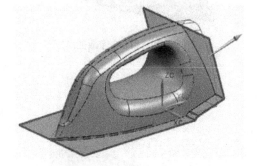

图 9.94　选择"目标"体和"工具"体(6)

图 9.95　修剪结果图(8)

9.4.7　创建熨斗旋钮和沟槽部分

(1) 选择"格式"|"图层设置"命令，弹出"图层设置"对话框，设置 47 层为不可见图层，46 层为可选图层，关闭"图层设置"对话框，完成图层设置。

(2) 在"特征"工具条中单击"拉伸"按钮，将"曲线规则"设定为"单条曲线"，选择图 9.96 所示曲线为拉伸截面，其余选项按图 9.97 所示设置，单击"应用"按钮完成拉伸操作，结果如图 9.98 所示。

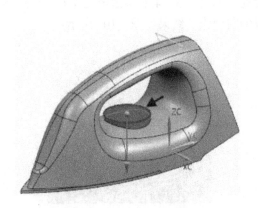

图 9.96　选择拉伸截面(3)

图 9.97　设置"拉伸"相关选项(3)

（3）继续创建拉伸操作，将"曲线规则"设定为"相连曲线"，选择图 9.99 所示曲线为拉伸截面，其余选项如图 9.100 所示设置，单击"确定"按钮完成拉伸操作，如图 9.101 所示。

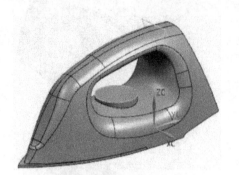

图 9.98　拉伸结果图(3)

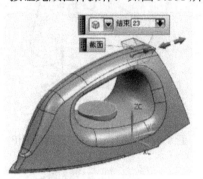

图 9.99　选择拉伸截面(4)

图 9.100　设置"拉伸"相关选项(4)

图 9.101　拉伸结果图(4)

（4）在"特征"工具条中单击"边倒圆"按钮 ，弹出"边倒圆"对话框，选择图 9.102 所示沟槽的两棱边为"要倒圆的边"，展开"可变半径点"选项，单击"指定新的位置"右侧的下三角按钮，在展开的菜单中选择 ，设置点 1、2、3、4 的倒圆半径为 6，点 5、6、7、8 的倒圆半径为 2，单击"应用"按钮完成倒圆操作，结果如图 9.103 所示。

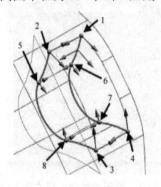

图 9.102　设置倒圆半径

图 9.103　倒圆结果图(2)

(5) 继续创建倒圆操作。选择图 9.104 所示熨斗顶面两棱边为"要倒圆的边",设置倒圆半径为 5mm,单击"应用"按钮完成倒圆操作,结果如图 9.105 所示。

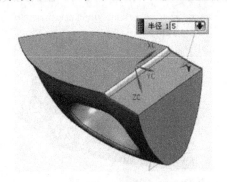

图 9.104　选择熨斗顶面两棱边为倒圆边

图 9.105　倒圆结果图(3)

(6) 继续创建倒圆操作。选择图 9.106 所示棱边为"要倒圆的边",设置倒圆半径为 6mm,单击"确定"按钮完成倒圆操作,结果如图 9.107 所示。

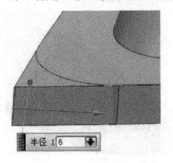

图 9.106　选择倒圆边(1)

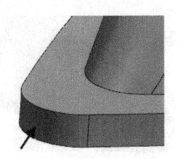

图 9.107　倒圆结果图(4)

9.4.8　创建熨斗其余部分

(1) 选择"格式"|"图层设置"命令,弹出"图层设置"对话框,设置 46 层为不可见图层,关闭"图层设置"对话框,完成图层设置。

(2) 在"特征"工具条中单击"抽壳"按钮，弹出"抽壳"对话框,在该对话框中设置"厚度"为 2.5mm,选择图 9.108 所示两个面为"要穿透的面",单击"确定"按钮完成抽壳操作,结果如图 9.109 所示。

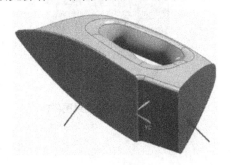

图 9.108　选择"要穿透的面"

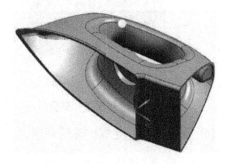

图 9.109　抽壳结果图

（3）在"特征"工具条中单击"边倒圆"按钮 🖱 ，弹出"边倒圆"对话框，选择图 9.110 所示箭头所指棱边为"要倒圆的边"，设置倒圆半径为 12mm，单击"应用"按钮完成倒圆操作，结果如图 9.111 所示。

图 9.110　选择倒圆边(2)

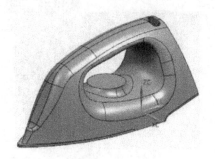

图 9.111　倒圆结果图(5)

（4）继续创建倒圆操作。选择图 9.112 所示棱边为"要倒圆的边"，设置倒圆半径为 14.5mm，单击"确定"按钮完成倒圆操作，结果如图 9.113 所示。

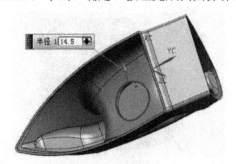

图 9.112　选择倒圆边(3)

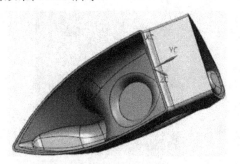

图 9.113　倒圆结果图(6)

（5）在"特征"工具条中单击"面倒圆"按钮 🖱 ，选择图 9.114 所示 3 个面为"面链 1"，1 个面为"面链 2"，注意箭头方向，在"半径方法"下拉列表框中选择"恒定"选项，设置半径值为 12mm，在"约束和限制几何体"选项组中选择图 9.114 所示边缘为"重合曲线"，其余选项按默认设置，单击"确定"按钮完成面倒圆操作。结果如图 9.115 所示。

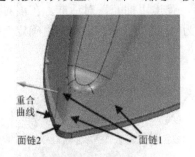

图 9.114　选择面链和重合边

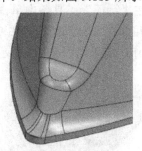

图 9.115　倒圆结果图(7)

（6）保存文件，完成熨斗的创建。

拓展实训

根据图 9.116 所示的素材文件 qiche.prt，综合应用"通过曲线组"、"桥接曲面"、"截面"和"缝合"命令创建如图 9.117 所示汽车模型。

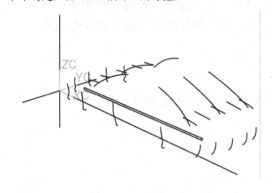

图 9.116　素材文件　　　　　　　　　　图 9.117　完成的汽车模型

任 务 小 结

本任务主要学习"点集"、"从点云"、"修剪和延伸"、"面倒圆"、"偏置面"和"截面"等命令。

在 UG NX 8.0 中，创建曲面的方法有以下 3 类。

(1) 以点构面：根据用户输入的点数据生成曲面。这类曲面的特点是曲面精度较高，但光顺性较差，与原始点也不相关联，是非参数化的。由于对非参数化的几何体进行编辑比较困难，因此尽量不使用。但在逆向造型中，常用来构建母面。

(2) 以曲线构面：根据现有的曲线创建曲面，应用到"直纹"、"通过曲线组"、"通过曲线网格"、"扫掠"等命令。这类曲面的特点是曲面与构成曲面的曲线完全相关，是全参数化的。这种方式构建曲面的关键是曲线的构造，在构造曲线时应该尽可能精确，避免缺陷，如重叠、交叉、断点等。

(3) 以现有曲面创建新曲面：根据已有的曲面创建新的曲面，如延伸曲面、偏置面等，这类曲面也是全参数化的。

习　题

1. 选择题

(1) 在使用以点构面的方法创建曲面时，所创建的曲面与输入的点之间(　　)。

　　A. 关联　　　　　B. 不关联　　　　C. 用户指定是否关联

(2) 如果使用以曲线构面的方法创建曲面，使用"直纹"、"通过曲线组"或"通过曲线网格"命令，对选择曲线串的共同要求是( )。

　　A．起点一致　　　　B．方向一致　　　C．组成曲线串的曲线段数相同

(3) 在使用以曲线构面命令时，( )适合采用"参数"对齐方式。

　　A．组成各截面线串的曲线段数相同，且各对应曲线段的长度比例相似

　　B．组成各截面线串的曲线段数相同，且各对应曲线段的长度比例没有要求

　　C．各截面线串中的曲线相切

2．操作题

根据素材提供的文件 yuanbao.prt，创建如图 9.118 所示的元宝模型。

图 9.118　元宝模型

项目 3

数控编程与仿真

学习目标

本项目是学习 UG NX 8.0 的重要环节，通过若干典型工作任务的学习，达到熟练运用该软件实现常用固定轴铣数控编程与仿真的目的。

学习要求

(1) 理解 UG NX CAM 模块的特点、加工类型、加工术语、加工参数及数控编程的流程。

(2) 熟悉 UG NX CAM 模块的加工界面，各个参数组的作用及刀位轨迹的管理。

(3) 掌握固定轴铣各参数的设置方法。

(4) 掌握固定轴铣的加工几何体、切削层的定义及"型腔铣"工序的创建方法。

(5) 掌握刀具位置源文件、后置处理器和车间工艺文件的含义及用法。

项目导读

UG NX 8.0 不仅提供了强大的实体建模和造型功能，而且其 CAM 模块可以根据建立的三维模型直接生成数控代码，为机床编程提供了一套完整解决方案，可以使企业机床的产出实现最大化。利用 UG NX CAM 可以改善 NC 编程和加工过程，极大地减少了浪费，提高了生产力。

铣削加工是最为常见也是最重要的加工方式。根据加工表面形状，可分为平面铣和轮廓铣；根据在加工过程中机床主轴轴线方向相对工件是否能够改变，可分为固定轴铣和可变轴铣。固定轴铣又可分为平面铣、型腔铣和固定轴轮廓铣；可变轴铣又可分为可变轮廓铣和顺序铣。

本项目讨论固定轴铣部分。

UG NX CAM 数控编程的一般步骤如下。

(1) 调用加工零件并加载毛坯，调用系统的模板或用户自定义的模板。

(2) 分别创建加工的程序、指定加工几何体、创建刀具、定义加工方法。

(3) 用户依据加工程序的内容来确定刀具轨迹的生成方式，如加工的切削模式、刀具的步进方式、切削步距、主轴转速、进给量、切削角度、进退刀点、干涉平面及安全平面等详细内容，从而生成刀具轨迹。

(4) 对刀具轨迹进行仿真加工后，检测仿真结果是否满足加工要求，通过对工序进行相应的编辑修改、复制等功能以提高编程的效率。

(5) 待所有的刀具轨迹设计合格后进行后处理，生成相应数控系统的加工代码，进行 NC 传输与数控加工。

任务 10   熟悉数控编程基础知识

10.1   任务导入

通过对图 10.1 所示鼠标模型的数控编程，初步掌握 UG NX 8.0 数控编程的基本思路及步骤，使读者对 UG NX 8.0 数控编程有一定的认识和了解。

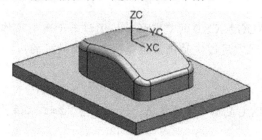

图 10.1   鼠标模型

10.2   任务分析

10.2.1   工艺分析

观察并分析该模型，可以看出其主要有以下特征。
(1) 模型的顶面是几个曲面。
(2) 模型的侧面是一个陡峭的曲面。
(3) 模型的底面为平面。

通过以上分析，确定加工工艺。由于该模型有一个较大的不规则凸台，因此首先采用大直径的刀具对整个模型进行粗加工，然后采用小直径的刀具分别对各个特征部位进行半精加工和精加工。

10.2.2   工艺设计

由于凸台顶面的形状不规则，因此首先采用型腔铣加工方法对整个零件进行粗加工，然后采用等高轮廓铣对零件侧壁进行精加工，再采用平面铣对底面进行精加工，最后采用固定轴曲面铣对鼠标顶面进行精加工。每个工步的加工方法、刀具参数、公差余量等参数见表 10-1。

表 10-1　加工工步安排

序号	工　步	程序名称	刀具名称	刀具直径	公　差	加工余量
1	粗加工	CAVITY_MILL	D12R1	12	0.05	0.5
2	侧面精加工	ZLEVEL_PROFILE	D10R0	10	0.01	0
3	底面精加工	PLANAR_MILL	D5R0	5	0.01	0
4	鼠标顶面精加工	FIXED_CONTOUR	D10R5	10	0.01	0

10.3　任务知识点

10.3.1　加工环境设置

1. 加工环境

UG NX 8.0 加工环境是指系统进入 UG NX 8.0 加工模块后进行编程操作的软件环境。UG NX 8.0 加工模块由多个模块组成，不同的模块可创建的工序和可继承的加工参数不同，UG NX 8.0 提供了默认的加工环境，也允许用户自定义加工环境，一旦进入加工模块，系统会提示设置加工环境。

2. 启用 UG NX 8.0 加工环境

UG NX CAM 模块的启用方法有以下几种。

(1) 利用快捷方式，即按 Ctrl+Alt+M 组合键。

(2) 在菜单中选择"应用"|"加工"命令。

(3) 在"标准"工具栏中选择"开始"|"加工"命令。

启用 UG NX 8.0 加工环境的一般步骤如下。

(1) 运行 UG NX 8.0 软件。

(2) 选择"文件"|"打开"命令，或单击"标准"工具条中的"打开"按钮，弹出"打开"对话框，在存储目录中找到 shubiao.prt 文件，单击"OK"按钮，系统进入"建模"环境，如图 10.2 所示。

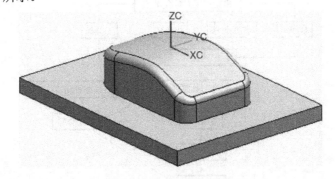

图 10.2　打开的鼠标模型

(3) 选择"开始"|"加工"命令，进入加工模块，弹出"加工环境"对话框，如图 10.3

所示。在"要创建的 CAM 设置"选项组中选择所需要的选项，单击"确定"按钮系统启用 UG NX 8.0 相应的加工环境。

图 10.3　"加工环境"对话框

只有当一个工件首次进入加工模块时，才会弹出"加工环境"对话框，对已经指定过加工环境的工件，则不会再弹出"加工环境"对话框，而是直接进入加工环境。

10.3.2　UG 数控编程一般步骤

UG NX 8.0 的 CAM 数控编程的一般步骤如图 10.4 所示。

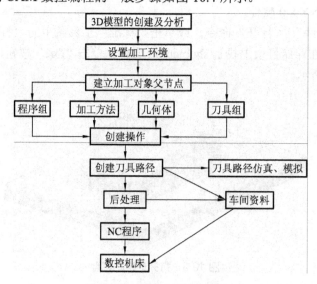

图 10.4　数控编程的一般步骤

10.3.3 工序导航器应用

工序导航器有 4 个用来创建和管理 NC 程序的分级视图。每个视图根据以下视图主题来组织相同的工序集合：程序顺序、机床、几何和加工方法。

1. 工序导航器

单击资源条中的"工序导航器"按钮，弹出工序导航器，如图 10.5 所示。单击左上角图钉形按钮可固定工序导航器。

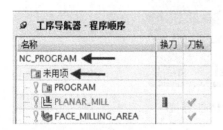

图 10.5 工序导航器

使用工序导航器可以完成以下操作。

(1) 在部件的设置内或在不同部件的设置之间进行剪切、复制和粘贴操作。

(2) 在部件的设置内拖放组合工序，可以改变工序的先后顺序。

(3) 在一个组位置(如工件几何体组)指定公共参数，该参数可在组内向下传递。

(4) 显示工序的刀轨和几何体，方便快速查看定义的内容和加工的区域。

(5) 显示铣削或车削工序的"处理中的工件"(IPW)。

2. 工序导航器视图

工序导航器具有 4 种视图，以不同方式显示相同的工序集。

(1) "程序顺序"视图。根据在机床上执行的程序顺序组织工序。每个程序组代表一个独立输出至后处理器或 CLSF 的程序文件。在"程序顺序"视图中，"NC_PROGRAM"和"未用项"两个节点是系统自定的，不可修改和删除，如图 10.6 所示。

(2) "几何"视图。根据使用的刀具组织工序，并显示所有从刀具库调用的或在当前设置中创建的刀具，也可以按车床上的转塔或铣床上的刀具类型组织刀具。在"几何"视图中，"GEOMETRY"和"未用项"两个节点是系统自定的，不可修改和删除，如图 10.7 所示。

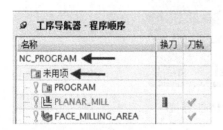

图 10.6 "程序顺序"视图

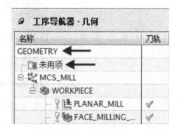

图 10.7 "几何"视图

(3) "机床"视图。根据加工几何体和 MCS 方位组织工序。每个几何体组根据在机床上执行的顺序显示工序。在"机床"视图中，"GENERIC_MACHINE"和"未用项"两个节点是系统自定的，不可修改和删除，如图 10.8 所示。

(4) "加工方法"视图。根据共享相同参数值的公共加工方法(如粗加工、半精加工和精加工)组织工序。在"加工方法"视图中，"METHOD"和"未用项"两个节点是系统自定的，不可修改和删除，如图 10.9 所示。

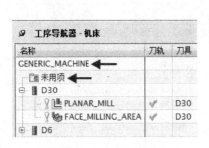

图 10.8　"机床"视图

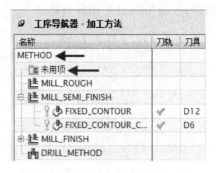

图 10.9　"加工方法"视图

10.3.4　刀具的创建

刀具的创建是通过从模板创建新的刀具或从刀库调用刀具来实现的。

1. 创建新刀具

在"刀片"工具条中单击"创建刀具"按钮，或者选择"插入"|"刀具"命令，弹出"创建刀具"对话框，如图 10.10 所示。该对话框中各选项含义见表 10-2。

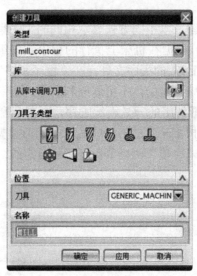

图 10.10　"创建刀具"对话框(1)

表 10-2　"创建刀具"对话框中各选项含义

选　项	含　义
类型	选择不同的模板部件文件
刀具子类型	单击所需的刀具子类型按钮
位置	选择父节点
名称	输入所创建新刀具的名称

特别提示

刀具名称最好能反映出刀具的大小和类型，因此在"名称"文本框中输入的数据尽量与刀具设置的参数保持一致。

2. 从库中调用刀具

在"创建刀具"对话框的"库"选项组中，单击 按钮，弹出"库类选择"对话框，如图 10.11 所示。确定刀具类型，单击"确定"按钮，弹出"搜索准则"对话框，如图 10.12 所示。

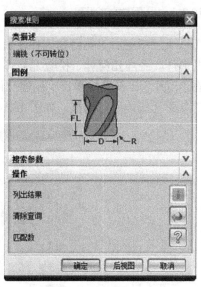

<table>
<tr><td style="text-align:center;">图 10.11　"库类选择"对话框</td><td style="text-align:center;">图 10.12　"搜索准则"对话框</td></tr>
</table>

在"搜索准则"对话框中设置合适的搜寻参数后，单击"确定"按钮，弹出"搜索结果"对话框，如图 10.13 所示，从"匹配项"选项组中选取目标刀具，单击"确定"按钮，取出目标刀具。

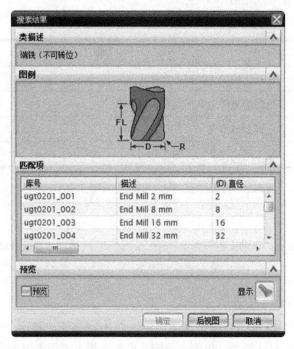

图 10.13　"搜索结果"对话框

10.3.5　几何体的创建

可以通过指定加工几何和工件在机床的定位方向创建新的几何体。在这里，可以指定部件几何体、毛坯几何体、检查几何体、MCS 方向和安全平面等参数在后续工序中继承。

在"刀片"工具条中单击"创建几何体"按钮，或者选择"插入"|"几何体"命令，弹出"创建几何体"对话框，如图 10.14 所示。该对话框中各选项含义见表 10-3。

图 10.14　"创建几何体"对话框

表 10-3　"创建几何体"对话框中各选项含义

选　　项		含　　义
类　　型		选择不同的模板部件文件
几何体子类型	加工坐标系	创建(或编辑)加工坐标系和关联的安全平面。输出的刀具路径定位点坐标值是基于 MCS 的,而不是基于 WCS(安全平面和加工深度是基于 WCS)的。新部件进入加工模块时,MCS 与绝对坐标一致
	工件几何体	可选择实体、面、曲线以指定部件、毛坯、修剪和检查几何体,还能指定工件厚度和材料等
	铣削区域	指定部件几何体、修剪几何体、检查几何体,切前区域以确定加工区域,并能增加或减少各类型几何的材料厚度
	铣削边界	指定永久性的部件、毛坯、修剪、检查边界和加工深度(Floor)
	铣削文本	指定成为雕刻文本驱动几何体的文本
	铣削几何体	能选择实体、面、曲线以指定部件、毛坯、修剪和检查几何体,还能指定工件厚度和材料等
位置		选择父节点
名称		输入所创建几何体的名称

10.3.6　工序的创建

"创建工序"命令用于创建加工路径,创建一个工序相当于产生一个工步。在"工序"中包含所有用于产生刀位轨迹的信息,如几何体、刀具、加工余量、进给量、切削深度等。

在"刀片"工具条中单击"创建工序"按钮 ，或者选择"插入"|"工序"命令,弹出"创建工序"对话框,如图 10.15 所示。

图 10.15　"创建工序"对话框(1)

对"创建工序"对话框中各选项含义说明如下。

(1) 类型：用于选择加工环境，如平面铣、轮廓铣、多轴铣、线切割等。

(2) 工序子类型：此选项主要用来调用加工方法。

(3) 程序：指定当前所创建的工序属于哪一个程序组。

(4) 刀具：选择当前工序使用的刀具。

(5) 几何体：选择当前工序使用的几何体。

(6) 方法：选择当前工序使用的方法。

(7) 名称：给当前工序命名。

10.3.7 刀具路径模拟及检验

刀具路径模拟以不同的方式进行刀轨动画模拟，观察刀具正要切削的路径和材料，还可以控制刀具的移动、显示，并确认在刀轨生成过程中刀具切削材料是否正确，也能确定这些路径是不是过切加工的部件。

单击"操作"工具条中的"确认刀轨"按钮，或单击每个工序中的"确认刀轨"按钮，弹出"刀轨可视化"对话框，如图 10.16 所示。

对"刀轨可视化"对话框中各主要选项含义说明如下。

(1) 刀轨列表(对话框最上方)：列出正在重播的工序刀轨，当选择一个运动时，该运动被自动高亮显示，并且图形窗口中也会高亮显示相应的刀位，刀具同样自动显示在对应的刀位上。

(2) 进给率：显示当前移动的进给速度。

(3) 重播：沿一个或多个刀轨显示刀具移动的过程，刀具的显示模式可为线框、实体和刀具装配 3 种。在"重播"选项卡中，如果发现过切，则高亮显示过切部分，并在重播完成后在信息窗口中列出这些过切情况。

(4) 3D 动态：通过三维实体的方式显示刀具沿着一个或多个刀轨移动，直观地表示材料的移除过程。这种模式还允许在图形窗口中进行缩放、旋转和平移。

(5) 2D 动态：通过二维静态的方式显示刀具沿着一个或多个刀轨移动来表示材料的移除过程。此模式只能将刀具显示为着色的实体。在"2D 动态"显示完成时，不仅会高亮显示过切，而且会高亮显示移除的材料、未切削的材料和过切 3 组信息。

图 10.16 "刀轨可视化"对话框 　　路径模拟的 3 种模拟形式如图 10.17 所示。

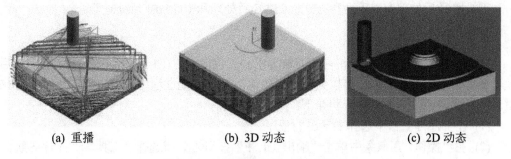

(a) 重播　　　　　　　　(b) 3D 动态　　　　　　　　(c) 2D 动态

图 10.17　路径模拟的 3 种模拟形式

(6) 动画速度：拖动滑块可调整刀轨重播的速度。速度值可以在 1～10 的范围内，其中 1 最慢，10 最快。

(7) 动画控制：使用"动画速度"滑块下面的 7 个按钮来控制刀轨动画。这 7 个按钮所执行的功能见表 10-4。

表 10-4　动画控制各按钮的说明

选　项	描　述
⏮ 上一个操作/刀轨起点	此按钮执行两个功能。如果刀具在刀轨的第一个运动位置上，则选择系列工序中的上一个操作；如果刀具不在刀轨的第一个运动位置上，则刀具位置被重置于运动起始位置
⏪ 单步向后	单击此按钮向后回退一个刀轨运动
◀ 反向播放	单击此按钮以相反的顺序模拟刀轨
▶ 播放	单击此按钮以动画模拟刀轨
⏩ 单步向前	单击此按钮向前移动一个刀轨运动
⏭ 下一个操作	单击此按钮直接进入下一个操作。如果调用了当前刀轨的上一个运动，那么它直接进入下一个操作
■ 停止	仅在"3D 动态"中可使用此按钮随时停止可视化

10.3.8　刀具路径后处理

运用 UG NX 8.0 加工模块产生的刀具路径称为内部刀具路径，它不是独立的文档，而且它的格式也不能被机床读取。因此，必须通过后处理变成 NC 程序后，才能送到数控机床加工零件，如图 10.18 所示。后处理是将生成的工序转化成机床能执行的 NC 程序。

内部刀具路径　　　　　　后处理器　　　　　NC程序　数控机床

图 10.18　刀具路径后处理方法

刀具路径后处理有以下两种方式：CLSF 后处理和 UG Post 后处理器。

1. CLSF 后处理

使用"输出 CLSF"命令将内部刀轨导出到刀位源文件(CLSF)中，供 GPM 和其他后处理器使用。借助定制功能，可以为特定要求更改其事件处理程序(.tcl)和定义文件(.def)来修改这些格式，该方式的操作步骤如下。

(1) 在工序导航器中选择要输出的程序。

(2) 在"操作"工具条中单击"输出 CLSF"按钮，或选择"工具"|"工序导航器"|"输出"|"CSLF"命令，弹出"CLSF 输出"对话框，如图 10.19 所示。

图 10.19　"CLSF 输出"对话框

对"CLSF 输出"对话框中列出的 CLSF 格式其含义说明见表 10-5。

表 10-5　CSLF 格式含义说明

格　式	含　义
CLSF_STANDARD	这是最常用的选择，用于创建一个 APT 格式(ASCII)的 CLSF，然后使用 NX GPM 或其他用于特定机床的后处理软件对其进行后处理
CLSF_COMPRESSED	仅输出 START 和 END OF PATH 语句
CLSF_ADVANCED	它从工序导航器中自动提取后处理命令，并将其放在 CLSF 中。根据当前工序数据，生成铣削的加载刀具命令、车削的转塔命令、主轴语句或命令(包括速度和方向)、输出模式和选择/刀具(下一工序的刀具号)命令
CLSF_BCL	可以直接导入生成 BCL 或 ACL RS-494 文件(不必进行后处理)的机床控制器创建 BCL 或 ACL 格式的 CLSF。仅当机床兼容 BCL 时，才能选择该格式
CLSF_ISO	使用 ISO 4343：2000 协议创建一个 ASCII 格式的 CLSF。它与标准格式相似，但有多个不同的命令和相关参数
CLSF_IDEAS_MILL 和 CLSF_IDEAS_MILL_TURN	为原有 SDRC cpost 创建一个 CLSF

对"CLSF 输出"对话框中其他主要选项含义说明如下。

① 输出文件：指定输出文件的位置和名称。

② 浏览查找输出文件：用来浏览目录，以便选择输出文件的位置和名称。

2. UG Post 后处理器

UG NX 8.0 提供了 Post 后处理器，可直接从零件的刀位轨迹中提取信息进行后处理，不必像图形后处理那样生成刀具位置源文件，使用起来非常方便，该方式的操作步骤如下。

(1) 在工序导航器中选择要做后处理的程序，或在"程序顺序"视图中选择根目录，后处理所有的工序。

(2) 在"操作"工具条中单击"后处理"按钮 🖺，或者选择"工具"|"工序导航器"|"输出"|"NX Post 后处理"命令，弹出"后处理"对话框，如图 10.20 所示。

图 10.20　"后处理"对话框(1)

(3) 在"后处理"对话框中的"后处理器"选项组中选择可用的后处理器。

可以在"后处理器"选项组中单击"浏览查找后处理器"按钮，弹出"打开后处理器"对话框，选择任意位置的后处理器。浏览仅能与后处理构建器所创建的后处理(.pui)一起使用。

特别提示

对于实际生产或实训，应订制与本公司或学校机床相应的后处理(可用 UG NX 8.0 中的 Postbuilder 创建自己的后处理)，做好的后处理用于实际加工时，先要进行全面测试与仿真，确保无误后方可加工。

（4）指定输出文件的位置和名称。可单击"输出文件"选项组中的"浏览查找输出文件"按钮，弹出"指定 NC 输出"对话框，浏览目录，并选择输出文件的位置和名称。

10.4 编程步骤

1. 打开模型文件

打开 UG NX 8.0，单击"标准"工具条中的"打开"按钮，在弹出的"打开"对话框中选择 renwu10/shubiao.prt，单击"OK"按钮，进入建模环境。

2. 创建毛坯

（1）分析鼠标的顶面与底座的底面之间的最大距离，选择"分析"|"偏差"|"检查"命令，弹出"偏差检查"对话框，如图 10.21 所示，在"类型"下拉列表框中选择"面到面"选项。

（2）在图形区选择鼠标的顶面及底座的底面，单击"检查"按钮，弹出"信息"窗口，如图 10.22 所示。

图 10.21　"偏差检查"对话框

图 10.22　"信息"窗口(1)

从分析结果中可以看出，"最大距离误差"为 40.013553299，则创建的毛坯高度应该大于该值。

（3）在"特征"工具条中单击"拉伸"按钮，弹出"拉伸"对话框，选择鼠标模型的底面 4 条边为拉伸截面，设置"开始"距离为 0，"结束"距离为 41mm，"布尔"选项为"无"，其余按默认设置，单击"确定"按钮完成拉伸操作，如图 10.23 所示。

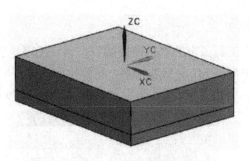

图 10.23　创建毛坯实体

(4) 选取上一步拉伸的实体，选择"编辑"|"对象显示"命令，弹出"编辑对象显示"对话框，如图 10.24 所示。

(5) 拖动"透明度"滑块至 50 处，单击"确定"按钮完成毛坯模型的创建和编辑。为了方便后续加工程序编制中加工坐标系的创建及安全平面的设置，将工作坐标系的原点放在毛坯的顶面，如图 10.25 所示。

图 10.24　"编辑对象显示"对话框

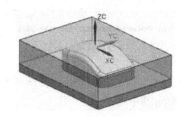

图 10.25　设置工作坐标系

3.　进入加工模块并设置加工环境

选择"开始"|"加工"命令，进入加工模块，弹出"加工环境"对话框。在"要创建的 CAM 设置"选项组中选择所需要的选项，单击"确定"按钮，即启用 UG NX 8.0 相应的加工环境。

4. 设置加工坐标系

(1) 单击"导航器"工具条中的"几何视图"按钮，工序导航器切换到"几何"视图。

(2) 在工序导航器中右击 MCS_Mill 节点，在弹出的快捷菜单中选择"编辑"命令，或者双击 MCS_Mill 节点，弹出"Mill Orient"对话框，如图 10.26 所示。

图 10.26 "Mill Orient"对话框

(3) 在"Mill Orient"对话框中单击"CSYS 对话框"按钮，弹出"CSYS"对话框，如图 10.27 所示。

(4) 在加工坐标系附近的坐标原点文本框中输入图 10.28 所示数值。

图 10.27 "CSYS"对话框

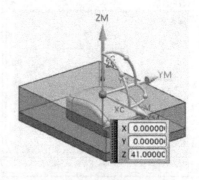

图 10.28 设置加工坐标系

(5) 单击"确定"按钮，返回"Mill Orient"对话框。这样，将加工坐标系的原点设在毛坯上表面的中心位置。

5. 设置安全平面

(1) 在"Mill Orient"对话框的"安全设置选项"下拉列表框中选择"平面"选项，单击"平面对话框"按钮，弹出"平面"对话框。

(2) 选取毛坯模型的上表面，在"偏置"选项组的"距离"文本框中输入 10，即设置安全平面位于毛坯模型表面上方 10mm 处，单击"确定"按钮，返回"Mill Orient"对话框。完成安全平面的设置，在图形上将显示安全平面的位置，如图 10.29 所示。

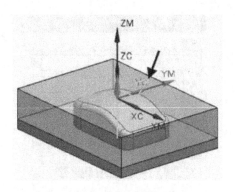

图 10.29 创建的安全平面

(3) 单击"Mill Orient"对话框中的"确定"按钮完成设置。

6. 创建几何体

(1) 选择部件几何体。在工序导航器中右击 WORKPIECE 节点，在弹出的快捷菜单中选择"编辑"命令，或者双击 WORKPIECE 节点，弹出"铣削几何体"对话框，如图 10.30 所示。在该对话框的"几何体"选项组中单击"选择或编辑部件几何体"按钮，弹出"部件几何体"对话框，如图 10.31 所示。选择鼠标模型，单击"确定"按钮，返回"铣削几何体"对话框。

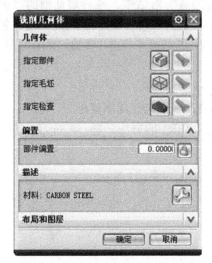

图 10.30 "铣削几何体"对话框

图 10.31 "部件几何体"对话框

(2) 选择毛坯几何体。在"铣削几何体"对话框的"几何体"选项组中单击"选择或编辑毛坯几何体"按钮，弹出"毛坯几何体"对话框，如图 10.32 所示。选择前面创建的毛坯模型，单击"确定"按钮完成毛坯几何体的选择，返回"铣削几何体"对话框。在"铣削几何体"对话框中单击"确定"按钮完成所有几何体的创建。

(3) 选择绘图区的毛坯模型并将其隐藏。

图 10.32 "毛坯几何体"对话框

7. 创建刀具

(1) 创建刀具 D12R1。

① 单击"导航器"工具条中的"机床视图"按钮，将工序导航器切换到"机床"视图。

② 选择"插入"|"刀具"命令，弹出"创建刀具"对话框。在该对话框的"类型"下拉列表框中选择"mill_planar"选项，在"刀具子类型"选项组中选择 █，在"名称"文本框中输入"D12R1"，如图 10.33 所示，单击"应用"或者"确定"按钮，弹出如图 10.34 所示的"铣刀-5 参数"对话框。

③ 按图 10.34 所示设置刀具的参数。

设置完刀具参数后，单击"确定"按钮，则 D12R1 立铣刀就创建好了。

(2) 创建刀具 D10R0。创建刀具 D10R0 与创建 D12R1 的方法一样，只是刀具的参数不同，刀具 D10R0 的参数设置如下。

① "直径"为 10mm。

② "底圆角半径"为 0。

③ "刀具号"为 2。

④ "长度补偿"为 2。

⑤ "刀具补偿"为 2。

⑥ 其他选项按照默认值设定。

(3) 创建刀具 D5R0。同理，创建刀具 DSRO，刀具的参数设置如下。

① "直径"为 5mm。

② "底圆角半径"为 0。

③ "刀具号"为 3。

④ "长度补偿"为 3。

⑤ "刀具补偿"为 3。

⑥ 其他选项按照默认值设定。

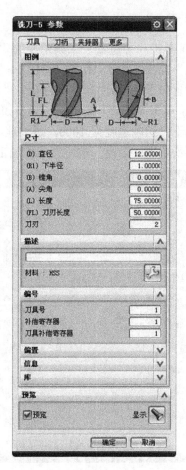

图 10.34　"铣刀-5 参数"对话框

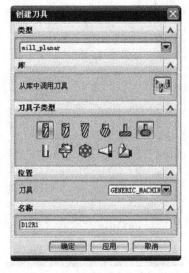

图 10.33　"创建刀具"对话框(2)

(4) 创建刀具 D10R5。同理，创建刀具 DIOR5，刀具的参数设置如下。

① "直径"为 10mm。

② "底圆角半径"为 5。

③ "刀具号"为 4。

④ "长度补偿"为 4。

⑤ "刀具补偿"为 4。

⑥ 其他选项按照默认值设定。

至此完成所有刀具的创建，此时工序导航器如图 10.35 所示。

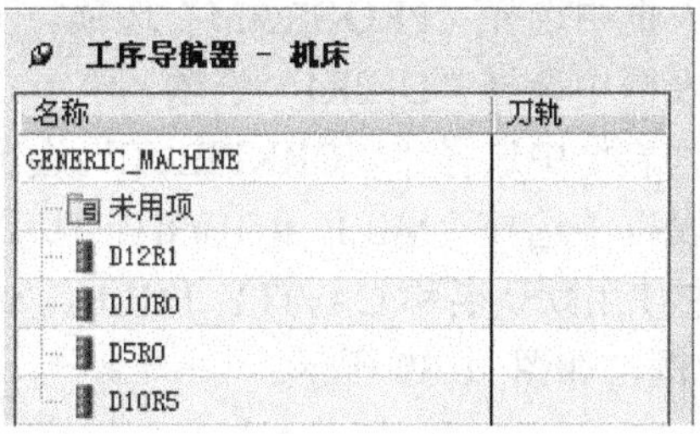

图 10.35　所有刀具创建完成后的工序导航器

8. 创建加工方法

(1) 单击"导航器"工具条中的"加工方法视图"按钮，将工序导航器切换到"加工方法"视图。双击 MILL_ROUGH 节点，弹出如图 10.36 所示的"铣削方法"对话框，参数设置如下："部件余量"为 0.5，"内公差"、"外公差"为 0.05。

(2) 单击"进给"按钮，弹出如图 10.37 所示的"进给"对话框，在该对话框中设置参数如下：切削速度为 1000，进刀速度为 500。单击"确定"按钮返回"铣削方法"对话框，再次单击"确定"按钮完成粗加工方法设置。

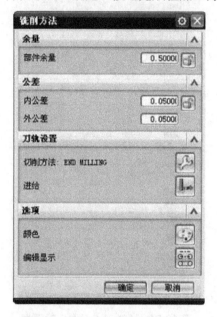

图 10.36 "铣削方法"对话框

图 10.37 "进给"对话框

(3) 利用同样的方法设置精加工参数，精加工参数设置如下："部件余量"为 0，"内公差"、"外公差"为 0.01。在"进给"对话框中，参数如下：切削速度设置为 3000，进刀速度为 500。

9. 创建粗加工工序

(1) 选择"插入"|"工序"命令，弹出"创建工序"对话框，如图 10.38 所示。在"类型"下拉列表框中选择"mill_contour"选项。

(2) 在"工序子类型"选项组中单击"型腔铣"按钮。

(3) 在"程序"下拉列表框中选择"PROGRAM"选项。

(4) 在"刀具"下拉列表框中选择"D12R1"选项。

(5) 在"几何体"下拉列表框中选择"WORKPIECE"选项。

(6) 在"方法"下拉列表框中选择"MILL_ROUGH"选项。

(7) 在"名称"文本框中使用默认名称 CAVITY_MILL，如图 10.38 所示。单击"确定"按钮，弹出"型腔铣"对话框，如图 10.39 所示。

图 10.38　"创建工序"对话框(2)

图 10.39　"型腔铣"对话框

(8) 在"型腔铣"对话框中的"切削模式"下拉列表框中选择"跟随周边"选项。

(9) 在"步距"下拉列表框中选择"恒定"选项。

(10) 在"最大距离"文本框中输入 6。

(11) 在"每刀的公共深度"文本框中输入 3，如图 10.40 所示。

图 10.40　设置"型腔铣"相关参数

(12) 在"型腔铣"对话框中单击"切削参数"按钮，弹出"切削参数"对话框，选择"策略"选项卡，在"切削方向"下拉列表框中选择"顺铣"选项；在"切削顺序"下拉列表框中选择"层优先"选项；在"刀路方向"下拉列表框中选择"向内"选项；选中"岛清根"复选框；其余参数按默认设置，如图 10.41 所示。

(13) 单击"确定"按钮返回"型腔铣"对话框。

(14) 在"型腔铣"对话框中单击"生成"按钮，系统开始计算刀具路径。计算完成后，生成的刀位轨迹如图 10.42 所示。

(15) 仿真粗加工的刀位轨迹。单击"型腔铣"对话框底部的"确认"按钮，弹出"刀轨可视化"对话框。选择"3D 动态"选项卡，单击"播放"按钮，以三维实体的方式进行切削仿真，通过仿真过程查看刀位轨迹是否正确，仿真结果如图 10.43 所示。

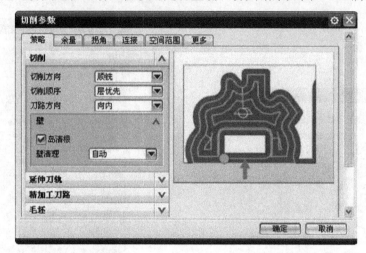

图 10.41 "切削参数"对话框(1)

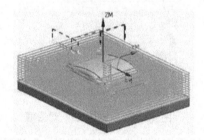

图 10.42 生成的刀位轨迹(1)

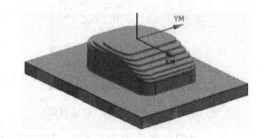

图 10.43 仿真结果图(1)

(16) 单击"确定"按钮，完成粗加工刀具轨迹的仿真操作。

10. 创建侧面精加工工序

(1) 选择"插入"|"工序"命令，弹出"创建工序"对话框。在"类型"下拉列表框中选择"mill_contour"选项。

(2) 在"工序子类型"选项组中单击"深度加工轮廓"按钮。

(3) 在"程序"下拉列表框中选择"PROGRAM"选项。

(4) 在"刀具"下拉列表框中选择"D10R0"选项。

(5) 在"几何体"下拉列表框中选择"WORKPIECE"选项。

(6) 在"方法"下拉列表框中选择"MILL_FINISH"选项。

(7) 在"名称"文本框中使用默认名称 ZLEVEL_PROFILE，如图 10.44 所示。单击"确定"按钮，弹出"深度加工轮廓"对话框，如图 10.45 所示。

(8) 展开"几何体"选项组，单击"选择或编辑切削区域几何体"按钮，弹出如图 10.46 所示的"切削区域"对话框。

(9) 采用默认设置，在图形区选取模型的所有侧面，如图 10.47 所示。选取结束后单击"确定"按钮返回"深度加工轮廓"对话框。

(10) 在"合并距离"文本框中输入 3。

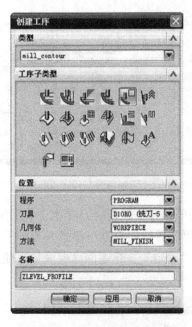

图 10.44　"创建工序"对话框(3)

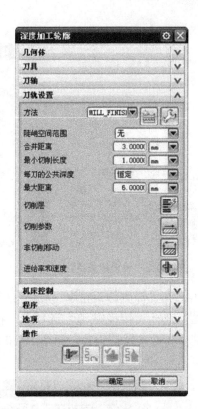

图 10.45　"深度加工轮廓"对话框

图 10.46　"切削区域"对话框

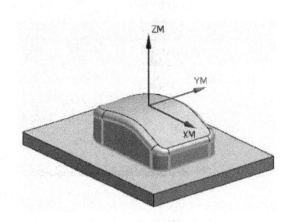

图 10.47　选取曲面

(11) 在"最小切削长度"文本框中输入 1。

(12) 在"最大距离"文本框中输入 2，如图 10.48 所示。

(13) 在"深度加工轮廓"对话框中单击"切削参数"按钮，弹出"切削参数"对话框，选择"策略"选项卡，在"切削方向"下拉列表框中选择"混合"选项；取消选中"在边缘滚动刀具"复选框，其余参数按默认设置，如图 10.49 所示。单击"确定"按钮返回"深度加工轮廓"对话框。

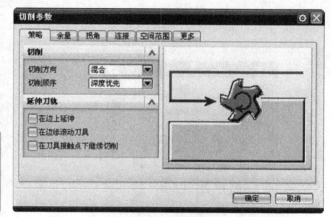

图 10.48　设置相关参数	图 10.49　"切削参数"对话框(2)

(14) 在"深度加工轮廓"对话框中单击"非切削移动"按钮，弹出"非切削移动"对话框，选择"转移/快速"选项卡，在"转移类型"下拉列表框中选择"前一平面"选项，其余参数按默认设置，如图 10.50 所示。单击"确定"按钮返回"深度加工轮廓"对话框。

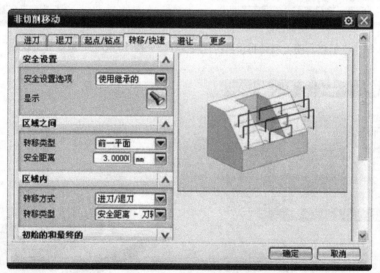

图 10.50　"非切削移动"对话框

(15) 在"深度加工轮廓"对话框中单击"生成"按钮，系统开始计算刀具路径。计算完成后，生成的刀位轨迹如图 10.51 所示。

(16) 仿真精加工的刀位轨迹。单击"深度加工轮廓"对话框底部的"确认"按钮，弹出"刀轨可视化"对话框。选择"3D 动态"选项卡，单击下面的"播放"按钮，系统会以三维实体的方式进行切削仿真，通过仿真过程查看刀位轨迹是否正确，仿真结果如图 10.52 所示。

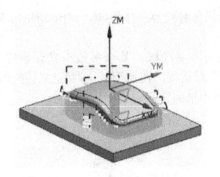

图 10.51 生成的刀位轨迹(2)

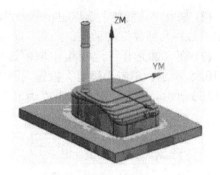

图 10.52 仿真结果图(2)

(17) 单击"确定"按钮,完成侧面精加工刀具轨迹的仿真操作。

11. 创建底座顶面精加工工序

(1) 选择"插入"|"工序"命令,弹出"创建工序"对话框。在"类型"下拉列表框中选择"mill_planar"选项。

(2) 在"工序子类型"选项组中单击"平面铣"按钮 ⌷。

(3) 在"程序"下拉列表框中选择"PROGRAM"选项。

(4) 在"刀具"下拉列表框中选择"D5R0"选项。

(5) 在"几何体"下拉列表框中选择"WORKPIECE"选项。

(6) 在"方法"下拉列表框中选择"MILL_FINISH"选项。

(7) 在"名称"文本框中使用默认名称 PLANAR_MILL,如图 10.53 所示。单击"确定"按钮,弹出"平面铣"对话框,如图 10.54 所示。

图 10.53 "创建工序"对话框(4)

图 10.54 "平面铣"对话框

（8）展开"几何体"选项组，单击"选择或编辑部件边界"按钮，弹出如图10.55所示的"边界几何体"对话框。

（9）在"面选择"选项组中取消选中"忽略岛"复选框，其余参数按默认设置，如图10.55所示。单击"确定"按钮返回"平面铣"对话框，在图形区选取底座的顶面，如图10.56所示。选取结束后单击"确定"按钮返回"平面铣"对话框。

图10.55　"边界几何体"对话框

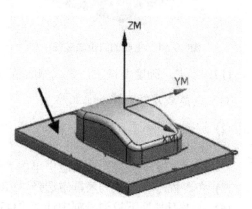

图10.56　选取底座的顶面

（10）再次单击"选择或编辑部件边界"按钮，弹出如图10.57所示的"编辑边界"对话框。通过单击对话框底部的"下一步"按钮或"上一步"按钮，控制边界的选中状态。当外边界处于选中状态(图形区高亮显示)时，在"材料侧"下拉列表框中选择"外部"选项；当内边界处于选中状态时，在"材料侧"下拉列表框中选择"内部"选项。

（11）编辑结束后单击"确定"按钮返回"平面铣"对话框。

（12）单击"选择或编辑底平面几何体"按钮，弹出如图10.58所示的"平面"对话框，在图形区依然选取底座的顶面。

（13）单击"确定"按钮返回"平面铣"对话框，在图形区底座的顶面上创建的底平面高亮显示，如图10.59所示。

图10.57　"编辑边界"对话框

图10.58　"平面"对话框

(14) 在对话框中单击"切削层"按钮![icon]，弹出"切削层"对话框，在"类型"下拉列表框中选择"仅底面"选项，如图 10.60 所示。单击"确定"按钮返回"平面铣"对话框。

(15) 在"平面铣"对话框中单击"切削参数"按钮![icon]，弹出"切削参数"对话框，选择"更多"选项卡，在"原有的"选项组中取消选中"边界逼近"复选框，其余参数按默认设置，如图 10.61 所示。单击"确定"按钮返回"平面铣"对话框。

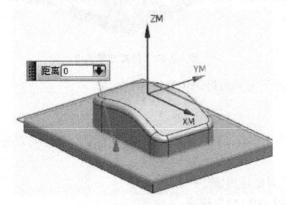

图 10.59 选取的底座的顶面

图 10.60 "切削层"对话框(1)

图 10.61 "切削参数"对话框(3)

(16) 在"平面铣"对话框中单击"生成"按钮![icon]，系统开始计算刀具路径。计算完成后，生成的刀位轨迹如图 10.62 所示。

(17) 仿真精加工的刀位轨迹。单击"平面铣"对话框底部的"确认"按钮![icon]，弹出"刀轨可视化"对话框。选择"3D 动态"选项卡，单击下面的"播放"按钮![icon]，系统会以三维实体的方式进行切削仿真，通过仿真过程查看刀位轨迹是否正确，仿真结果如图 10.63 所示。

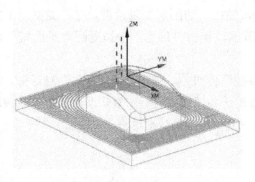

图 10.62　生成的刀位轨迹(3)

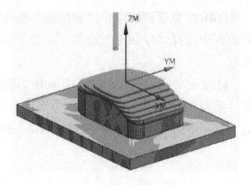

图 10.63　仿真结果图(3)

(18) 单击"确定"按钮，完成侧面精加工刀具轨迹的仿真操作。

12.　创建鼠标顶面精加工工序

(1) 选择"插入"|"工序"命令，弹出"创建工序"对话框。在"类型"下拉列表框中选择"mill_contour"选项。

(2) 在"工序子类型"选项组中单击"固定轮廓铣"按钮 。

(3) 在"程序"下拉列表框中选择"PROGRAM"选项。

(4) 在"刀具"下拉列表框中选择"D10R5"选项。

(5) 在"几何体"下拉列表框中选择"WORKPIECE"选项。

(6) 在"方法"下拉列表框中选择"MILL_FINISH"选项。

(7) 在"名称"文本框中使用默认名称 FIXED_CONTOUR，如图 10.64 所示。单击"确定"按钮，弹出"固定轮廓铣"对话框，如图 10.65 所示。

图 10.64　"创建工序"对话框(5)

图 10.65　"固定轮廓铣"对话框

(8) 展开"几何体"选项组，单击"选择或编辑切削区域几何体"按钮 ，弹出"切削区域"对话框，选择切削区域几何体。在图形区选取鼠标的顶面及圆角面，如图 10.66 所示。

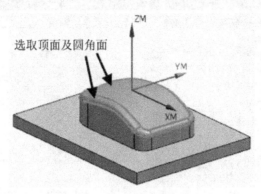

图 10.66　选取顶面及圆角面

(9) 单击"确定"按钮，系统返回"固定轮廓铣"对话框，完成切削区域的选择。

(10) 在"驱动方法"选项组的"方法"下拉列表框中选择"区域铣削"选项，弹出如图 10.67 所示的"驱动方法"警告信息，提示"更改驱动方法将重置驱动几何体和一些参数"，单击"确定"按钮，弹出"区域铣削驱动方法"对话框，如图 10.68 所示。

图 10.67　"驱动方法"警告信息　　　　**图 10.68　"区域铣削驱动方法"对话框**

(11) 在"区域铣削驱动方法"对话框中各参数设置如下：在"方法"下拉列表框中选择"无"选项，在"切削模式"下拉列表框中选择"往复"选项，在"切削方向"下拉列表框中选择"顺铣"选项，在"步距"下拉列表框中选择"恒定"选项，在"最大距离"文本框中输入 0.5，在"步距已应用"下拉列表框中选择"在部件上"选项，在"切削角"下拉列表框中选择"指定"选项，在"与 XC 的夹角"文本框中输入 45。

(12) 单击"确定"按钮，返回"固定轮廓铣"对话框。

(13) 在"固定轮廓铣"对话框中单击"切削参数"按钮，弹出"切削参数"对话框。选择"策略"选项卡，在"延伸刀轨"选项组中取消选中"在边缘滚动刀具"复选框，其余参数按默认设置，如图 10.69 所示。单击"确定"按钮返回"固定轮廓铣"对话框。

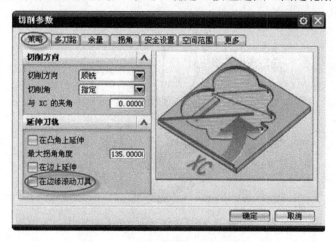

图 10.69　"切削参数"对话框(4)

(14) 在"固定轮廓铣"对话框中单击"生成"按钮，系统开始计算刀具路径。计算完成后，生成的刀位轨迹如图 10.70 所示。

(15) 仿真精加工的刀位轨迹。单击"固定轮廓铣"对话框底部的"确认"按钮，弹出"刀轨可视化"对话框。选择"3D 动态"选项卡，单击下面的"播放"按钮，系统会以三维实体的方式进行切削仿真，通过仿真过程查看刀位轨迹是否正确，仿真结果如图 10.71 所示。

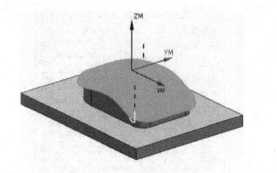

图 10.70　生成的刀位轨迹(4)

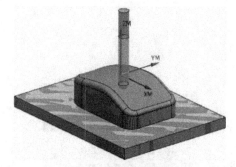

图 10.71　仿真结果图(4)

(16) 单击"确定"按钮，完成侧面精加工刀具轨迹的仿真操作。至此所有的刀位轨迹全部创建完毕，工序导航器的"程序顺序"视图如图 10.72 所示。

名称	换刀	刀轨	刀具	刀具号	时间	几何体	方法
NC_PROGRAM					00:43:27		
未用项					00:00:00		
PROGRAM					00:43:27		
CAVITY_MILL		✓	D12R1	1	00:31:57	WORKPIECE	MILL_ROUGH
ZLEVEL_PROFILE		✓	D10R0	2	00:01:10	WORKPIECE	MILL_FINISH
PLANAR_MILL		✓	D5R0	3	00:01:48	WORKPIECE	MILL_FINISH
FIXED_CONTOUR		✓	D10R5	4	00:07:45	WORKPIECE	MILL_FINISH

图 10.72　刀位轨迹创建完成后的"程序顺序"视图

13. NC 程序的生成

(1) 单击资源条中的"工序导航器"按钮，弹出工序导航器。

(2) 在"导航器"工具条中单击"程序顺序视图"按钮，此时工序导航器会显示为"程序顺序"视图。

(3) 如图 10.73 所示，在工序导航器"程序顺序"视图中右击 PROGRAM 节点，在弹出的快捷菜单中选择"后处理"命令，弹出如图 10.74 所示"后处理"对话框。

图 10.73　"后处理"使用方法

图 10.74　"后处理"对话框(2)

(4) 在"后处理器"选项组中选择"MILL_3_AXIS"选项。在"输出文件"选项组中单击按钮，弹出"指定 NC 输出"对话框，浏览查找一个输出文件，指定输出文件的放置位置和名称，最后单击"OK"按钮。

(5) 系统计算一段时间后，弹出后处理程序"信息"窗口，如图 10.75 所示。单击"信息"窗口中的"关闭"按钮，完成后处理操作。

图 10.75　"信息"窗口(2)

特别提示

在进行后处理时，可以选择一个程序父节点组同时进行后处理，也可以单独对一个工序进行后处理。

拓展实训

参照 10.3 节和 10.4 节中的工艺参数和编程步骤，编制如图 10.76 所示零件(lianxi.prt)的程序。

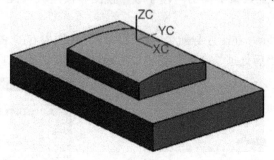

图 10.76　零件的模型

任 务 小 结

通过本任务主要学习 UG NX 8.0 加工环境、编程步骤、工序导航器应用、刀具的创建方法、几何体的创建方法、刀具路径的模拟与检验和刀具路径后处理等基础知识。这些知识为学习后面的内容做好准备，然后将其融会贯通到对其他任务的学习。

习　题

问答题

(1) 在打开一个部件文件创建工序时，是否每次都需要选择加工环境？

(2) 进入加工模块后，UG NX 8.0 界面中有哪些工具条是加工模块所特有的？

(3) 工序导航器有哪几种视图显示方式？

(4) 创建了一把刀具后，它能否作为父节点组呢？

(5) 后处理的定义是什么？

(6) 加工几何体包括哪几种？

任务 11   薄板编程与仿真

11.1   任务导入

本例是一个比较典型的平面加工零件，零件图如图 11.1 所示。板类零件的数控编程主要包括平面铣、轮廓精加工和表面精加工。通过本任务，使读者掌握在 UG NX 8.0 CAM 系统中加工平面类零件的刀具轨迹创建方法，同时了解相关的数控加工工艺知识。

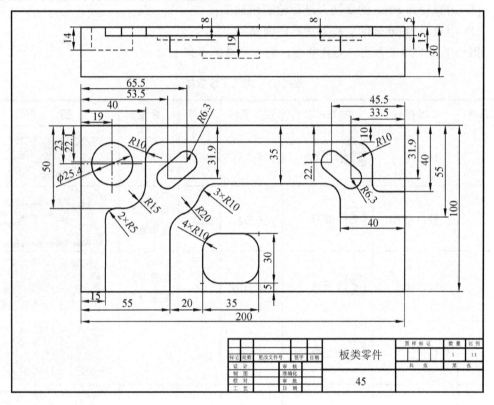

图 11.1   薄板零件图

11.2   任务分析

11.2.1   工艺分析

观察并分析该模型，可以看出它主要有以下特征。

(1) 模型的顶面是一张不规则图形的平面。

(2) 模型的侧面由 4 张与顶面垂直的面组成。

(3) 模型主要有 5 个高低不同的层次，底面为平面。

通过以上分析，确定加工工艺。由于该零件有一个较大的不规则凸台，因此首先采用面铣刀对部件上表面进行精加工，再用大直径的刀具对整个模型进行粗加工，然后再采用小直径的刀具分别对各个特征部位进行半精加工和精加工。

11.2.2　工艺设计与加工方案

根据工艺分析，具体加工方案如下。

(1) 用直径为 63mm 的盘铣刀进行上表面精加工。

(2) 用直径为 20mm 的立铣刀进行平面铣粗加工。

(3) 用直径为 10mm 的立铣刀进行平面铣半精加工。

(4) 用直径为 8mm 的立铣刀进行轮廓精加工。

(5) 用直径为 8mm 的立铣刀进行底面精加工。

每个工步的加工方法、刀具参数、加工余量等见表 11-1。

表 11-1　加工工步安排

工序号	工步内容	加工方法	程序名称	刀具	余量	图　解
1	精铣顶面	表面铣	PM_D63	D63	0	
2	型腔粗加工	平面铣	PM_D20	D20	部件 0.5 底面 0.2	
3	型腔半精加工	平面铣	PM_D10	D10	部件 0.3 底面 0.1	
4	轮廓精加工	平面铣	LK_D8	D8	0	
5	底面精加工	精铣底面	DM_D8	D8	0	

11.3　任务知识点

11.3.1　边界几何

在平面铣中，加工区域是由加工边界所限定的，刀具在边界限定的范围内进行切削。在每一个切削层中，刀具能切削材料而不产生过切的区域称为加工区域。在平面铣中，可以用边界来定义零件几何、毛坯几何、检查几何或修剪几何。边界由限制刀具运动的直线或曲线组成，可以是封闭的，也可以是不封闭的。

平面铣的几何体边界用于计算刀位轨迹，定义刀具运动的范围，而以底平面控制刀具切削深度。几何体边界包括部件边界、毛坯边界、检查边界和修剪边界 4 种，在如图 11.2 所示的"平面铣"对话框中的"几何体"选项组下面。

1. 部件边界

部件边界用于表示被加工零件的几何对象，它控制刀具运动的范围，是系统计算刀轨的重要依据，可以通过选择面、曲线和点来定义部件边界。面是作为一个封闭的边界来定义的，其材料侧为内部保留或者外部保留。当通过曲线和点来定义部件边界时，边界有封闭和开放之分，如果是封闭的边界，其材料侧为内部保留或者外部保留；如果是开放边界，其材料侧为左侧保留或右侧保留。

图 11.2 "平面铣"对话框

零件的材料侧定义材料被保留的一侧，它的相对侧为刀具切削侧。对于内腔切削，刀具在内腔里进行切削，所以材料侧应该定义为外侧；对于岛屿切削，刀具环绕着岛屿切削，刀具在岛屿的外部，所以材料侧应该定义为内侧。

如果在父节点组中指定的几何体已经定义了零件几何体或者毛坯几何体，可在"几何体"下拉列表框中重新选择，也可以通过单击"几何体"下拉列表框后的"编辑"按钮 🔧 进行编辑。

2. 毛坯边界

毛坯边界用于表示被加工零件毛坯的几何对象。毛坯边界的定义和部件边界的定义方法是相似的，只是毛坯边界没有开放的，只有封闭的。当部件边界和毛坯边界都定义时，系统根据毛坯边界和部件边界共同定义的区域(即两种边界相交的区域)确定刀具运动的区域范围，与部件边界一起使用，实现对局部区域的加工。毛坯边界可以定义，也可以不定义，应根据加工的需要而定。但是，零件几何体和毛坯几何体至少要定义一个，作为驱动刀具切削运动的区域，既没有部件边界又没有毛坯边界将不能产生平面铣工序。

3. 检查边界

检查边界用于指定不允许刀具切削的部位，如夹具的位置。检查边界的定义和毛坯边界定义的方法是一样的，没有开放的边界，只有封闭的边界。可以指定检查边界的余量来定义刀具离开检查边界的距离。

如果部件安装时，没有相应的夹具和压板，检查边界可以不定义。在几何图形选择时，选择为加工几何体的图形，同时也可以选择为检查几何体，这时它将以检查几何体的特性来处理，避开不加工。

 **特别提示**

当刀具碰到检查几何体时，可以在检查边界的周围产生刀位轨迹，也可以产生退刀运动。

4. 修剪边界

如果部件切削范围的某一区域不需要切削，可以利用修剪边界将这部分刀轨去除。修剪边界用于进一步控制刀具的运动范围，修剪边界的定义方法和部件边界的定义方法是一样的，与部件边界一同使用时，对由部件边界生成的刀轨做进一步的修剪。修剪边界仅用于指定刀轨被修剪的范围，而不是定义岛屿，因此没有材料侧的概念，代之以修剪侧。修剪侧可以是内部的、外部的或者是左侧的、右侧的，修剪侧的刀轨被去除。

5. 底平面

底平面是一个垂直于刀具轴的平面，用于指定平面铣加工的最低位置，每一个工序中仅能有一个底平面。可直接在工件上选取水平的面作为底平面，也可以将选取的表面做一定距离的表面补偿后作为底平面，或者指定 3 个主要平面(XC-YC、YC-ZC、ZC-XC)且偏置一段距离后的平行平面作为底平面。

单击"选择或编辑底平面几何体"按钮，用于选择或编辑底平面；单击按钮，用于显示底平面。单击按钮，弹出"平面"对话框，此时可以直接在绘图区的图形上选择一个平面，也可以在对话框中选择参考平面后，再指定偏置距离，或通过平面子功能确定底平面。这些用法与在建模环境中的"平面"功能用法基本一致。底平面创建后，在绘图区中将显示其平面位置，并以箭头表示其正方向。如果零件平面和底平面处于同一平面，只能生成单一深度的刀轨。

11.3.2 切削模式

"平面铣"和"型腔铣"工序中的"切削模式"决定了加工切削区域的刀轨图样，共有 8 种可用的切削模式：（跟随部件）、（跟随周边）、（轮廓）、（标准驱动）、（摆线）、（单向）、（往复）和（单向轮廓）。

"往复"、"单向"和"单向轮廓"都可以生成一系列平行线性刀路。"跟随周边"可以生成一系列向内或向外偏置的同心切削刀路。这些切削类型用于从型腔中切除一定体积的材料，但只能用于加工封闭区域。

"轮廓"和"标准驱动"将生成沿切削区域轮廓的单一切削刀路。与其他切削类型不同，"轮廓"和"标准驱动"不是用于切除材料，而是用于对部件的壁面进行精加工。"轮廓"和"标准驱动"可加工开放和封闭的区域。

1. 往复

"往复"切削创建往复平行的切削刀轨。这种切削模式刀具在步距运动期间保持连续的进给运动，没有抬刀，能最大程度地对材料进行切除，是最经济和节省时间的切削运动。"往复"切削的刀轨示例如图 11.3 所示。

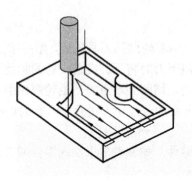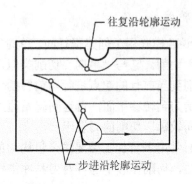

往复沿轮廓运动

步进沿轮廓运动

图 11.3　"往复"切削的刀轨示例

**特别提示**

如果没有指定切削区域起点，第一刀的起点将尽可能地靠近外围边界的起点。

"往复"切削方法因顺铣和逆铣交替产生，通常用于内腔的粗加工，它去除材料的效率较高。它也可以用于岛屿顶面的精加工，但步距的移动要避免在岛屿面进行，即往复的切削要切出表面区域。用于粗加工时，步距移动要使用光顺处理(在拐角控制中设置)，切削方向应与 X 轴之间有角度，这样可以减小机床的震动。首刀切入内腔时，如果没有预钻孔，应采用斜线下刀，斜线的坡度一般不大于 5°。

2. 单向

"单向"模式生成一系列线性平行的单向切削路径。该模式能维持一致的"顺铣"或"逆铣"切削，在连续的刀轨之间没有沿轮廓的切削。图 11.4 所示为"单向"切削的刀轨示例。

"单向"切削模式在每一行之间要抬刀到转换平面，并在转换平面进行水平的非切削移动，影响加工效率，通常用于岛屿表面的精加工及不适用于往复式切削方法的场合。例如，一些陡壁的筋板，工艺上只允许刀具自下而上的切削，在这种情况下，只能用"单向"切削。

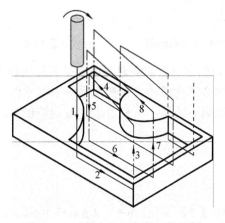

图 11.4　"单向"切削的刀轨示例

3. 单向轮廓

"单向轮廓"模式用于创建平行的、单向的、沿着轮廓的刀具轨迹，始终维持着"顺铣"或者"逆铣"切削。它与"单向"切削类似，但下刀时将下刀在前一行的起始点位置，然后沿轮廓切削到当前行的起点进行当前行的切削，切削到端点时，沿轮廓切削到前一行的端点，然后抬刀到转移平面，再返回起始边当前行的起点下刀进行下一行的切削。图 11.5 所示为"单向轮廓"切削的刀轨示例。

该模式通常用于粗加工后要求余量均匀的零件，如侧壁要求高的零件或者薄壁零件。使用此种方法，切削比较平稳，对刀具冲击较小。

4. 跟随周边

"跟随周边"方法用于创建一条沿着轮廓顺序、同心的刀位轨迹。它是通过对外围轮廓区域的偏置得到的，当内部偏置的形状产生重叠时，它们将被合并为一条轨迹，再重新进行偏置产生下一条轨迹，所有的轨迹在加工区域中都以封闭的形式出现。

此方法与"往复"切削一样，能维持刀具在步距运动期间连续的进刀，以产生最大化的材料切除量。除了可以通过"顺铣"和"逆铣"选项指定切削方向外，还可以指定向内或者向外的切削。图 11.6 所示为"跟随周边"切削轨迹，所用的是"顺铣"切削由内向外切削的方向。

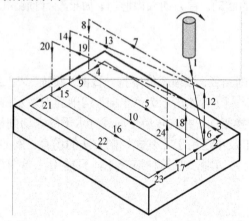

图 11.5 "单向轮廓"切削的刀轨示例

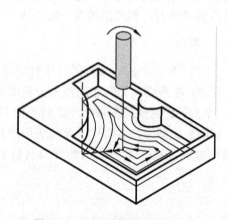

图 11.6 "跟随周边"切削轨迹

"跟随周边"切削和"跟随部件"切削通常用于带有岛屿和内腔零件的粗加工，如模具的型芯和型腔。这两种切削方法生成的刀轨都由系统根据零件形状的偏置产生，形状交叉的地方刀轨不规则，而且切削不连续。一般可以通过调整步距、刀具或者毛坯的尺寸来得到较为理想的刀轨。

特别提示

当步距非常大(步距大于刀具直径的 50%且小于刀具直径的 100%)时，在连续的刀路之间可能会有些区域切削不到。对于这些区域，处理器会生成其他的清理运动以去除材料。

5. 跟随部件

"跟随部件"通过对指定零件几何体所有外围轮廓(包括岛屿、内腔)进行偏置来产生刀轨。图 11.7 所示为"跟随部件"切削生成的刀具路径示例。

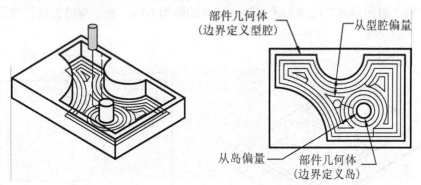

图 11.7　"跟随部件"刀具路径示例

"跟随部件"模式可以保证刀具沿所有的零件几何体进行切削,而不必另外创建工序来清理岛屿,因此对有岛屿的型腔加工区域,最好使用"跟随部件"方式。

 特别提示

(1) 使用"跟随周边"方式或者"跟随部件"方式,当设置的步进大于刀具有效直径50%时,可能在两条路径间产生未切削区域,在加工部件表面留有残余材料,铣削不完全。

(2) 有零件几何存在时,毛坯边界几何将不会影响刀具路径的形状,而当前切削层内没有零件几何时,将用毛坯几何进行偏置而得到刀具路径。

6. 摆线

"摆线"切削方式产生一个小的回转圆圈,从而避免在切削时整刀切入而导致切削的材料量过大。"摆线"切削可用于高速加工,以较低且相对均匀地切削负荷进行粗加工。图 11.8 所示为摆线加工的示例。

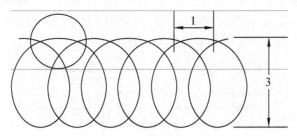

图 11.8　摆线加工示例

当需要限制过大的步距以防止刀具在完全嵌入切口时折断,且需要避免过量切削材料时,需使用此功能。在进刀过程中的岛和部件之间,以及窄区域中,几乎总是会得到内嵌区域,系统可从部件创建摆线切削偏置来消除这些区域。

7. 轮廓

"轮廓"切削沿切削区域的轮廓创建一条或指定数目的切削路径，其刀具路径也与切削区域的形状有关。它能用于开放区域和封闭区域的加工。图 11.9 所示为"轮廓"切削示例。还可以使用"附加刀路"选项创建零件几何体的附加刀轨。所创建的刀轨沿着零件壁，且为同心连续的切削。

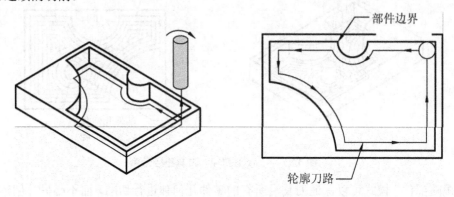

图 11.9　"轮廓"切削示例

"轮廓"切削模式通常用于零件的侧壁、外形轮廓的精加工或者半精加工。外形可以是封闭的或者开放的，可以是连续的或者非连续的。具体的应用有内壁和外形的加工、拐角的补加工、陡壁的分层加工等。

 **特别提示**

轮廓铣工序使用的边界不能自相交，否则将导致边界的材料侧不明确。

8. 标准驱动

"标准驱动"是一种轮廓切削方法，它严格地沿着指定的边界驱动刀具运动，在轮廓切削过程中排除了自动边界修剪的功能。使用这种切削方法时，允许刀轨自相交。每一个外形生成的轨迹不依赖于任何其他的外形，只由本身的区域决定，在两个外形之间不执行布尔操作。这种切削方法非常适合于雕花、刻字等轨迹重叠或者相交的加工工序。图 11.10 所示为"标准驱动"与"轮廓"切削的区别示意图。

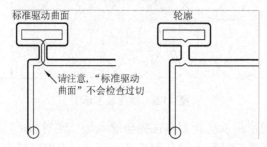

图 11.10　"标准驱动"与"轮廓"切削的区别示意图

特别提示

　　在下列情况下，用标准驱动方式走刀可能会产生不可预料的结果：①在边界自相交的近处，改变刀具位置属性("位于"或"相切")；②在刀具不能到达的拐角处，此刀具的位置属性为"位于"；③在包含多个边界段的凸角处，如用样条曲线创建边界时所形成的凸角。

　　刀具路径的走刀方式能够决定铣削的速度快慢与刀痕方向，因此，设定适当的切削模式，对于刀具路径的产生是非常重要的。最常用方式是在精加工中使用"轮廓"切削方式，在粗加工中使用"跟随部件"切削方式。

11.3.3　步距

　　步距是两个切削路径之间的间隔距离，如图 11.11 所示。其间隔距离的计算方式指在 XY 平面上铣削的刀位轨迹间的相隔距离。步距的确定需要考虑刀具的承载能力、加工后的残余材料量、切削负荷等因素。在粗加工时，步距最大可以设置为刀具有效直径的 90%，一般为刀具有效直径的 75%～90%。在平行切削的切削模式下，步距指两行间的间距；而在环绕切削方式下，步距指两环间的间距。UG NX 8.0 提供了 4 种设定步距的方式，图 11.12 所示为"步距"下拉列表框。

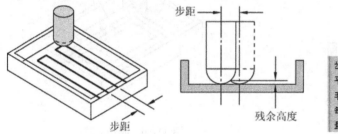

图 11.11　步距示意图　　　　　　　　图 11.12　"步距"下拉列表框

1.　恒定

　　"恒定"指定相邻的刀位轨迹间隔为固定的距离。当以恒定的常数值作为步距时，需要在下方的"最大距离"文本框中输入其间隔的数值，如图 11.13 所示。

图 11.13　恒定步距的设置

　　如指定的距离不能把切削区域均分，系统自动调整输入距离。如图 11.14 所示，输入的最大距离值为 1.5，但系统将其减小为 1.2，以在宽度为 7.2 的切削区域中保持恒定步距。

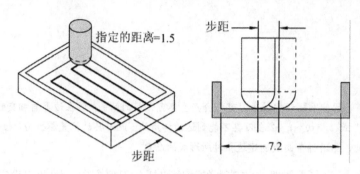

图 11.14　恒定步距

2. 残余高度

"残余高度"指定残余波峰高度(两个刀路间剩余材料的高度)，从而在连续切削刀路间建立起固定距离。系统将计算所需的步距，从而使刀路间剩余材料的高度不大于指定的残余高度，如图 11.15 所示。由于边界形状不同，所计算出的每次切削的步距距离也不同。为保护刀具在切除材料时负载不至于过重，最大步距距离被限制在刀具直径的 2/3 以内。

对于"轮廓"和"标准驱动"切削方式，"残余高度"允许通过指定"附加刀路"选项来指定残余波峰高度及偏置的数量。"附加刀路"是指沿边界那条刀路以外的其他一些刀路，如图 11.16 所示。

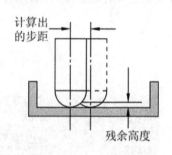

图 11.15　残余高度

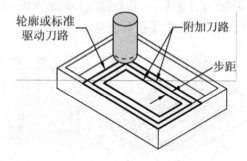

图 11.16　附加刀路

3. 刀具平直百分比

"刀具平直百分比"指定相邻的刀位轨迹间隔为刀具直径的百分比。该方法需要输入百分比，如图 11.17 所示。进行粗加工时，步距可以设置为刀具有效直径的 75%～90%，这种设置方法可以通过输入百分比来进行步距的设定，是较为常用的方法。

如果使用刀具直径百分比，无法均分切削区域，则系统自动计算出一个略小于此刀具直径百分比且能均分切削区域的距离。

特别提示

步距计算时刀具直径是按有效刀具直径计算的，即使用平底刀或者球头刀时，按实际刀具直径 D 计算，而使用牛鼻刀(圆角刀)时，在计算时去掉刀尖圆角半径部分，为 $D-2R$，如图 11.18 所示。

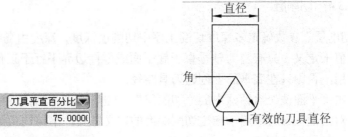

图 11.17　"刀具平直百分比"设置步距

图 11.18　刀具的有效直径

4. 变量平均值

"变量平均值"通过指定相邻两道刀具路径的最大和最小步距距离，系统自动确定实际使用的步距距离。当"步距"下拉列表框选择为"变量平均值"选项时，设置方式如图 11.19 所示，在"最大值"和"最小值"文本框中输入最大和最小步距，但对话框的方式会随所采用的切削方式的不同而有所差异。当采用"往复"、"单向"和"单向轮廓"切削方式时，"变量平均值"设置步距如图 11.19 所示；当采用"跟随周边"、"跟随部件"、"轮廓"和"标准驱动"切削方式时，"步距"方式变为"多个"，如图 11.20 所示。

图 11.19　"变量平均值"设置步距

图 11.20　"多个"设置步距

使用"变量平均值"进行平行切削时，系统会在设定的范围内计算出合适的行距与最少的走刀次数，且保证刀具沿着外形切削而不会留下残料，如图 11.21 所示。

在做外形轮廓的精加工时，通常会因为切削阻力的关系，而存在切削不完全或精度未达到公差要求的情况。因此一般采用"轮廓"走刀方式时使用变量平均值步距方式，做重复切削的精加工。

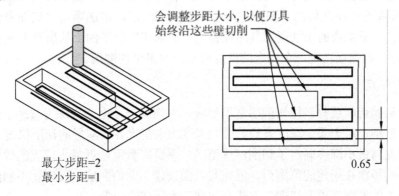

图 11.21　使用"变量平均值"步距进行平行切削

11.3.4　切削层

"切削层"参数确定多深度切削工序中切削层深度，深度由岛屿顶面、底面、平面或者输入的值来定义。只有当刀轴垂直于底平面或零件边界平行于工作平面时，切削深度参数才起作用，否则只在底平面上创建刀具路径。

单击"平面铣"对话框中的"切削层"按钮，弹出如图 11.22 所示的"切削层"对话框，对话框上部选项用于指定切削深度的定义方式，下部选项用于输入对应的参数值。

1. 类型

"类型"下拉列表框用于选择定义切削深度的方式，选择不同的方式需输入不同的参数，但不管选择哪一种方式，在底面总可以产生一个切削层。深度"类型"下拉列表框中包括"用户定义"、"仅底面"、"底面及临界深度"、"临界深度"和"恒定" 5 个选项，如图 11.23 所示。

图 11.22　"切削层"对话框(2)　　　　图 11.23　"类型"下拉列表框

(1) 用户定义：允许用户自定义切削深度，选择该选项时，对话框下部的所有参数选项均被激活，可在对应的文本框中输入数值。这是最为常用一种深度定义方式。

(2) 仅底面：在底面创建唯一的切削层，选择该选项时，对话框下部的所有参数选项均不被激活。

(3) 底面及临界深度：在底面和岛屿顶面创建切削层。岛屿顶面的切削层不会超出定义的岛屿边界，选择该选项时，对话框下部的所有参数选项均不被激活。

(4) 临界深度：在岛屿的顶面创建一个平面的切削层，该选项与"底面及临界深度"选项的区别在于所生成的切削层刀具路径将完全切除切削层平面上的所有毛坯材料。

(5) 恒定：该选项指定一个固定的深度值来产生多个切削层。

2. 每刀深度

对介于初始切削层与最终切削层之间的每一个切削层，由公共深度与最小深度指定切削层的深度范围。对于固定深度方式，公共深度用来指定各切削层的切削深度。

公共深度与最小深度确定了切削深度范围，系统尽量用接近最大深度的数值来创建切削层。若岛屿顶面在指定的范围内，就在其顶面创建一个切削层，否则就不创建切削层，此时可选择"临界深度顶面切削"方式来切削岛屿顶部的余量。

特别提示

当指定的公共深度为 0 时，系统就只在底面上创建一个切削层。

3．切削层顶部

切削层顶部为多层深度平面铣工序定义第一个切削层的深度，该深度从毛坯几何体顶面开始测量，如果没有定义毛坯几何体，将从零件边界平面处测量，而且与公共深度或最小深度的值无关。

4．上一个切削层

上一个切削层为深度平面铣工序定义在底平面以上的最后一个切削层的深度，该深度从底平面开始测量。如果最终层深度大于 0，系统至少创建两个切削层，一层在底平面之上的"最终"深度处，另一个在底平面上。

5．刀柄间隙

通过"增量侧面余量"为深度平面铣的每一个后续切削层增加一个侧面余量值。增加侧面余量值可以保持刀具与侧面间的安全距离，减轻刀具深度切削层切削的应力。如图 11.24 所示，第一个切削层切削到边界周边，而第二个切削层增加了一个侧面余量，以后每一切削层各增加一个侧面余量增量。

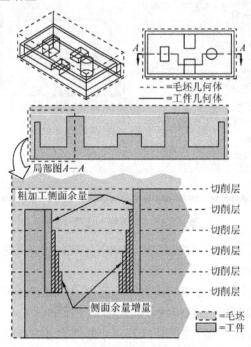

图 11.24　侧面余量增量

UG NX 8.0 的平面加工不能进行侧面有拔模角的轮廓加工，但设置"增量侧面余量"可以生成带有拔模角的零件，通过计算切削深度及一个拔模角产生的斜度的侧向移动量的数值，输入到侧面余量增量中，即可产生一个带有一定拔模角度的零件。

6. 临界深度

选中"临界深度顶面切削"复选框，系统会在一个岛屿的顶部创建一条独立的路径，当最小深度值大于岛屿顶面到前一切削层的距离时，下一切削层将会建立在岛屿顶部的下方，而在岛屿顶面上留有残余量。通过选中"临界深度顶面切削"复选框，系统产生一个仅仅加工岛屿顶部的切削路径。

11.3.5 切削参数

切削参数是每种工序共有的选项，但其中某些选项会随着工序类型的不同和切削方法的不同而不同。单击"平面铣"对话框中的"切削参数"按钮，弹出"切削参数"对话框。"切削参数"对话框包括"策略"、"余量"、"拐角"、"连接"、"空间范围"和"更多"6 个选项卡，每个选项卡下面又有具体的参数需要设置，下面对常用的参数做具体介绍。

1. 策略

在如图 11.25 所示的"切削参数"对话框中的"策略"选项卡中需要设置的参数有"切削方向"、"切削顺序"、"壁"、"精加工刀路"和"毛坯"等。

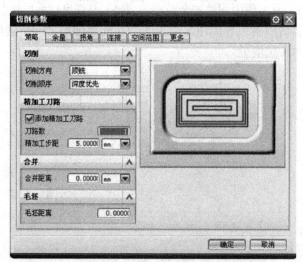

图 11.25 "策略"选项卡(1)

(1) 切削方向：用于设定平面铣加工时在切削区域内的刀具进给方向，有"顺铣"、"逆铣"、"跟随边界"和"边界反向"4 个选项。

① 顺铣：指刀具旋转时产生的切线方向与部件的进给方向相同，一般数控加工多选用顺铣，有利于延长刀具的寿命并获得较好的表面加工质量。

② 逆铣：是指刀具旋转时产生的切线方向与部件的进给方向相反，逆铣一般用于加工表面不太平整、对刀刃的冲击力较大、加工精度要求不高的场合，如粗加工锻压毛坯、铸造毛坯等。

③ 跟随边界：系统根据边界的方向和刀具旋转的方向决定切削方向。刀具切削的方向取决于边界的方向，跟随边界与边界方向一致，这个选项仅用于平面铣。

④ 边界反向：系统根据边界的方向和刀具旋转的方向决定切削方向。刀具切削的方向取决于边界的方向，跟随边界与边界方向相反，这个选项仅用于平面铣。

(2) 切削顺序：用于处理多切削区域的加工顺序，它有"深度优先"和"层优先"两个选项。

① 深度优先：指刀具先在一个外形边界铣削设置的铣削深度后，再进行下一个外形边界的铣削。图 11.26(a)所示是切削顺序为"深度优先"的示意图。

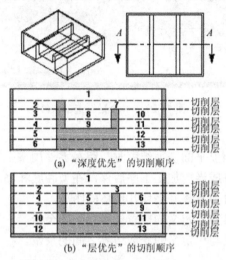

图 11.26　切削顺序为"深度优先"和"层优先"的示意图

② 层优先：指刀具在一个深度上铣削所有的外形边界，再进行下一个深度的铣削，切削过程中刀具在各个切削区域间不断转换。图 11.26(b)所示是切削顺序为"层优先"的示意图。

(3) 壁。"壁"选项组下有"岛清根"和"壁清理"两个选项。其中"岛清根"复选框可确保在岛的周围不会留下多余的材料，每个岛区域都包含一个沿该岛的完整清理刀路，"岛清根"主要用于粗加工切削。

"壁清理"下拉列表框中有 4 个选项："无"、"在起点"、"在终点"和"自动"。其中"无"表示不进行部件侧壁四周的清壁加工；"在起点"表示刀具在切削每一层前，先进行沿周边的清壁加工，再做平行切削方式的铣削；"在终点"表示刀具在切削每一层时，先做平行切削方式铣削，最后进行沿周边的清壁加工；"自动"表示系统根据选用的切削方式和是否有岛屿存在，自动激活"壁清理"。

(4) 毛坯。"毛坯"选项组下只需要设置"毛坯距离"。"毛坯距离"应用于零件边界的偏置距离，用于产生毛坯几何体。对于平面铣，"毛坯距离"只应用于封闭的零件边界；对于型腔铣，"毛坯距离"可应用于所有的零件几何。

2. 余量

余量选项设置了当前工序后材料的保留量，或者是各种边界的偏移量。在"切削参数"对话框中，选择"余量"选项卡，如图 11.27 所示，有"余量"和"公差"两个选项组。

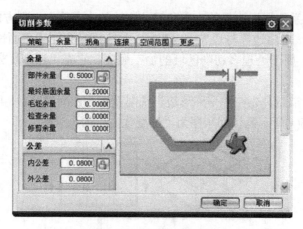

图 11.27　"余量"选项卡(1)

(1) 余量。

① 部件余量：指在当前平面铣削结束时，留在零件周壁上的余量。

② 最终底面余量：完成当前加工工序后保留在型腔底和岛屿顶面的余量。

③ 毛坯余量：切削时刀具离开毛坯几何体的距离。

④ 检查余量：指刀具与已定义的检查边界之间的余量。

⑤ 修剪余量：指刀具与已定义的修剪边界之间的余量。

(2) 公差。

公差定义了刀具偏离实际零件的允许范围，公差值越小，切削越准确，产生的轮廓精度越高。"内公差"设置刀具切入零件时的最大偏距，"外公差"设置刀具切削零件时离开零件的最大偏距。实际加工时应根据工艺要求给定加工精度。例如，在进行粗加工时，加工误差可以设得大一点，以加快运算速度，从而缩短加工时间；精加工时，为了达到加工精度，则应减少加工误差，一般加工精度的误差控制在小于标注尺寸公差的 1/5。

 **特别提示**

公差设置时可以设置外公差与内公差的其中一个为 0，但不能指定外公差与内公差同时为 0。

3. 连接

在"切削参数"对话框中，选择"连接"选项卡，如图 11.28 所示，有"切削顺序"、"优化"和"开放刀路" 3 个选项组。

(1) 切削顺序。"区域排序"选项指定切削区加工顺序的方法，它有如下 4 种方式。

① 标准：系统根据所选边界的次序决定各切削区的加工顺序。

② 优化：系统根据最有效的加工时间自动决定各切削区域的加工顺序。

③ 跟随起点：各切削区域的加工顺序取决于指定的切削区域起点的选择顺序。

④ 跟随预钻点：各切削区域的加工顺序取决于指定的预钻孔下刀点位置的选择顺序。

(2) 优化。确定刀具遇到检查几何体时的行为。

跟随检查几何体：未选中该复选框，识别到检查几何体时退刀，并使用指定的避让参数，如图 11.29 所示；选中该复选框，在标识的检查几何体周围切削，如图 11.30 所示。

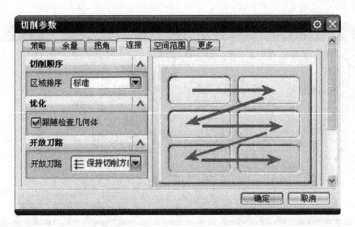

图 11.28 "连接"选项卡 (1)

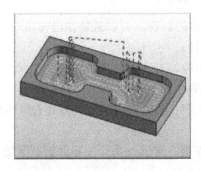

图 11.29 未选中"跟随检查几何体"复选框

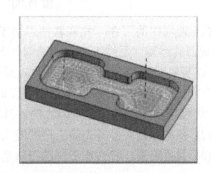

图 11.30 选中"跟随检查几何体"复选框

(3) 开放刀路。部件的偏置刀路与区域的毛坯部分相交时，形成开放刀路。

① 保持切削方向：移动开放刀路时保持切削方向，如图 11.31 所示。

② 变换切削方向：移动开放刀路时变换切削方向，如图 11.32 所示。

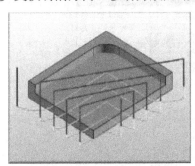

图 11.31 保持切削方向

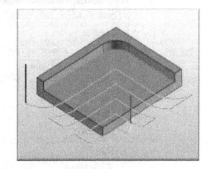

图 11.32 变换切削方向

4. 空间范围

"空间范围"的选项可消除不包含材料的刀具运动。在"切削参数"对话框中，选择"空间范围"选项卡，如图 11.33 所示。

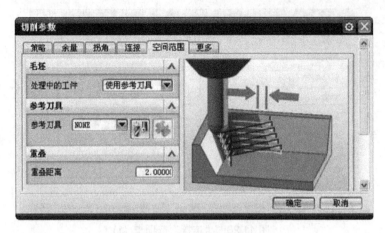

图 11.33 "空间范围"选项卡

(1) 处理中的工件。允许软件识别先前工序遗留的材料，可以避免在已移除材料的地方生成刀具运动，后续工序仅加工部件上遗留的材料。

① 无：使用现有的毛坯几何体，或切削整个型腔。

② 使用 2D IPW：在后续工序中仅加工部件上剩余的材料。

③ 使用参考刀具：参考较大的刀具以使当前工序仅移除没有被较大刀具去除的材料。

(2) 参考刀具。参考先前工序的较大刀具。

(3) 重叠距离。将当前工序的刀轨延伸指定的距离，使其与另一工序的切削区域重叠。

5. 更多

在"切削参数"对话框中，选择"更多"选项卡，如图 11.34 所示，对话框中有"安全距离"、"原有的"和"底切"等选项组。

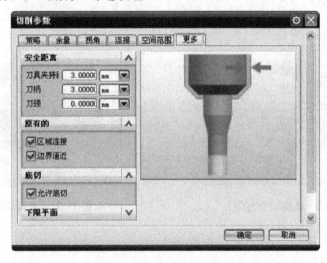

图 11.34 "更多"选项卡

(1)安全距离。

通过指定围绕刀具的全部 3 个非切削段的单一安全距离，确保与几何体保持安全的距离，如图 11.35 所示。

 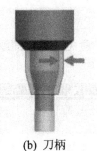 

(a) 刀具夹持器   (b) 刀柄   (c) 刀颈

图 11.35　安全距离

(2) 原有的。

① 区域连接。使一个部件的不同切削区域之间的进刀、退刀和移刀运动次数最小化。

② 边界逼近。当区域的边界或岛屿包含二次曲线或 B 样条曲线时，启用该选项可以减少加工时间和缩短刀轨长度。

(3) 底切。

允许底切：未选中该复选框，忽略底切几何体，将不加工位于部件边下面的面，如图 11.36 所示；选中该复选框，标识底切几何体，将加工位于部件边下面的面，如图 11.37 所示。

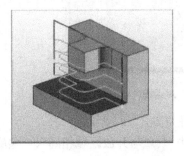 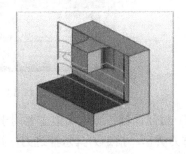

图 11.36　未选中"允许底切"复选框   图 11.37　选中"允许底切"复选框

11.3.6　非切削移动

使用"非切削移动"选项可避免刀具与部件或夹具设备发生碰撞。"非切削移动"可以执行以下操作：

(1) 将刀具定位于切削运动之前、之后和之间。

(2) 创建与切削移动段相连的非切削刀轨段，以便在单个工序内形成完整刀轨。

(3) 可以简单到单个的进刀和退刀，或复杂到一系列定制的进刀、退刀和转移(离开、移刀、逼近)运动，这些运动的设计目的是协调刀路之间的多个部件曲面、检查曲面和抬刀工序。

(4) 非切削移动包括刀具补偿，因为刀具补偿是在非切削移动过程中激活的。

单击"平面铣"对话框中的"非切削移动"按钮，弹出如图 11.38 所示的"非切削移动"对话框。

1. 进刀

合理安排刀具初始切入部件的方式，可以避免刀具碰撞或蹦刀等现象。"非切削移动"对话框中的"进刀"选项卡如图 11.38 所示。

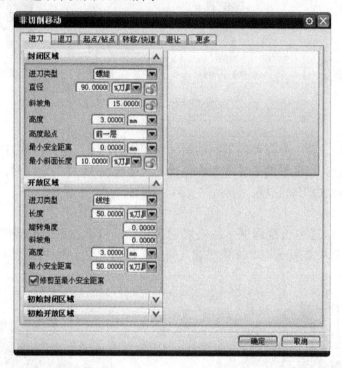

图 11.38 "非切削移动"对话框(1)

(1) 封闭区域：该选项组主要用于封闭区域的进刀方式。

进刀类型：指定刀具怎样进刀，共有 5 种进刀类型："与开放区域相同"、"螺旋"、"沿形状斜进刀"、"插削"和"无"。

① 与开放区域相同：设置与开放区域相同的进刀方式。

② 螺旋：按螺旋方式进刀，如图 11.39 所示。这种方式为默认方式，相对也比较安全，是实际应用中最常用的进刀方式。

③ 沿形状斜进刀：创建一个倾斜进刀移动，该进刀会沿第一个切削运动的形状移动，如图 11.40 所示。

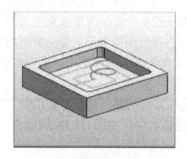

图 11.39 按螺旋方式进刀

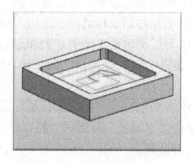

图 11.40 沿形状斜进刀

④ 插削：直接从指定的高度进刀到部件内部，如图 11.41 所示。该种方式下刀路径最短，但是容易伤刀，特别是直径比较小的刀具。

⑤ 无：不输出任何进刀移动，系统消除了在刀轨起点的相应逼近移动和在刀轨终点的分离移动。

(2) 开放区域。开放区域进刀类型除了上述封闭区域的进刀类型外，还有"线性"、"圆弧"、"点"、"线性-沿矢量"、"角度-角度-平面"、"矢量平面"和"线性-相对于切削"等进刀类型，它们的适用范围有所不同。

① 线性：线性进刀就是沿直线进刀，在与第一个切削运动相同方向的指定距离处创建进刀移动，如图 11.42 所示。

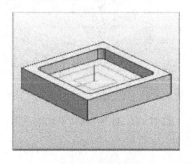

图 11.41　插削进刀

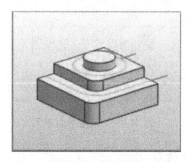

图 11.42　线性进刀

② 圆弧：创建一个与切削移动的起点相切的圆弧进刀移动，如图 11.43 所示。

③ 点：为线性进刀指定起点，即采用点构造器指定点作为进刀点，如图 11.44 所示。

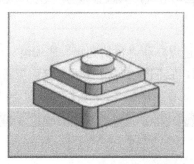

图 11.43　圆弧进刀

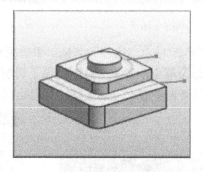

图 11.44　点进刀

④ 线性-沿矢量：根据矢量构造器指定的矢量决定进刀运动方向，"长度"文本框中输入的数值决定进刀点的位置。这种进刀运动轨迹是直线，如图 11.45 所示。

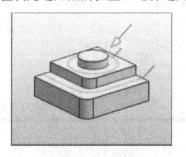

图 11.45　线性-沿矢量进刀

图 11.46　角度-角度-平面进刀

⑤ 角度-角度-平面：根据两个角度和一个平面指定进刀运动类型，其中方向由指定的两个角度决定，距离由平面和矢量方向决定，如图 11.46 所示。

⑥ 矢量平面：通过矢量构造器指定的矢量来决定进刀运动方向，同时，由平面构造器指定的平面一起来决定进刀点的位置，如图 11.47 所示。

⑦ 线性-相对于切削：创建与刀轨相切的线性进刀移动。这与线性进刀相同，但旋转角度始终相对于切削方向，如图 11.48 所示。

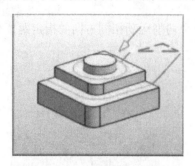

图 11.47　矢量平面进刀

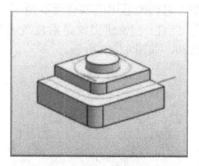

图 11.48　线性-相对于切削进刀

2. 退刀

"退刀"选项卡用于定义刀具在切出零件时的距离和方向。方向通过矢量和角度定义。在"非切削移动"对话框中，选择"退刀"选项卡，如图 11.49 所示，"退刀类型"下拉列表框中为所有的退刀类型，即可以选择和进刀一样的运动形式，其设置参考"进刀"选项卡。

3. 起点/钻点

"起点/钻点"选项卡包括"重叠距离"、"区域起点"和"预钻孔点"选项组。这 3 个选项组为单个或者多个区域提供了切削起点的控制，它们同样决定了刀具移向型腔或者型芯壁的方向。在"非切削移动"对话框中，选择"起点/钻点"选项卡，如图 11.50 所示。

图 11.49　"退刀类型"下拉列表框

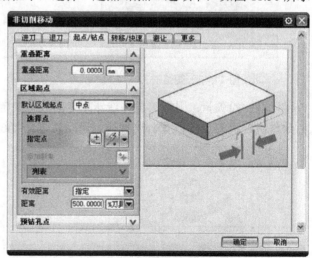

图 11.50　"起点/钻点"选项卡

（1）重叠距离。指定进刀和退刀移动之间的总体重叠距离，如图 11.51 所示。此选项确保在发生进刀和退刀移动的点进行完全清理，刀轨在切削刀轨原始起点的两侧同等地重叠，如图 11.52 所示。

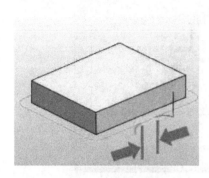

图 11.51　重叠距离

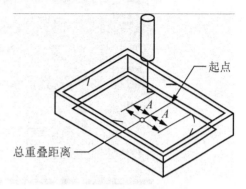

图 11.52　进刀与退刀的重叠距离

（2）区域起点：指定从何处开始加工。

① 默认区域起点。

➢ 拐角：从指定边界的起点开始，如图 11.53 所示。

➢ 中点：在切削区域内最长的线性边中点开始切削，如没有线性边，则使用最长的段，如图 11.54 所示。

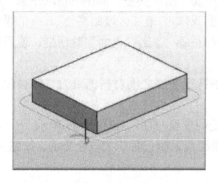

图 11.53　拐角

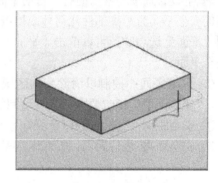

图 11.54　中点

② 指定点：用于直接指定某一点为切削的起点。

（3）预钻孔点：在进行平面铣的粗加工时，为了改善下刀时的刀具受力情况，除了使用倾斜下刀或者螺旋下刀方式来改善切削路径外，也可以使用预钻孔的方式，先钻好一个大于刀具直径的孔，再在这个孔的中心下刀，然后水平进刀开始切削。

特别提示

这里所指定的预钻孔点，不能应用在点位加工工序中的预钻选项中，点位加工工序只能运用"进刀"选项组的"预钻孔"选项创建的预钻点。

4. 转移/快速

在"非切削移动"对话框中，选择"转移/快速"选项卡，如图 11.55 所示。用来确定

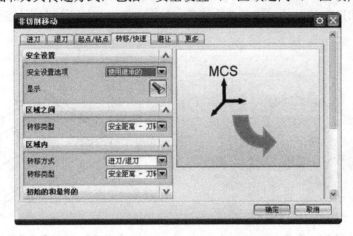

图 11.55　"转移/快速"选项卡

（1）安全设置：该选项用来确定安全平面及具体位置，是非常重要的工艺参数。在多个型腔复杂工件的加工中，设置合理的安全平面可以有效地避免撞刀和过切等现象，并且一般在加工过程中都需要用安全平面控制刀具横越运动，保证较高的安全性，但是安全平面的高度值设置过大，会增加空走刀时间，加工程序效率较低。

"安全设置选项"常用的有"自动平面"和"平面"两个类型，其中"自动平面"选项确定的安全平面为距离部件几何体或检查几何体(面或体)的最高区域距离为 3mm 的平面；使用"平面"选项时，可以单击"平面对话框"按钮，弹出"平面"对话框，使用其定义安全平面。

（2）区域之间：控制以清除切削区域内或切削特征各层之间材料的退刀、转移和进刀移动。"转移类型"指定要将刀具移动到的位置。

① 安全距离-刀轴：所有移动都沿刀轴方向返回安全平面，如图 11.56 所示。

② 安全距离-最短距离：所有移动都根据最短距离返回已标识的安全平面，如图 11.57 所示。

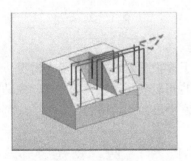

图 11.56　安全距离-刀轴

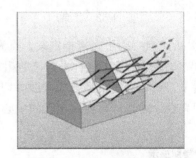

图 11.57　安全距离-最短距离

③ 安全距离-切削平面：所有移动都沿切削平面返回安全几何体，如图 11.58 所示。

④ 前一平面：所有移动都返回前一切削层，此层可以安全传刀，以使刀具沿平面移动到新的切削区域，如图 11.59 所示。

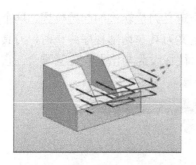

图 11.58   安全距离-切削平面

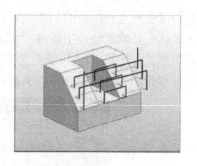

图 11.59   前一平面

⑤ 直接：在两个位置之间进行直接连接转移，如图 11.60 和 11.61 所示。

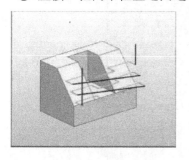

图 11.60   直接

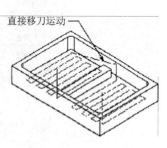

图 11.61   直接移刀运动

⑥ 最小安全值 Z：首先应用直接移动。如果移动无过切，则使用前一安全深度加工平面，如图 11.62 所示。

⑦ 毛坯平面：使刀具沿着由要移除的材料上层定义的平面转移，如图 11.63 所示。

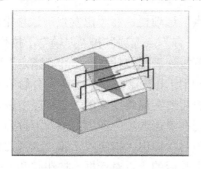

图 11.62   最小安全值 Z

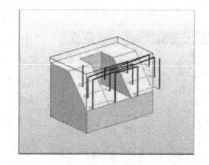

图 11.63   毛坯平面

(3) 区域内：控制以清除切削区域内或切削特征各层之间材料的退刀、转移和进刀移动。其设置可参考上述"区域之间"设置方法。

5. 避让

"避让"选项卡用于定义刀具轨迹开始以前和切削以后的非切削移动位置和方向。合理地指定"避让"参数可以有效地避免与工件、夹具和辅助工具等发生碰撞，设置"避让"参数需要了解机床结构尺寸和工件的实际安装情况。

在"非切削移动"对话框中，选择"避让"选项卡，如图 11.64 所示。"出发点"用于定义新的刀位轨迹开始段的初始位置；"起点"用于定义刀位轨迹的起始位置，这个起始位置用于避让夹具或避免产生碰撞；"返回点"用于定义刀具在切削程序终止时，刀具从零件上移到的位置；"回零点"用于定义刀具最终位置，往往设为与出发点位置重合。它们的设置方法基本相同，这里只介绍"出发点"的设置方法。

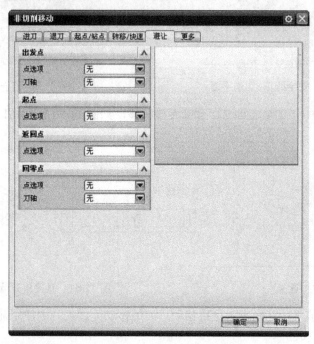

图 11.64　"避让"选项卡

图 11.65　"进给率和速度"对话框

单击"出发点"选项栏，将"出发点"选项组展开，"出发点"选项组下有"点选项"和"刀轴"下拉列表框，其中"点选项"下拉列表框包括"无"和"指定"两个选项。"无"表示不指定出发点位置，这样不会影响刀具轨迹的产生，但一般需要在最终生成的 NC 程序中进行修改或者补充。当分别在"点选项"和"刀轴"下拉列表框中选择"指定"选项时，弹出"指定点"和"选择刀轴"两个选项，分别单击其后的"点对话框"按钮和"矢量对话框"按钮，在弹出的"点"对话框和"矢量"对话框中进行设置来确定"出发点"的位置。

11.3.7　进给率和速度

"进给率和速度"用来定义进给率和刀轨的主轴速度，还可以为切削运动和非切削运动设置单位。单击"平面铣"对话框中的"进给率和速度"按钮，弹出如图 11.65 所示的"进给率和速度"对话框。

1. 主轴速度

在"主轴速度"选项组中主要设定主轴转速。可以通过"自动设置"选项组中的"表面速度"文本框输入刀具的表面速度，再由系统进行计算得到主轴转速。表面速度为刀具旋转时与部件的相对速度，铣削加工的表面速度与主轴转速是相关的。

转速的设定也可以在"主轴速度"文本框中直接输入数值，输入数值的单位为转/分。对于通过表面速度计算所得的结果也可以单击"基于此值计算进给和速度"按钮　，参考刀具参数，直接计算主轴转速及进给速度。

(1) "输出模式"下拉列表框中有"RPM"、"SFM"、"SMM"和"无"选项。

① RPM：按每分转数定义主轴速度。

② SFM：按每分英尺(表面速度)定义主轴速度。

③ SMM：按每分毫米(表面速度)定义主轴速度。

(2) "方向"下拉列表框中有以下选项可供选择。

① 无：不指定方向。

② 顺时针：定义主轴运动顺按时针方向进行。

③ 逆时针：定义主轴运动逆按时针方向进行。

2. 进给率

进给率直接关系到加工质量和加工效率。UG NX 8.0 提供了不同的刀具运动类型下设定不同进给率的功能。在数控加工中，在刀具承受能力范围内，可以用相对较高的转速和相对较快的进给速度进行加工，虽然这样会造成刀具的寿命缩短，但加工效率提高所产生的效益一般远远大于刀具的损耗费。

在"进给率"选项组中每个选项后面都有单位，可以设置为毫米/分(mmpm)或者是毫米/转(mmpr)，也可以设置不输出单位(无)。当使用英制单位时，单位为英寸/分(inpm)或英寸/转(inpr)。可以通过"设置切削单位"和"设置非切削单位"选项来快速改变单位。

(1) 切削：设置刀具与部件几何体接触时的刀具运动进给率。

(2) 快速(输出)。

① G0-快速模式：使用机床的非插补运动设置快速运动。

② G1-进给模式：以指定的快速进给率设置快速运动。

(3) 逼近：用于设置接近速度，即刀具从起刀点到进刀点的进给速度。在平面铣或型腔铣中，逼近速度控制刀具从一个切削层到下一个切削层的移动速度。而在表面轮廓铣中，逼近速度是刀具做进刀运动前的进给速度。

(4) 进刀：用于设置进刀速度，即刀具切入零件时的进给速度，也就是从刀具进刀点到初始切削位置的移动速度。

(5) 第一刀切削：设置第一刀切削时的进给速度。

(6) 步进：设置刀具进入下一行切削时的进给速度。

(7) 移刀：设置刀具从一个切削区域移到另一个切削区域时做水平非切削移动的刀具速度。

(8) 退刀：设置刀具切出零件材料时的进给速度，即刀具完成切削退刀到退刀点的运动速度。

(9) 离开：设置刀具从退刀点到返回点的移动速度。

特别提示

在各个选项中，设置为 0 并不表示进给速度为 0，而是使用其默认速度，如非切削移动的"快进"、"逼近"、"移刀"、"退刀"、"离开"等选项将采用快进方式，即使用 G00 方式移动。而切削运动中的"进刀"、"第一刀切削"、"步进"选项将使用切削进给速度。

11.3.8 机床控制

图 11.66 "机床控制"选项组

"机床控制"指定机床控制事件，如换刀、冷却液开或关、用户定义开始和结束事件或特殊后处理命令。在"平面铣"对话框中展开"机床控制"选项组，如图 11.66 所示。

1. 开始刀轨事件/结束刀轨事件

单击"机床控制"选项组中"开始刀轨事件"或"结束刀轨事件"选项后方的"编辑"按钮，弹出如图 11.67 所示的"用户定义事件"对话框。在此对话框中，可以删除、剪切、粘贴、添加和编辑后处理命令，还可以文本形式列出后置处理的相关信息。该"用户定义事件"主要包括切削补偿(Cutter Compensation)、主轴开停(Spindle On/Off)、冷却液开关(Coolant On/Off)等。UG NX 8.0 在机床控制中定义插入的这些后置处理命令在生成的 CLSF 文件和后处理文件中将产生相应的命令和加工代码，以控制机床动作。

(1) 可用事件：该列表框用来列出一些可以选用的后置处理命令。

(2) 已用事件：列出用户已定义的一些后置处理命令。当双击"可用事件"列表框中的事件时，弹出相应的事件参数对话框，设定参数后，单击"确定"按钮，则已定义的事件就显示到"已用事件"列表框中。图 11.68 所示是激活主轴停事件。

图 11.67 "用户定义事件"对话框

图 11.68 激活主轴停事件

2．运动输出类型

"运动输出类型"用于指定刀轨的生成方法，有 5 种方式："直线"、"圆弧-垂直于刀轴"、"圆弧-垂直/平行于刀轴"、"Nurbs"和"Sinumerik 样条"。

(1) 直线：整个刀轨使用线性插补。对于圆弧将使用多段直线逼近的方法进行走刀。在后处理产生的 NC 文件中只有 G01 语句，不输出 G02 和 G03 语句。

(2) 圆弧-垂直于刀轴：垂直于刀具轴的圆弧运动尽可能由圆弧走刀组成。

(3) 圆弧-垂直/平行于刀轴：在垂直或平行于刀轴的平面内，将一系列走刀尽可能地用圆弧运动代替。

(4) Nurbs：刀轨输出方式尽可能是非均匀 B 样条移动方式，而不是近似的直线或圆弧。但是此选项产生的后处理文件只有在支持 Nurbs 插补的机床控制器上才能使用，目前大多数多轴机床及高速机床都支持这种代码。

(5) Sinumerik 样条：尽可能输出 Siemens Sinumerik 控制器的样条。

11.4　建模步骤

11.4.1　打开软件并进入加工环境

(1) 启动 UG NX 8.0，单击"标准"工具条中的"打开"按钮，弹出"打开"对话框，选择 X:/11.prt 文件，单击"OK"按钮。

(2) 选择"开始"|"加工"命令，弹出"加工环境"对话框，在"要创建的 CAM 设置"选项组中选择"mill_planar"模板，单击"确定"按钮，即可进入加工环境。

11.4.2　设置加工坐标系和安全平面

1．设置加工坐标系

(1) 单击"导航器"工具条中的"几何视图"按钮，再单击"工序导航器"按钮，工序导航器切换到"几何"视图。

(2) 双击工序导航器中的 MCS_MILL 节点，或者在工序导航器中右击 MCS_MILL 节点，在弹出的快捷菜单中选择"编辑"命令，弹出"Mill Orient"对话框。

(3) 单击"指定 MCS"后的"CSYS 对话框"按钮，弹出"CSYS"对话框，选择部件上表面中心点，单击"CSYS"对话框中的"确定"按钮，返回"Mill Orient"对话框。

2．设置安全平面

在"Mill Orient"对话框中的"安全设置选项"下拉列表框中选择"平面"选项，单击"指定平面"后的"平面对话框"按钮，弹出"平面"对话框。选取部件上表面，然后在"偏置"选项组的"距离"文本框中输入 10，单击"确定"按钮，产生的安全平面如图 11.69所示，返回"Mill Orient"对话框，再单击"确定"按钮。

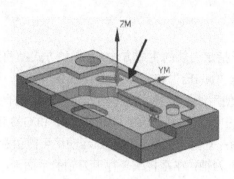

图 11.69　安全平面

11.4.3　创建几何体

(1) 选择部件几何体。在工序导航器中选择 WORKPIECE 节点，右击，在弹出的快捷菜单中选择"编辑"命令，或者双击 WORKPIECE 节点，弹出"铣削几何体"对话框。在该对话框的上方单击"选择或编辑部件几何体"按钮，弹出"部件几何体"对话框。选择模型，单击"确定"按钮，返回"铣削几何体"对话框。

(2) 选择毛坯几何体。在"铣削几何体"对话框的上方单击"选择或编辑毛坯几何体"按钮，弹出"毛坯几何体"对话框。选择透明长方体模型，单击"确定"按钮完成毛坯几何体的选择，返回"铣削几何体"对话框。在"铣削几何体"对话框的下方单击"确定"按钮完成几何体的创建。

(3) 选择长方体毛坯并将其隐藏。

11.4.4　创建边界

选择"插入"|"几何体"命令，弹出"创建几何体"对话框，按图 11.70 所示设置各选项。单击"确定"按钮，弹出如图 11.71 所示的"铣削边界"对话框。

图 11.70　"创建几何体"对话框

图 11.71　"铣削边界"对话框

1. 指定部件边界

(1) 在"铣削边界"对话框中,单击"指定部件边界"后的"选择或编辑部件边界"按钮 ,弹出"部件边界"对话框。

(2) 如图 11.72 所示,"过滤器类型"选择 ,"平面"选择"自动","类型"选择"封闭的","材料侧"选择"外部",依次选取如图 11.73 所示的实体边,单击"创建下一个边界"按钮,则第 1 条边界创建好。

图 11.72　"部件边界"对话框

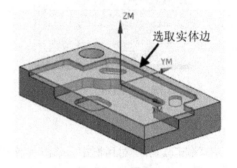

图 11.73　选取的边界(1)

(3) 进入下一条边界的创建过程,再依次选取如图 11.74 所示的实体边,单击"创建下一个边界"按钮,则第 2 条边界创建好,进入下一条边界的创建过程。

(4) 同样依次创建边界 3、4、5、6,如图 11.75 所示。单击"确定"按钮,返回"铣削边界"对话框。

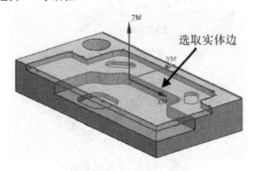

图 11.74　选取的边界(2)

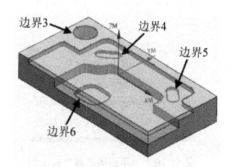

图 11.75　选取的边界(3)

2. 指定毛坯边界

(1) 在"铣削边界"对话框中，单击"指定毛坯边界"后的"选择或编辑毛坯边界"按钮，弹出"毛坯边界"对话框。

(2) 如图 11.76 所示，"过滤器类型"选择，"平面"选择"自动"，"材料侧"选择"内部"，依次选取如图 11.77 所示的边界，单击"确定"按钮，返回"铣削边界"对话框。

图 11.76　"毛坯边界"对话框

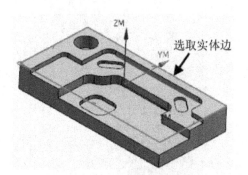

图 11.77　选取的边界(4)

3. 指定底面

在"铣削边界"对话框中，单击"指定底面"后的"选择或编辑底平面几何体"按钮，弹出如图 11.78 所示的"平面构造器"对话框。选取如图 11.79 所示的表面，单击"确定"按钮，返回"铣削边界"对话框，单击"确定"按钮。

图 11.78　"平面构造器"对话框

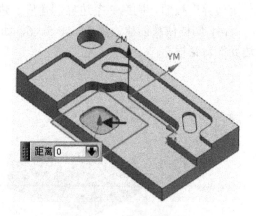

图 11.79　选取的表面

11.4.5 创建刀具

单击"导航器"工具条中的"机床视图"按钮 ，工序导航器切换到"机床"视图。

1. 创建刀具 D63

(1) 选择"插入"|"刀具"命令，弹出"创建刀具"对话框。在"刀具子类型"选项组中单击"MILL"按钮 🔟，在"名称"文本框中输入"D63"，单击"应用"按钮，弹出"铣刀-5 参数"对话框。

(2) 按图 11.80 所示设置刀具的参数。单击"确定"按钮，则 D63 铣刀创建完毕。

2. 创建刀具 D20

在"刀具子类型"选项组中单击"MILL"按钮 🔟，在"名称"文本框中输入"D20"，其余与创建刀具 D63 的方法相同，只是刀具的参数设置不同。刀具 D20 的参数设置如下："直径"为 20，"下半径"为 0，"刀具号"为 2，"补偿寄存器"为 2，其他选项依照默认值设定。

图 11.80 "铣刀-5 参数"对话框

3. 创建刀具 D10

创建刀具 D10 的方法与创建刀具 D20 的一样，只是刀具的参数设置不同。刀具 D10 的参数设置如下："直径"为 10，"下半径"为 0，"刀具号"为 3，"补偿寄存器"为 3，其他选项依照默认值设定。

4. 创建刀具 D8

创建刀具 D8 的方法与创建刀具 D10 的一样，只是刀具的参数设置不同。刀具 D8 的参数设置如下："直径"为 8，"下半径"为 0，"刀具号"为 4，"补偿寄存器"为 4，其他选项依照默认值设定。

设置完刀具参数后，单击"确定"按钮。

11.4.6 创建表面铣工序(工序号 01)

单击"导航器"工具条中的"程序顺序视图"按钮 🔖，工序导航器切换到"程序顺序"视图。

1. 创建工序

选择"插入"|"工序"命令，弹出"创建工序"对话框。按图 11.81 所示设置各选项。设置完后，单击"确定"按钮，弹出如图 11.82 所示的"面铣"对话框。

图 11.81 "创建工序"对话框(1)

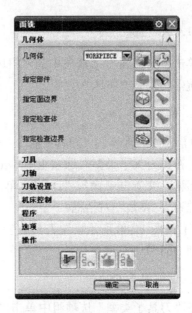

图 11.82 "面铣"对话框(1)

2. 指定面边界

(1) 在"面铣"对话框中，单击"指定面边界"后的"选择或编辑面几何体"按钮，弹出"指定面几何体"对话框。如图 11.83 所示，"过滤器类型"选择，"平面"选择"自动"。

(2) 依次选取如图 11.84 所示的实体边，单击"确定"按钮，返回"面铣"对话框。

图 11.83 "指定面几何体"对话框

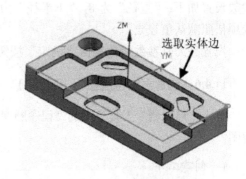

图 11.84 选取实体边

3. 选择切削方法、切削用量和刀轴

在"面铣"对话框中，展开"刀轨设置"选项组。在"切削模式"下拉列表框中选择

"往复"选项，在"步距"下拉列表框中选择"刀具平直百分比"选项，在"平面直径百分比"文本框中输入 75，在"轴"下拉列表框中选择"+ZM 轴"选项，如图 11.85 所示。

4. 设置非切削参数

(1) 在"面铣"对话框中，单击"非切削移动"按钮，弹出"非切削移动"对话框。

(2) 在"非切削移动"对话框中，"进刀"选项卡的上部为"封闭区域"的进刀方式，下部为"开放区域"的进刀方式，按图 11.86 所示设置各参数。

(3) 当所有非切削运动参数设置完后，单击"非切削移动"对话框中的"确定"按钮，返回"面铣"对话框。

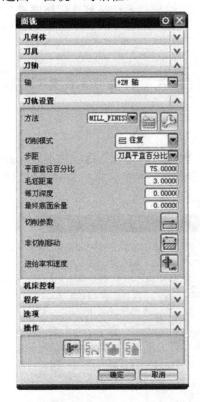

图 11.85   "面铣"对话框(2)   图 11.86   "非切削移动"对话框(2)

5. 设置进给率和速度

(1) 在"面铣"对话框中，单击"进给率和速度"按钮，弹出"进给率和速度"对话框。在该对话框中设置进给率和主轴转速。

(2) 在"主轴速度"文本框中输入 2000，接着单击其右侧的按钮，按照设定的主轴转速值和选定的刀具尺寸计算表面速度和每齿进给量。

(3) 在"切削"文本框中输入 300，单位选择 mmpm。单击"进给率"选项组下的"更多"选项栏，将"更多"选项组展开，在"进刀"文本框中输入 100，单位选择 mmpm。其余按默认值设置。单击"确定"按钮，返回"面铣"对话框。

(4) 其他参数按默认值设置。

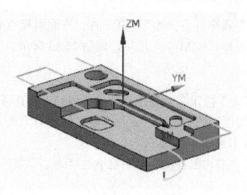

图 11.87　表面铣刀具路径

6. 生成刀具轨迹

完成了"面铣"对话框中所有项目的设置后，单击"操作"选项组中的"生成"按钮 ，开始生成刀具轨迹。计算完成后产生的刀具路径如图 11.87 所示。

11.4.7　创建型腔粗加工工序(工序号 02)

单击"导航器"工具条中的"程序顺序视图"按钮 ，工序导航器切换到"程序顺序"视图。

1. 创建工序

选择"插入"|"工序"命令，弹出"创建工序"对话框。按图 11.88 所示设置各选项，单击"确定"按钮，弹出"平面铣"对话框。

2. 选择切削方式和切削用量

在"平面铣"对话框中，单击"刀轨设置"选项栏，将"刀轨设置"选项组展开。在"切削模式"下拉列表框中选择"跟随周边"选项，在"步距"下拉列表框中选择"恒定"选项，在"最大距离"文本框中输入 15，如图 11.89 所示。

图 11.88　"创建工序"对话框(2)

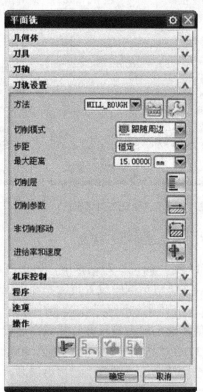

图 11.89　"平面铣"对话框

3. 设置切削层

在"平面铣"对话框中，单击"切削层"按钮，弹出"切削层"对话框。在"类型"下拉列表框中选择"用户定义"选项，在"公共"文本框中输入 2，选中"临界深度顶面切削"复选框，如图 11.90 所示，单击"确定"按钮，返回"平面铣"对话框。

4. 设置切削参数

在"平面铣"对话框中，单击"切削参数"按钮，弹出"切削参数"对话框。

(1) 在"策略"选项卡中按图 11.91 所示设置各项参数。

(2) 选择"余量"选项卡，按图 11.92 所示设置各项参数。

(3) 选择"连接"选项卡，按图 11.93 所示设置各项参数。

图 11.90　"切削层"对话框(3)

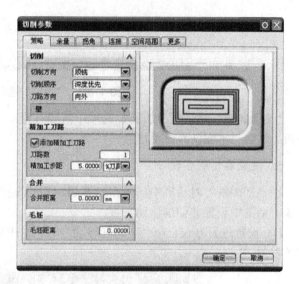

图 11.91　"策略"选项卡(2)

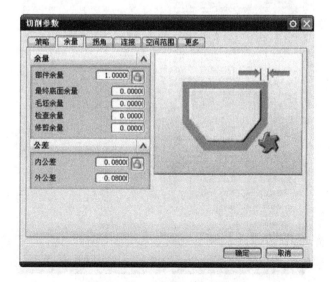

图 11.92　"余量"选项卡(2)

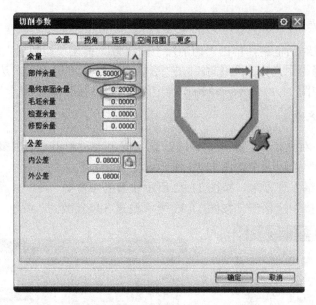

图 11.93　"连接"选项卡(2)

"切削参数"对话框中的其他选项不需要设置，在本示例中采用默认值，单击"确定"按钮，返回"平面铣"对话框。

5. 设置非切削参数

在"平面铣"对话框中，单击"非切削移动"按钮，弹出"非切削移动"对话框，在该对话框中设置非切削移动参数。

(1) 设置进刀方式。在"非切削移动"对话框中的"进刀"选项卡中按图 11.94 所示设置各参数。

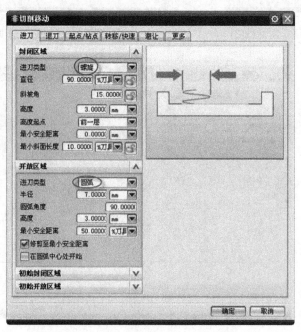

图 11.94　"非切削移动"对话框(3)

(2) 设置退刀方式。选择"退刀"选项卡，如图 11.95 所示。在"退刀类型"下拉列表框中选择"圆弧"选项；选中"修剪至最小安全距离"复选框，其他参数采用默认值。

(3) 设置"转移/快速"。在"非切削移动"对话框中，选择"转移/快速"选项卡在"安全设置选项"下拉列表框中选择"使用继承的"选项；单击"区域内"选项栏，将"区域内"选项组展开，在"转移方式"下拉列表框中选择"进刀/退刀"选项，在"转移类型"下拉列表框中选择"安全距离-刀轴"选项，其他采用默认值。

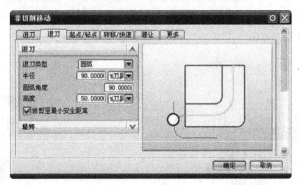

图 11.95 "退刀"选项卡

(4) 设置刀具补偿。在"非切削移动"对话框中，选择"更多"选项卡。在"刀具补偿位置"下拉列表框中选择"无"选项。当所有非切削移动参数设置完后(其中很多选项采用默认值)，单击"非切削移动"对话框中的"确定"按钮，返回"平面铣"对话框。

6. 设置进给率和速度

(1) 在"平面铣"对话框中，单击"进给率和速度"按钮，弹出"进给率和速度"对话框。

(2) 在"主轴速度"文本框中输入 1000，接着单击其右侧的按钮，按照设定的主轴转速值和选定的刀具尺寸计算表面速度和每齿进给量。

(3) 在"切削"文本框中输入 200，单位选择 mmpm。单击"进给率"选项组下的"更多"选项栏，将"更多"选项组展开，在"进刀"文本框中输入 100，单位选择 mmpm，单击"确定"按钮，返回"平面铣"对话框。

7. 生成刀具轨迹

完成了"平面铣"对话框中所有项目的设置后，单击"操作"选项组中的"生成"按钮，开始生成刀具轨迹。计算完成后，产生的刀具路径如图 11.96 所示。

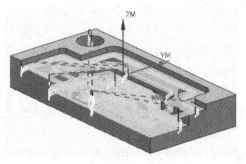

图 11.96 粗加工刀具路径

11.4.8 型腔半精加工(工序号03)

1. 复制、粘贴粗加工工序

(1) 复制粗加工工序。在工序导航器的"程序顺序"视图中，先用鼠标选择工序 PM_D20，再右击，在弹出的快捷菜单中选择"复制"命令，如图 11.97 所示，复制工序 PM_D20。

(2) 粘贴粗加工工序。在工序导航器的"程序顺序"视图中，先用鼠标选择工序 PROGRAM，再右击，在弹出的快捷菜单中选择"内部粘贴"命令，如图 11.98 所示，粘贴刚才复制的工序 PM_D20。

图 11.97　复制工序　　　　　　　　　　　　图 11.98　粘贴工序

2. 更换工序名称

在工序导航器的"程序顺序"视图中，先用鼠标选择粘贴的工序 PM_D20_COPY，再右击，在弹出的快捷菜单中选择"重命名"命令，输入文字 PM_D10，按 Enter 键将工序名称改为 PM_D10。

3. 编辑 PM_D10 工序

(1) 重新选择加工方法。选择 PM_D10 工序，右击，在弹出的快捷菜单中选择"编辑"命令，或者双击 PM_D10 工序名称，弹出"平面铣"对话框。在"方法"下拉列表框中选择"MILL_SEMI_FINISH"选项。

(2) 设定切削方式和切削用量。在"平面铣"对话框中的"切削模式"下拉列表框中选择"跟随周边"选项，在"步距"下拉列表框中选择"恒定"选项，在"最大距离"文本框中输入 7。

(3) 重新选择刀具。在"平面铣"工序对话框中，单击"刀具"选项栏，将"刀具"选项组展开，在"刀具"下拉列表框中选择"D10"选项。

(4) 设置切削深度。在"平面铣"对话框中，单击"切削层"按钮▤，弹出"切削层"对话框。设置切削深度参数"类型"为"用户定义"，"公共"文本框中输入 2，其他参数取默认值。单击"确定"按钮，返回"平面铣"对话框。

(5) 设置切削参数。在"平面铣"对话框中，单击"切削参数"按钮▨，弹出"切削参数"对话框。选择"余量"选项卡。"部件余量"文本框中输入 0.3，"最终底面余量"文本框中输入 0.1。

选择"空间范围"选项卡，在"处理中的工件"下拉列表框中选择"使用 2D IPW"选项，如图 11.99 所示，其他参数采取默认值。

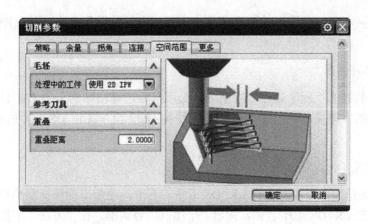

图 11.99　"空间范围"选项卡

（6）设置非切削参数。在"平面铣"对话框中，单击"非切削移动"按钮，弹出"非切削移动"对话框。在"进刀"选项卡的"开放区域"选项组的"进刀类型"下拉列表框中选择"圆弧"选项，其他选项设置不变。

（7）设置进给率和速度。在"平面铣"对话框中，单击"进给率和速度"按钮，弹出"进给率和速度"对话框。

在"主轴速度"文本框中输入 1500，接着单击其右侧的按钮，按照设定的主轴转速值和选定的刀具尺寸计算表面速度和每齿进给量。在"切削"文本框中输入 600，单位选择 mmpm。单击"进给率"选项组下的"更多"选项栏，将"更多"选项组展开，在"进刀"文本框中输入 200，单位选择 mmpm，单击"确定"按钮，返回"平面铣"对话框。

4. 产生刀具路径

（1）单击"生成"按钮产生刀具路径，观察刀具路径的特点。

（2）单击"确定"按钮，接受生成的刀具路径，如图 11.100 所示。

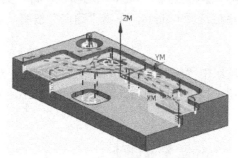

图 11.100　半精加工刀具路径

11.4.9　轮廓精加工(工序号 04)

1. 复制、粘贴粗加工工序

（1）复制粗加工工序。在工序导航器的"程序顺序"视图中，先用鼠标选择工序 PM_D10，再右击，在弹出的快捷菜单中选择"复制"命令，复制工序 PM_D10。

（2）粘贴粗加工工序。在工序导航器的"程序顺序"视图中，先用鼠标选择工序

PROGRAM，再右击，在弹出的快捷菜单中选择"内部粘贴"命令，粘贴刚才的复制工序 PM_D10。

2. 更换工序名称

在工序导航器的"程序顺序"视图中，先用鼠标选择粘贴的工序 PM_D10_COPY，再右击，在弹出的快捷菜单中选择"重命名"命令，输入文字 LK_D8，按 Enter 将工序名称改为 LK_D8。

3. 编辑 LK_D8 工序

(1) 重新选择加工方法。选择 LK_D8 工序，右击，在弹出的快捷菜单中选择"编辑"命令，或者双击 LK_D8 工序名称，弹出"平面铣"对话框。在"方法"下拉列表框中选择"MILL_FINISH"选项。

(2) 设定切削方式和切削用量。在"平面铣"对话框中的"切削模式"下拉列表框中选择"轮廓加工"选项。在"步距"下拉列表框中选择"恒定"选项，在"最大距离"文本框中输入 0，在"附加刀路"文本框中输入 0。

(3) 重新选择刀具。在"平面铣"对话框中，单击"刀具"选项栏，将"刀具"选项组展开，在"刀具"下拉列表框中选择"D8"选项。

(4) 设置切削参数。在"平面铣"对话框中，单击"切削参数"按钮，弹出"切削参数"对话框。选择"余量"选择卡，在"部件余量"文本框中输入 0，"最终底面余量"文本框中输入 0.1，其他参数采取默认值。单击"确定"按钮，返回"平面铣"对话框。

(5) 设置进给率和速度。在"平面铣"对话框中，单击"进给率和速度"按钮，弹出"进给率和速度"对话框，在该对话框中设置进给率和主轴转速。

在"主轴速度"文本框中输入 2000，接着单击其右侧的 按钮，按照设定的主轴转速值和选定的刀具尺寸计算表面速度和每齿进给量。在"切削"文本框中输入 600，单位选择 mmpm。单击"进给率"选项组下的"更多"选项栏，将"更多"选项组展开，在"进刀"文本框中输入 300，单位选择 mmpm，单击"确定"按钮，返回"平面铣"对话框。

4. 产生刀具路径

(1) 单击"操作"选项组中"生成"按钮 产生刀具路径，观察刀具路径的特点。

(2) 单击"确定"按钮，接受生成的刀具路径，如图 11.101 所示。

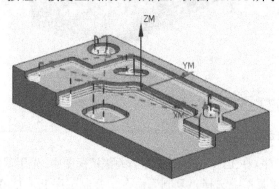

图 11.101　轮廓精加工刀具路径

11.4.10　底面精加工(工序号 05)

1. 创建工序

选择"插入"|"工序"命令，弹出"创建工序"对话框，按图 11.102 所示设置各选项。设置完后，单击"确定"按钮，弹出如图 11.103 所示的"面铣削区域"对话框。

图 11.102　"创建工序"对话框(3)

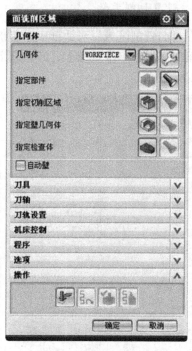

图 11.103　"面铣削区域"对话框(1)

2. 指定切削区域

在"面铣削区域"对话框中，单击"指定切削区域"后的"选择或编辑切削区域几何体"按钮，弹出如图 11.104 所示的"切削区域"对话框。选取如图 11.105 所示的 6 个面，单击"确定"按钮，返回"面铣削区域"对话框。

图 11.104　"切削区域"对话框

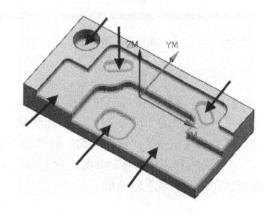

图 11.105　指定切削区域

3. 选择切削方法和切削用量

在"面铣削区域"对话框中，将"刀轨设置"选项组展开。在"切削模式"下拉列表框中选择"跟随周边"选项，在"步距"下拉列表框中选择"恒定"选项，在"最大距离"文本框中输入 6，其他采用默认值，如图 11.106 所示。

4. 设置切削参数

在"面铣削区域"对话框中，单击"切削参数"按钮，弹出"切削参数"对话框。在"策略"选项卡中按图 11.107 所示设置各项参数。单击"确定"按钮，返回"面铣削区域"对话框。

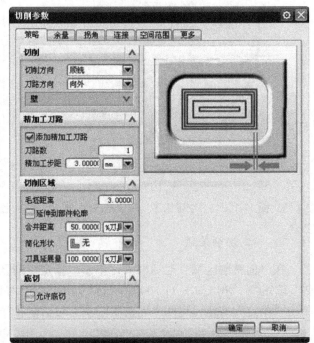

图 11.106　"面铣削区域"对话框(2)　　图 11.107　"切削参数"对话框

5. 设置非切削参数

(1) 在"面铣削区域"对话框中，单击"非切削移动"按钮，弹出"非切削移动"对话框。在"进刀"选项卡中，"封闭区域"选项组中的"进刀类型"选择为"螺旋"，"开放区域"选项组中的"进刀类型"选择为"圆弧"，其余按默认值设定。

(2) 当所有非切削移动参数设置完后，单击"非切削移动"对话框中的"确定"按钮，返回"面铣削区域"对话框。

6. 设置进给率和速度

(1) 在"面铣削区域"对话框中，单击"进给率和速度"按钮，弹出"进给率和速度"对话框。

(2) 在"主轴速度"文本框中输入 1500，接着单击其右侧的按钮，按照设定的主轴转速值和选定的刀具尺寸计算表面速度和每齿进给量。

(3) 在"切削"文本框中输入 400，单位选择 mmpm。单击"进给率"选项组下的"更多"选项栏，将"更多"选项组展开，在"进刀"文本框中输入 200，单位选择 mmpm。其余按默认设置。单击"确定"按钮，返回"面铣削区域"对话框。

7. 生成刀具轨迹

完成了"面铣削区域"对话框中所有项目的设置后，单击"操作"选项组中的"生成"按钮，开始生成刀具轨迹。计算完成后，产生的刀具路径如图 11.108 所示。

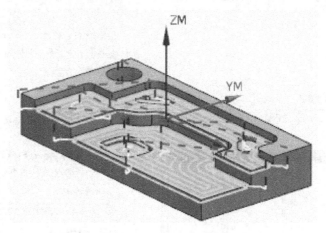

图 11.108　底面精加工刀具路径

11.4.11　仿真加工和生成 NC 程序

1. 仿真加工

(1) 将工序导航器切换到"程序顺序"视图。

(2) 选择程序父节点组 PROGRAM，如图 11.109 所示。

(3) 单击"操作"工具条中的"确认刀轨"按钮，弹出"刀轨可视化"对话框。

(4) 选择"3D 动态"选项卡，如图 11.110 所示。

(5) 单击"播放"按钮。

(6) 系统对全部刀轨进行仿真切削，切削结果如图 11.111 所示。

(7) 单击"确定"按钮，退出"刀轨可视化"对话框。

2. 生成加工程序

(1) 将工序导航器切换到"程序顺序"视图。

(2) 选择程序父节点组 PROGRAM。

(3) 单击"操作"工具条中的"后处理"按钮 🖼️，弹出"后处理"对话框。

(4) 设置机床数控系统为"MILL_3_AXIS"，其余参数设置如图 11.112 所示。

(5) 单击"确定"按钮，开始后处理。

(6) 弹出"信息"窗口，显示全部加工程序，如图 11.113 所示。

(7) 单击"关闭"按钮，关闭"信息"窗口。

(8) 单击"保存"按钮，保存文件。

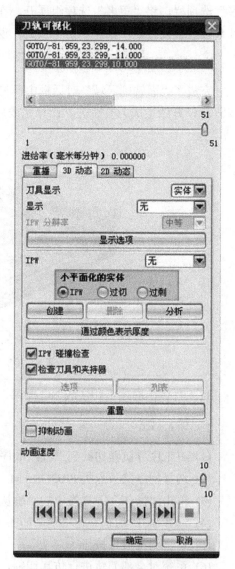

图 11.109　选择程序父节点组 PROGRAM

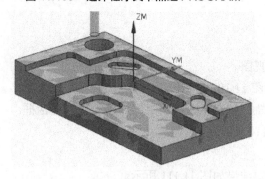

图 11.111　全部刀轨进行仿真切削的结果

图 11.110　"刀轨可视化"对话框

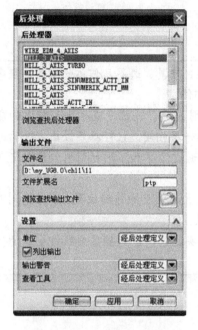

图 11.112 "后处理"对话框

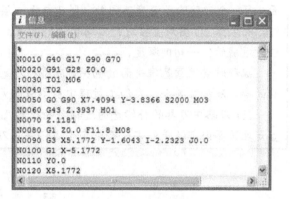

图 11.113 "信息"窗口

 拓展实训

参照本项目的工艺参数和编程步骤编制如图 11.114 所示零件的程序。

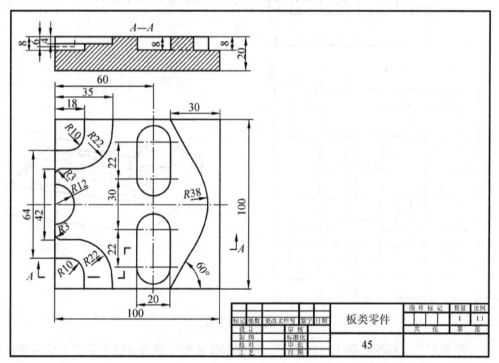

图 11.114 读者练习图样

任 务 小 结

　　本任务主要学习平面铣的基本加工环境，坐标系、刀具、边界几何体的创建，程序操作等。平面铣只能加工与刀轴垂直的直壁平底的部件。

　　平面铣建立的平面边界定义了部件几何体的切削区域，并且一直切削到指定的底面。每一个刀路除了深度不同外，形状与上一层或下一层相同。它可以不做出完整的造型，而依据 2D 图形直接进行刀路轨迹的生成，可以通过边界和不同的材料侧方向定义任意区域的任一切削深度。

　　编程时要注意基准平面的选择，应将对刀基准设置在便于操作的位置上。考虑到刀具的寿命及加工安全，在加工过程中应尽量避免直接下刀。

　　2D 刀路中刀具的补偿是通过指定的边界几何体实现的，应正确区分轨迹生成的位置是在边界内部还是外部，否则会生成错误的刀路。

习　　题

　　1. 已知零件工程图如图 11.115 所示，使用本任务所学编程方法并结合其他参数设置，完成零件建模和刀轨的创建。

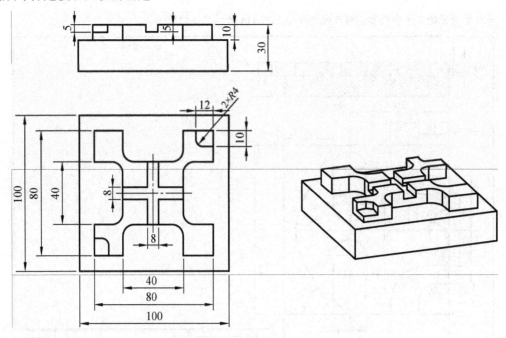

图 11.115　练习图样(1)

　　2. 已知零件工程图如图 11.116 所示，使用本任务所学编程方法并结合其他参数设置，完成零件建模和刀轨的创建。

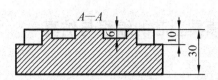

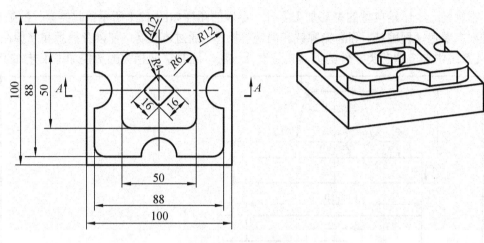

图 11.116　练习图样(2)

3. 已知零件工程图如图 11.117 所示,使用本章所学编程方法并结合其他参数设置,完成零件建模和刀轨的创建。

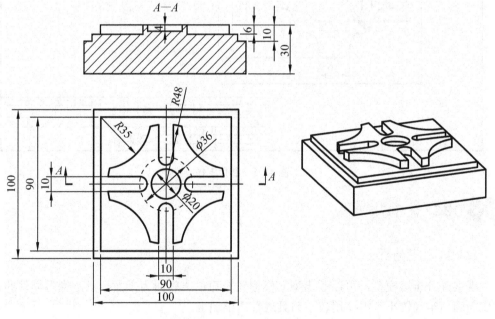

图 11.117　练习图样(3)

任务 12　模具型芯的编程与仿真

12.1　任务导入

本例是一个比较典型的型芯加工零件，零件的图样如图 12.1 所示。此类零件的数控编程过程主要包括型腔铣、等高轮廓铣和面铣等操作。通过本任务，使读者熟悉和掌握在 UG CAM 系统中加工型芯类零件的刀具轨迹设计方法，同时掌握相关的数控加工工艺知识。

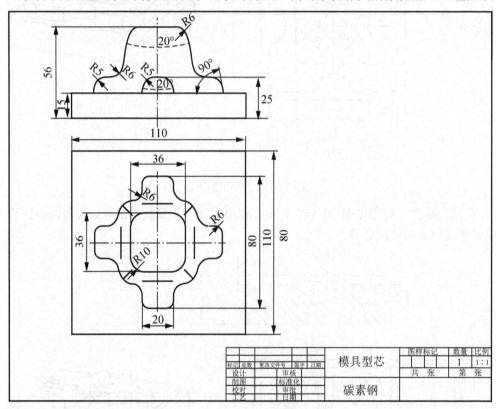

				图样标记	数量	比例
				模具型芯	1	1:1
标记	处数	更改文件号	签字	日期			
设计		审核			共　张	第　张
制图		标准化				
校对		审批		碳素钢		
工艺		日期				

图 12.1　零件图样

12.2　任务分析

12.2.1　工艺分析

观察并分析该模型，可以看出型芯模型比较简单，底面为平面。只是型芯零件的顶角和底面圆角半径较小，需要用较小刀具进行清根加工。

通过以上分析，确定加工工艺。首先采用型腔铣粗加工方法进行分层加工，然后用较小的刀具进行二次开粗，接着使用等高轮廓铣对侧面进行半精加工和精加工，最后使用面铣加工所有的平面。

12.2.2　工艺设计

根据工艺分析，具体加工方案如下。

(1) 粗加工：用直径为 16mm 的立铣刀，分层铣削型芯。

(2) 粗加工：用直径为 10mm 的立铣刀，铣削型芯圆角。

(3) 半精加工：用直径为 10mm 的立铣刀，分层铣削型芯。

(4) 精加工：用直径为 10mm 的立铣刀，精铣型芯轮廓。

(5) 精加工：用直径为 12mm 的立铣刀，精铣平面。

每个工步的加工方法、刀具参数、加工余量等参数见表 12-1。

表 12-1　加工工步安排

工序号	工步内容	加工方法	程序名称	刀具	余量	图　　解
1	粗加工	型腔铣	CAV_ROU1	D16R1	0.5	
2	粗加工	型腔铣	CAV_SEMI2	D10R1	0.5	
3	半精加工	等高轮廓铣	CAV_ SEMI	D10R1	0.3	
4	精加工	等高轮廓铣	CAV_FINI	D10R1	0	
5	精加工	面铣	PM	D12	0	

12.3　任务知识点

12.3.1　几何体

创建"型腔铣"工序时必须指定几何体。"型腔铣"工序的几何体包括 5 种，即部件几何体、毛坯几何体、检查几何体、切削区域几何体和修剪边界。

1．部件几何体

部件几何体用于指定、编辑和显示加工完成后的部件，即最终的部件形状。它控制刀具切削深度和活动范围，可以选择特征、几何体和小面模型来定义部件几何体。选择实体时有一些优点，改变处理时更容易，因为整个实体都保持了关联性。如果只切削实体上部分平面，可使用切削区域几何体来控制，以使切削部分小于整个部件。

2．毛坯几何体

毛坯几何体指定代表原始材料的几何体或小平面体，毛坯几何体不表示最终部件，因此不可以直接切削或进刀，而是代表将要加工的原料，可以用特征、几何体定义毛坯几何体。

3．检查几何体

检查几何体是刀具在切削过程中要避让的几何体，如夹具、钳具和其他已加工过的重要表面。在"型腔铣"工序中，部件几何体和毛坯几何体共同决定了加工刀轨的范围。

4．切削区域几何体

切削区域几何体用于创建局部的"型腔铣"工序，指定部件几何被加工的区域，它可以是部件几何的一部分，也可以是整个部件几何。用户可以选择部件上特定的面来指定切削区域，而不需要选择整个实体，这样有助于省去裁剪边界这一操作。

5．修剪边界

修剪边界用于进一步控制刀具的运动范围，对生成的刀轨做进一步的修剪。修剪边界可以指定在各个切削层上进一步约束切削区域的边界。通过将"裁剪侧"指定为"内部"或"外部"(对于闭合边界)，或指定为"左侧"或"右侧"(对于开放边界)，用户可以定义要从工序中排除的切削区域。

12.3.2 切削层

"型腔铣"对话框中的"切削层"选项为多层切削指定平行的切削平面。切削层由切削深度范围与每层深度定义，一个范围包含两个垂直于刀轴的平面，通过这两个平面来定义切削的材料量。

一个工序可以定义多个范围，每个范围切削深度均匀地等分。根据部件几何体与毛坯几何体定义的切削量，系统基于其最高点与最低点自动地确定第一个范围，但系统自动确定的范围仅是一个近似结果，有时并不能完全满足切削要求。此时，如果需要在某个要求的位置定义范围，可选择几何体对象进行手动调整。

在图形窗口中，切削层用较大的平面符号来高亮显示范围，而用较小的平面符号来显示范围内的切削深度，如图 12.2 所示。范围总是从顶到底依次排列，一个范围不会在另一个范围之中。在同一时间，只有一个范围是当前激活范围并可进行编辑或删除。

在"型腔铣"对话框中，单击"刀轨设置"选项组下的"切削层"按钮，弹出如图 12.3 所示的"切削层"对话框。通过该对话框可以在切削深度范围内划分多个切削范围，并为每个切削层指定每刀的切削深度。

特别提示

当没有选择部件几何体时，将不能打开"切削层"对话框。

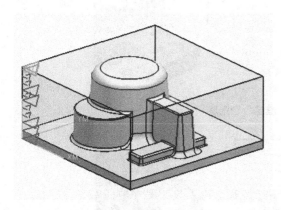

图 12.2　切削层

图 12.3　"切削层"对话框

1. 范围

(1) 范围类型：指定如何定义范围。

① 自动：系统自动设置范围以与垂直于固定刀轴的平面对齐。范围定义临界深度且与部件关联。各范围均显示一个包含实体轮廓的大平面符号，如图 12.4 所示。

② 用户定义：可以指定各个新范围的底部平面。通过选择面定义的范围将保持与部件的关联性，但部件的临界深度不会自动删除，如图 12.5 所示。

③ 单个：将根据部件和毛坯几何体设置一个切削范围，如图 12.6 所示。

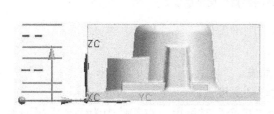

图 12.4　"自动"定义范围

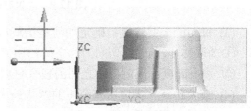

图 12.5　"用户定义"范围

图 12.6　"单个"定义范围

(2) 切削层：指定如何再分割切削层。

① 恒定：通过"每刀的公共深度"设定值保持相同的切削深度，如图 12.7 所示。

② 最优化：用于深度加工轮廓工序。调整切削深度，以便部件间隔和残余高度更为一致。最大切削深度不超过全局每刀深度值，如图 12.8 所示。

③ 仅在范围底部：不再分割切削范围，如图 12.9 所示。

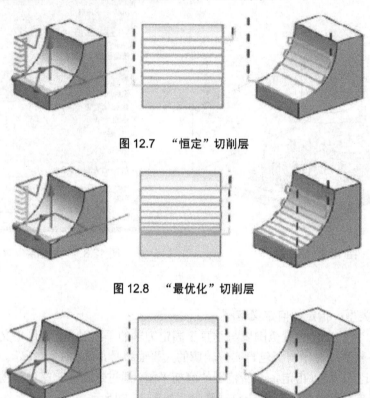

图 12.7　"恒定"切削层

图 12.8　"最优化"切削层

图 12.9　"仅在范围底部"切削层

(3) 每刀的公共深度：确定如何测量默认切削深度值。

① 恒定：限制连续切削刀路之间的距离。

② 残余高度：限制刀路之间的残余材料高度。

(4) 最大距离：指定所有范围的默认最大切削深度值。

(5) 临界深度顶面切削：范围类型设置为"单个"时可用。在部件中为每个水平曲面添加切削深度，如图 12.10 所示。

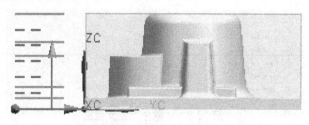

图 12.10　临界深度顶面切削

2. 范围 1 的顶部

可以指定范围顶部的位置。

3. 范围定义

为当前选定的范围指定参数。

(1) 选择对象：指定范围底部的位置。

(2) 范围深度：指定范围底部。通过指定的参考平面测量距离。

(3) 测量开始位置：指定测量"范围深度"值的参考平面。

① 顶层：从第一刀切削范围顶部测量范围深度。

② 当前范围顶部：从当前高亮显示范围顶部测量范围深度。

③ 当前范围底部：从当前高亮显示范围底部测量范围深度。

④ WCS 原点：从 WCS 原点测量范围深度。

(4) 每刀的深度：指定当前活动范围的最大切削深度，可以为各切削范围指定不同值。

(5) 添加新集：在当前活动范围之下添加新的范围。

(6) 列表：在提供范围深度和每刀深度信息的表格中将各切削范围显示为一行。

4. 在上一个范围之下切削

距离：指定在上一个范围之下多深的地方切削，如图 12.11 所示。

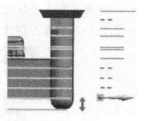

5. 信息

用于显示所有存在的范围信息。

12.3.3 切削参数

图 12.11 距离

图 12.12 所示为"型腔铣"工序使用"跟随部件"模式的"切削参数"对话框，可以看到它与平面铣的切削参数相近，只有小部分选项不同，如增加了"延伸刀轨"选项组和"修剪方式"选项。

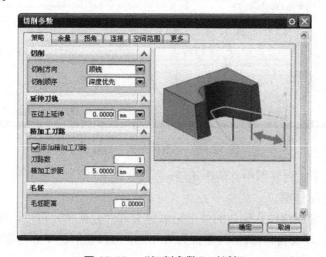

图 12.12 "切削参数"对话框

1. 延伸刀轨

"延伸刀轨"选项组下只有"在边上延伸"文本框，该选项用于设置刀轨在边上延伸，如图 12.13 所示。可以设置具体的延伸距离，如图 12.14 所示，也可以通过刀具的百分比来设置。

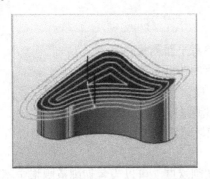

图 12.13　"延伸刀轨"示意图

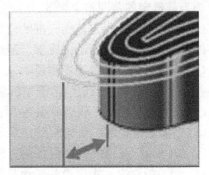

图 12.14　"延伸距离"示意图

2. 修剪方式

当没有定义毛坯几何时，"修剪方式"下拉列表框指定用型芯外形轮廓作为定义毛坯几何的边界。设置方法为先选择"空间范围"选项卡，如图 12.15 所示。

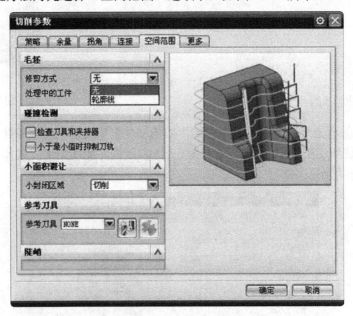

图 12.15　"空间范围"选项卡

"修剪方式"下拉列表框中有两个选项。

(1) 无：不使用修剪。

(2) 轮廓线：使用部件几何体的外形轮廓定义部件几何体。可以认为在每一切削层中，以外形轮廓作为毛坯几何体(其材料侧也为 Inside)，而以切削层平面与零件的交线作为部件几何体(其材料侧也为 Inside)。

当加工型芯零件没有定义毛坯时,如果"修剪方式"选项设为"无",将不能生成刀具路径,系统提示"没有在岛的周围定义要切削的材料";如果将"修剪方式"选项设置为"轮廓线",则可以生成刀具路径。

3. 处理中的工件

"处理中的工件"(IPW)可以使用上一个工序加工后形成的 IPW 作为下一个工序的毛坯,同时还可以生成下一个工序可用的新 IPW。

选择"切削参数"对话框中的"空间范围"选项卡,如图 12.16 所示。"处理中的工件"下拉列表框中有"无"、"使用 3D"、"使用基于层的" 3 个选项。

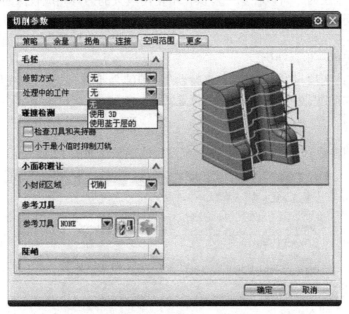

图 12.16　"切削参数"对话框

(1) 无:指在操作中不使用 IPW 功能,而使用几何父节点组中指定的毛坯几何体定义的毛坯作为此操作的毛坯,不能使用前一操作中剩余材料作为当前操作的毛坯几何体。

特别提示

在二次开粗中,如果处理中的工件选择"无"选项,必须将前一操作进行仿真切削后生成处理中的工件,然后在二次开粗中将 IPW 指定为操作的毛坯几何体,这样当前操作才会基于前一操作的材料进行切削,否则只能以最初指定的毛坯几何体切削。

(2) 使用 3D:使用 3D 小平面体以表示剩余材料。小平面体可能有很多微小的材料斑点,需要大量内存才能创建。选择该选项,可以将前一操作加工后剩余的材料作为当前操作的毛坯几何体,避免再次切削已经切削过的区域。

(3) 使用基于层的:该选项与"使用 3D"类似,也是使用前一操作后的剩余材料作为当前操作的毛坯几何体,并且使用先前操作的刀轴矢量,操作都必须位于同一几何父节点组内。使用该选项可以高效地切削先前操作中留下的弯角和阶梯面。

 特别提示

在二次开粗时：如果当前操作使用的刀具和先前操作的刀具不一样，建议选择"使用 3D"选项；如果当前操作使用的刀具和先前刀具一样，只是改了步进距离或切削深度，建议选择"使用基于层的"选项。

使用"使用基于层的"选项与使用"使用 3D"选项的刀轨比较：

(1) "使用基于层的"可高效地切削先前操作中留下的拐角和阶梯面。

(2) 在加工部件时，刀轨处理时间较使用"使用 3D"显著减少，刀轨更加规则。

(3) 在实际加工时，可以在第一步操作中使用较大的刀具完成较深的切削，然后在后续操作中使用同一刀具完成深度很浅的切削以清除阶梯面。

(4) 可以将多个粗加工操作合并在一起，以便对给定的型腔进行粗加工和余料铣削，从而使加工过程进一步自动化。

(5) 可以将此选项与"检查刀具和夹持器"选项结合使用，以便可以使用较短的刀具(这些刀具刚度更大)在型腔内切削到更深的位置。

4. 碰撞检测

选择"切削参数"对话框中的"空间范围"选项卡，如图 12.17 所示。

图 12.17 "空间范围"选项卡

1) 检查刀具和夹持器

选中"检查刀具和夹持器"复选框，在碰撞检查中包括刀具夹持器，有助于避免刀柄与部件的碰撞。系统使用刀柄形状加最小间隙值来保证与几何体的安全距离，任何将导致碰撞的区域都将从切削区域中排除，因此得到的刀轨在切削材料时不会发生刀轨碰撞的情况。

2) IPW 碰撞检查

选中"IPW 碰撞检查"复选框，系统将检查 IPW 碰撞。

3) 小于最小值时抑制刀轨

控制工序仅移除少量材料时是否输出刀轨。

4) 最小体积百分比

定义工序为输出其刀轨而必须切削的剩余材料量。如果工序不满足此百分比，其刀轨被抑制，并且不会影响 IPW。

12.4　建模步骤

12.4.1　打开软件并进入加工环境

(1) 启动 UG NX 8.0，单击"标准"工具条中的"打开"按钮，弹出"打开"对话框，选择 X:/12.prt 文件，单击"OK"按钮。

(2) 选择"开始"|"加工"命令，弹出"加工环境"对话框，在"要创建的 CAM 设置"列表框中选择 mill_contour 模板，如图 12.18 所示，单击"确定"按钮，即可进入加工环境。

12.4.2　创建几何体

1．确定加工坐标系

(1) 单击"导航器"工具条中的"几何视图"按钮，再单击"工序导航器"按钮，工序导航器切换到"几何"视图。

(2) 双击工序导航器中的 MCS_MILL 节点，或者在工序导航器中选择 MCS_MILL 节点，右击，在弹出的快捷菜单中选择"编辑"命令，弹出如图 12.19 所示的"Mill Orient"对话框，选择毛坯顶面为 MCS 放置面。

图 12.18　"加工环境"对话框

2．设置安全平面

在"Mill Orient"对话框中的"安全设置选项"下拉列表框中选择"平面"选项，单击"指定平面"后的"平面对话框"按钮，弹出"平面"对话框。选取毛坯顶面，然后在"距离"文本框中输入 10，单击"确定"按钮，产生的安全平面如图 12.20 所示。

图 12.19　"Mill Orient"对话框

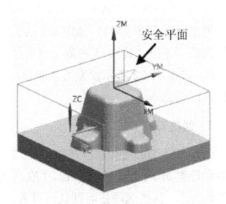

图 12.20　安全平面

3. 创建几何体

(1) 指定部件几何体。在工序导航器中选择 WORKPIECE 节点，右击，在弹出的快捷菜单中选择"编辑"命令，或者双击 WORKPIECE 节点，弹出"铣削几何体"对话框。在该对话框的上方单击"选择或编辑部件几何体"按钮，弹出"部件几何体"对话框。选择型芯模型，单击"确定"按钮，返回"铣削几何体"对话框。

(2) 指定毛坯几何体。在"铣削几何体"对话框的上方单击"选择或编辑毛坯几何体"按钮，弹出"毛坯几何体"对话框。选择前面创建的毛坯模型，单击"确定"按钮完成毛坯几何体的选择，返回"铣削几何体"对话框。在"铣削几何体"对话框的下方单击"确定"按钮完成所有几何体的创建。

(3) 选择绘图区的毛坯模型并将其隐藏，结果如图 12.21 所示。

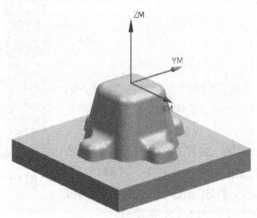

图 12.21　隐藏毛坯几何体

12.4.3　创建刀具

单击"导航器"工具条中的"机床视图"按钮，工序导航器切换到"机床"视图。

1. 创建刀具 D16R1

(1) 在"刀片"工具条中单击"创建刀具"按钮，弹出"创建刀具"对话框。在"刀具子类型"选项组中单击"MILL"按钮，在"名称"文本框中输入"D16R1"，单击"应用"按钮，弹出"铣刀-5 参数"对话框。

(2) 按图 12.22 所示设置刀具参数。刀具参数设置完后，单击"确定"按钮，则 D16R1 立铣刀创建完毕。

2. 创建刀具 D12

创建刀具 D12 的方法与创建刀具 D16R1 一样，只是刀具的参数设置不同。刀具 D12 的参数设置如下："直径"为 12，"底圆角半径"为 0，"刀具号"、"长度补偿"和"刀具补偿"均为 2，其他选项依照默认值设置。

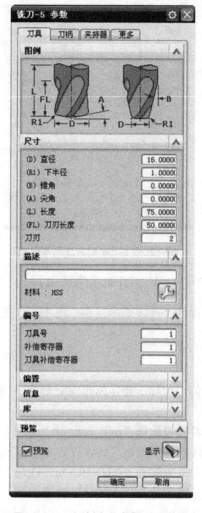

图 12.22 "铣刀-5 参数"对话框

3. 创建刀具 D10R1

同上创建刀具 D16R1。刀具的参数设置如下："直径"为 10，"底圆角半径"为 1，"刀具号"、"长度补偿"和"刀具补偿"均为 3，其他选项依照默认值设置。

12.4.4　创建方法

单击"导航器"工具条中的"加工方法视图"按钮，工序导航器切换到"加工方法"视图。双击工序导航器中的 MILL_ROUGH 节点，或者在工序导航器中选择 MILL_ROUGH 节点，右击，在弹出的快捷菜单中选择"编辑"命令，弹出"铣削方法"对话框，在"部件余量"文本框中输入 0.5，其余参数采用默认值，单击"确定"按钮完成粗加工方法操作，如图 12.23 所示。

利用同样的方法，依次创建 MILL_SEMI_FINISH(半精加工)和 MILL_FINISH(精加工)，其中半精加工的部件余量为 0.3，精加工的部件余量为 0。

图 12.23 "铣削方法"对话框

12.4.5 创建型腔铣粗加工 CAV_ROU1(工序号 01)

单击"导航器"工具条中的"程序顺序视图"按钮，工序导航器切换到"程序顺序"视图。

1. 创建工序

单击"刀片"工具条中的"创建工序"按钮，弹出"创建工序"对话框，按图 12.24 所示设置各选项。

(1) 在"类型"下拉列表框中选择"mill_contour"选项。

(2) 在"工序子类型"选项组中单击"CAVITY_MILL"按钮。

(3) 在"程序"下拉列表框中选择"PROGRAM"选项。

(4) 在"刀具"下拉列表框中选择"D16R1"选项。

(5) 在"几何体"下拉列表框中选择"WORKPIECE"选项。

(6) 在"方法"下拉列表框中选择"MILL_ROUGH"选项。

(7) 在"名称"文本框中输入"CAV_ROU1"。

设置完后，单击"确定"按钮，弹出"型腔铣"对话框。

2. 选择切削模式和设置切削用量

在"型腔铣"对话框中，按图 12.25 所示进行参数设置。

(1) 在"切削模式"下拉列表框中选择"跟随周边"选项。

(2) 在"步距"下拉列表框中选择"刀具平直百分比"选项。

(3) 在"平面直径百分比"文本框中输入 65。

(4) 在"每刀的公共深度"下拉列表框中选择"恒定"选项。

(5) 在"最大距离"文本框中输入 1。

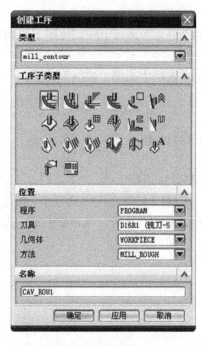

图 12.24　"创建工序"对话框

图 12.25　"型腔铣"对话框

3. 设置切削参数

在"型腔铣"对话框中，单击"切削参数"按钮，弹出"切削参数"对话框。

(1) 在"切削"选项卡中按图 12.26 所示设置各项参数。设置"切削方向"为"顺铣"，"切削顺序"为"深度优先"，"刀路方向"为"向外"，选中"岛清根"复选框，其他选项采用默认值。

(2) 选择"余量"选项卡，按图 12.27 所示设置各项参数。在"部件侧面余量"文本框中输入 0.5，"部件底面余量"文本框中输入 0.3，其他参数采用默认值。

其余参数按系统默认，单击"确定"按钮完成切削参数设置，返回"型腔铣"对话框。

图 12.26　"切削"参数

图 12.27　"余量"参数

4. 设置非切削参数

在"型腔铣"对话框中，单击"非切削移动"按钮 ，弹出"非切削移动"对话框，在该对话框中设置非切削移动参数。

(1) 设置进刀方式。在"非切削移动"对话框的"进刀"选项卡中。按图 12.28 所示设置各参数。

① 在"封闭区域"选项组的"进刀类型"下拉列表框中选择"螺旋"选项。

② 在"高度"文本框中输入 6。

③ 在"最小斜面长度"文本框中输入 0。

④ 在"开放区域"选项组中的"进刀类型"下拉列表框中选择"圆弧"选项。

⑤ 在"半径"文本框中输入 50。

⑥ 在"最小安全距离"文本框中输入 5。其他参数采用默认值。

(2) 设置转移/快速。在"非切削移动"对话框中，选择"转移/快速"选项卡，如图 12.29 所示。在"安全设置选项"下拉列表框中选择"使用继承的"选项，其他参数采用默认值。单击"确定"按钮，返回"型腔铣"对话框。

图 12.28　"进刀"参数

图 12.29　"转移/快速"参数

5. 设置进给率和速度

(1) 在"型腔铣"对话框中，单击"进给率和速度"按钮 ，弹出"进给率和速度"对话框。在该对话框中设置进给率和主轴转速。

(2) 在"主轴速度"文本框中输入 1000，接着单击其右侧的 按钮，按照设定的主轴转速值和选定的刀具尺寸计算表面速度和每齿进给量。

(3) 在"切削"文本框中输入 800，单位选择 mmpm。其余按默认设置，单击"确定"按钮，返回"型腔铣"对话框。

6.　生成刀具轨迹

完成了"型腔铣"对话框中所有项目的设置后，单击"操作"选项组中的"生成"按钮，开始生成刀具轨迹。计算完成后产生的刀具路径如图 12.30 所示。

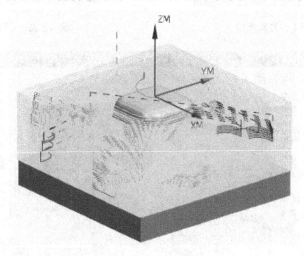

图 12.30　粗加工刀具路径 1

12.4.6　创建型腔铣粗加工 CAV_ROU2(工序号 02)

1.　复制、粘贴 CAV_ROU 工序

(1) 复制 CAV_ROU1 工序。在工序导航器的"程序顺序"视图中，先用鼠标选择粗加工工序 CAV_ROU1，再右击，在弹出的快捷菜单中选择"复制"命令，复制工序 CAV_ROU1。

(2) 粘贴 CAV_ROU1 工序。在工序导航器的"程序顺序"视图中，先用鼠标选择先前创建的工序 CAV_ROU1，再右击，在弹出的快捷菜单中选择"粘贴"命令，粘贴刚才的复制工序 CAV_ROU1。

2.　更换工序名称

在工序导航器的"程序顺序"视图中，先用鼠标选择粘贴的工序 CAV_ROU1_COPY，再右击，在弹出的快捷菜单中选择"重命名"命令，输入文字 CAV_ROU2，按 Enter 键将工序名称改为 CAV_ROU2。

3.　编辑 CAV_ROU2 工序

(1) 重新选择刀具。在"型腔铣"对话框中，将"刀具"选项组展开，在"刀具"下拉列表框中选择"D10R1"选项，如图 12.31 所示。

(2) 设定切削方式和切削用量。在"型腔铣"对话框中，设定切削模式和切削用量，如图 12.32 所示。

(3) 设置切削参数。在"型腔铣"对话框中，单击"切削参数"按钮，弹出"切削参数"对话框。选择"空间范围"选项卡，将"参考刀具"选项组展开，"参考刀具"选择 D16R1，其他参数采取默认值，如图 12.33 所示。

图 12.31　刀具选择

图 12.32　刀轨设置

图 12.33　"切削参数"对话框

（4）设置进给率和速度。在"型腔铣"对话框中，单击"进给率和速度"按钮，弹出"进给率和速度"对话框。在"主轴速度"文本框中输入 1500，接着单击其右侧的按钮，按照设定的主轴转速值和选定的刀具尺寸计算表面速度和每齿进给量。

在"切削"文本框中输入 450，单位选择 mmpm。其余按默认设置，单击"确定"按钮，返回"型腔铣"对话框。

4. 产生刀具路径

（1）单击"生成"按钮产生刀具路径，观察刀具路径的特点。

（2）单击"确定"按钮，接受生成的刀具路径，如图 12.34 所示。

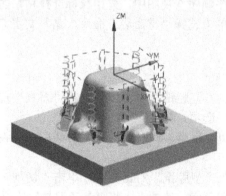

图 12.34　粗加工刀具路径 2

12.4.7　侧壁半精加工 CAV_SEMI (工序号 03)

1. 创建工序

单击"刀片"工具条中的"创建工序"按钮，弹出"创建工序"对话框，按图 12.35 所示设置各选项。

(1) 在"类型"下拉列表框中选择"mill_contour"选项。

(2) 在"工序子类型"选项组中单击"ZLEVEL_PROFILE"按钮。

(3) 在"程序"下拉列表框中选择"PROGRAM"选项。

(4) 在"刀具"下拉列表框中选择 D10R1 选项。

(5) 在"几何体"下拉列表框中选择"WORKPIECE"选项。

(6) 在"方法"下拉列表框中选择"MILL_SEMI_FINISH"选项。

(7) 在"名称"文本框中输入"CAV_SEMI"。

设置完后，单击"确定"按钮，弹出如图 12.36 所示的"深度加工轮廓"对话框。

2. 选择切削区域

在"深度加工轮廓"对话框中，展开"几何体"选项组，单击"指定切削区域"后的"选择或编辑切削区域几何体"按钮，弹出如图 12.37 所示的"切削区域"对话框，选择如图 12.38 所示型芯底板以上的所有曲面，单击"确定"按钮，返回"深度加工轮廓"对话框。

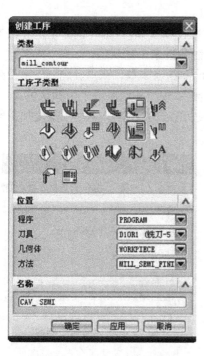

图 12.35　"创建工序"对话框

图 12.36　"深度加工轮廓"对话框

图 12.37 "切削区域"对话框

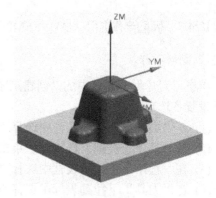

图 12.38 选取切削区域

3. 选择切削模式和设置切削用量

在"深度加工轮廓"对话框中,按图 12.36 所示进行参数设置。

(1) 在"陡峭空间范围"下拉列表框中选择"无"选项。

(2) 在"合并距离"文本框中输入 30。

(3) 在"每刀的公共深度"下拉列表框中选择"恒定"选项。

(4) 在"最大距离"文本框中输入 0.3。

4. 设置切削参数

在"深度加工轮廓"对话框中,单击"切削参数"按钮 ,弹出"切削参数"对话框。

(1) 在"策略"选项卡中按图 12.39 所示设置各项参数。设置"切削方向"为"顺铣","切削顺序"为"深度优先",其他选项采用默认值。

(2) 选择"余量"选项卡,按图 12.40 所示设置各项参数。"部件侧面余量"文本框中输入 0.3,"部件底面余量"文本框中输入 0.1,其他参数采用默认值。

(3) 选择"连接"选项卡,按如图 12.41 所示设置各项参数。在"层到层"下拉列表框中选择"沿部件斜进刀",在"斜坡角"文本框中输入 30,其他参数采用默认值。

其余参数采用默认值,单击"确定"按钮完成切削参数设置,返回"深度加工轮廓"对话框。

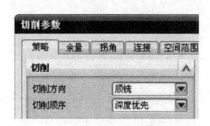

图 12.39 "策略"参数

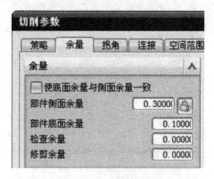

图 12.40 "余量"参数

图 12.41　"连接"参数

5. 设置非切削参数

在"深度加工轮廓"对话框中，单击"非切削移动"按钮，弹出"非切削移动"对话框，在该对话框中设置非切削移动参数。

(1) 设置进刀方式。在"非切削移动"对话框中的"进刀"选项卡中。按图 12.42 所示设定各参数。

① 在"封闭区域"选项组的"进刀类型"下拉列表框中选择"插削"选项。

② 在"高度"文本框中输入 6。

③ 在"开放区域"选项组中的"进刀类型"下拉列表框中选择"圆弧"选项。

④ 在"圆弧角度"文本框中输入 90。

⑤ 在"半径"文本框中输入 5。其他参数采用默认值。

(2) 设置转移/快速。在"非切削移动"对话框中，选择"转移/快速"选项卡，按图 12.43 所示设置参数。单击"确定"按钮，返回"深度加工轮廓"对话框。

图 12.42　"进刀"参数

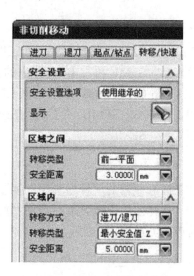

图 12.43　"转移/快速"参数

6. 设置进给率和速度

(1) 在"深度加工轮廓"对话框中，单击"进给率和速度"按钮，弹出"进给率和速度"对话框。在该对话框中设置进给率和主轴转速。

（2）在"主轴速度"文本框中输入 1500，接着单击其右侧的 按钮，按照设定的主轴转速值和选定的刀具尺寸计算表面速度和每齿进给量。

（3）在"切削"文本框中输入 450，单位选择 mmpm。其余按默认设置，单击"确定"按钮，返回"深度加工轮廓"对话框。

7．生成刀具轨迹

完成了"深度加工轮廓"对话框中所有项目的设置后，单击"操作"选项组中的"生成"按钮，开始生成刀具轨迹。计算完成后产生的刀具路径如图 12.44 所示。

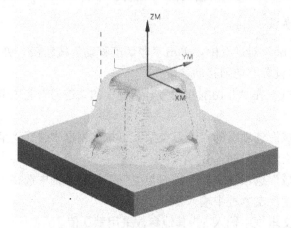

图 12.44　半精加工刀具路径

12.4.8　侧壁精加工 CAV_FINI(工序号 04)

1．复制、粘贴 CAV_SEMI 工序

（1）复制 CAV_SEMI 工序。在工序导航器的"程序顺序"视图中，先用鼠标选择粗加工工序 CAV_SEMI，再右击，在弹出的快捷菜单中选择"复制"命令，复制工序 CAV_SEMI。

（2）粘贴 CAV_SEMI 工序。在工序导航器的"程序顺序"视图中，先用鼠标选择先前创建的工序 CAV_SEMI，再右击，在弹出的快捷菜单中选择"粘贴"命令，粘贴刚才的复制工序 CAV_SEMI。

2．更换工序名称

在工序导航器的"程序顺序"视图中，先用鼠标选择粘贴的工序 CAV_SEMI_COPY，再右击，在弹出的快捷菜单中选择"重命名"命令，输入文字 CAV_FINI，按 Enter 键将工序名称改为 CAV_FINI。

3．编辑 CAV_FINI 工序

（1）设定切削模式和切削用量。在"深度加工轮廓"对话框中，设定切削模式和切削用量，如图 12.45 所示。

（2）设置进给率和速度。在"深度加工轮廓"对话框中，单击"进给率和速度"按钮，弹出"进给率和速度"对话框。在"主轴速度"文本框中输入 3000，接着单击其右侧的 按钮，按照设定的主轴转速值和选定的刀具尺寸计算表面速度和每齿进给量。

在"切削"文本框中输入 250，单位选择 mmpm。其余按默认设置，单击"确定"按钮，返回"深度加工轮廓"对话框。

4. 产生刀具路径

(1) 单击"操作"选项组中的"生成"按钮产生刀具路径，观察刀具路径的特点。

(2) 单击"确定"按钮，接受生成的刀具路径，如图 12.46 所示。

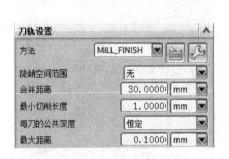

图 12.45 "刀轨设置"参数

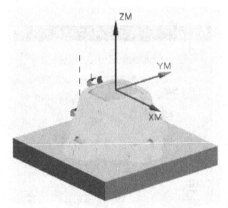

图 12.46 侧壁精加工刀具路径

12.4.9 平面精加工(工序号 05)

1. 创建工序

单击"刀片"工具条中的"创建工序"按钮，弹出"创建工序"对话框，按图 12.47 所示设置各选项。

(1) 在"类型"下拉列表框中选择"mill_planar"选项。

(2) 在"工序子类型"选项组中单击"FACE_MILLING"按钮。

(3) 在"程序"下拉列表框中选择"PROGRAM"选项。

(4) 在"几何体"下拉列表框中选择"WORKPIECE"选项。

(5) 在"刀具"下拉列表框中选择 D12 选项。

(6) 在"方法"下拉列表框中选择"MILL_FINISH"选项。

(7) 在"名称"文本框中输入"PM"。

设置完后，单击"确定"按钮，弹出如图 12.48 所示的"面铣"对话框。

2. 指定面边界

在"面铣"对话框中，单击"指定面边界"后的"选择或编辑面几何体"按钮，弹出如图 12.49 所示的"指定面几何体"对话框，在此对话框中单击按钮，在绘图区选取如图 12.50 所示两平面，再单击"确定"按钮，返回"面铣"对话框。

3. 选择切削模式和切削用量

在"面铣"对话框中，在"切削模式"下拉列表框中选择"跟随周边"选项，在"步距"下拉列表框中选择"刀具平直百分比"选项，在"平面直径百分比"文本框中输入 40，其他采用默认值，如图 12.51 所示。

图 12.47　"创建工序"对话框

图 12.48　"面铣"对话框

图 12.49　"指定面几何体"对话框

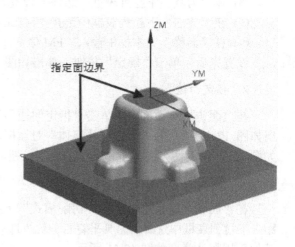

图 12.50　指定面边界

4. 设置切削参数

在"面铣"对话框中，单击"切削参数"按钮 ![icon]，弹出"切削参数"对话框。选择"余量"选项卡，按图 12.52 所示设置各项参数。单击"确定"按钮，返回"面铣"对话框。

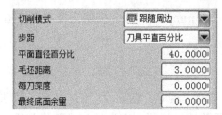

图 12.51　刀轨设置　　　　　　　　　图 12.52　设置"余量"参数

5. 设置非切削移动

在"面铣"对话框中，单击"非切削移动"按钮 ![icon]，弹出"非切削移动"对话框。

(1) 设置进刀方式。在"非切削移动"对话框的"进刀"选项卡中。按图 12.53 所示设置各参数。

① 在"封闭区域"选项组的"进刀类型"下拉列表框中选择"插削"选项。

② 在"高度"文本框中输入 6。

③ 在"开放区域"选项组中的"进刀类型"下拉列表框中选择"圆弧"选项。

④ 在"圆弧角度"文本框中输入 90。

⑤ 在"半径"文本框中输入 5。其他参数采用默认值。

(2) 设置转移/快速。在"非切削移动"对话框中，选择"转移/快速"选项卡，按图 12.54 所示设置参数。单击"确定"按钮，返回"面铣"对话框。

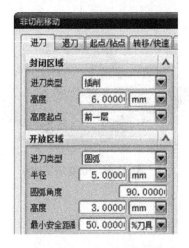

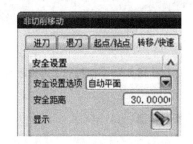

图 12.53　"进刀"参数设置　　　　　　图 12.54　"转移/快速"参数设置

6. 设置进给率和速度

(1) 在"面铣"对话框中，单击"进给率和速度"按钮 ![icon]，弹出"进给率和速度"对话框。在该对话框中设置进给率和主轴转速。

（2）在"主轴速度"文本框中输入 3500，将"主轴速度"选项组下的"更多"选项组展开，在"输出模式"下拉列表框中选择"PRM"选项，在"方向"下拉列表框中选择"顺时针"选项。

（3）在"剪切"文本框中输入"250"，单位选择"mmpm"，其余按默认设置。单击"确定"按钮，返回"面铣"对话框。

7. 生成刀具轨迹

完成了"面铣"对话框中所有项目的设置后，单击"操作"选项组中的"生成"按钮 ，开始生成刀具轨迹。计算完成后，在图形区域显示欲铣切边界，产生的刀具路径如图 12.55 所示。

8. 仿真加工

（1）将工序导航器切换到"程序顺序"视图。

（2）选择程序父节点组 PROGRAM。

（3）单击"操作"工具条中的"确认刀轨"按钮 ，弹出"刀轨可视化"对话框。

（4）选择"3D 动态"选项卡，再单击"播放"按钮 。

（5）系统对全部刀轨进行仿真切削，切削结果如图 12.56 所示。

（6）单击"确定"按钮，退出"刀轨可视化"对话框。

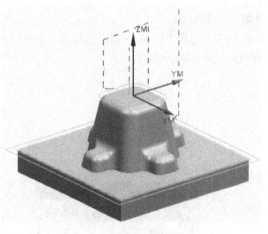
图 12.55　平面精加工刀具路径

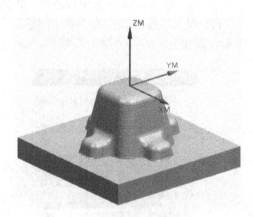
图 12.56　仿真切削结果

拓展实训

根据以上所讲内容，独立完成以下作业，图样如图 12.57 所示。

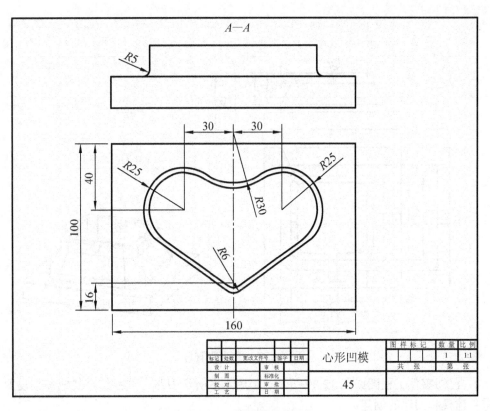

图 12.57　读者练习图样

任 务 小 结

　　通过本任务的学习，掌握型腔铣的基本操作和编程方法，对同类型的零件可以进行编程并灵活运用；理解它与平面铣的区别，重点掌握型腔铣的原理及用途、切削参数，以及加工几何体的设置，还要掌握等高轮廓铣的操作。

　　型腔铣以固定刀轴快速而高效地粗加工曲面类几何体。与平面铣加工直壁平底的零件不同的是，型腔铣在每个切削层上都沿着零件的轮廓切削。它能够识别实体几何体，计算出每个切削层上不同的刀轨形状。型腔铣使用平面的切削刀路沿着零件的轮廓切削，能够加工曲面的侧壁和底面，而平面铣始终是沿着相同的零件边界生成刀具轨迹。

　　型腔铣可以加工比较复杂的零件，应用广泛，可用于大部分的粗加工及直壁或者斜度不大的侧壁的精加工，在数控加工应用中占到超过一半的比例，编程方便，操作简单。

习 　题

　　1. 已知零件工程图如图 12.58 所示，使用本任务所学刀路方法并结合其他参数设置，完成零件建模和刀轨的创建。

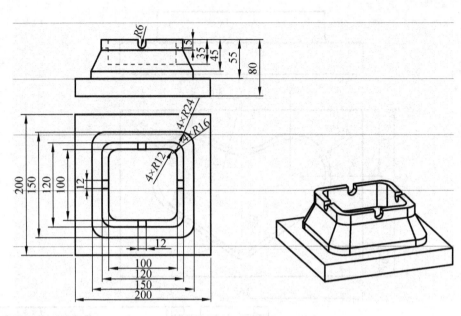

图 12.58　练习图样(1)

2．已知零件工程图如图 12.59 所示，使用本章所学刀路方法并结合其他参数设置，完成零件建模和刀轨的创建。

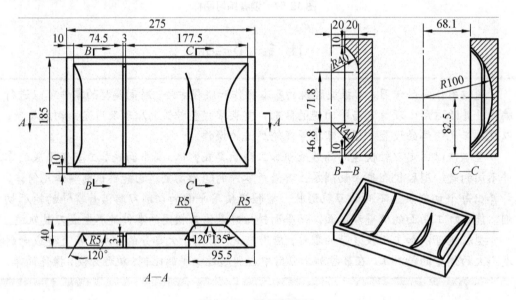

图 12.59　练习图样(2)

3．已知零件工程图如图 12.60 所示，使用本章所学刀路方法并结合其他参数设置，完成零件建模和刀轨的创建。

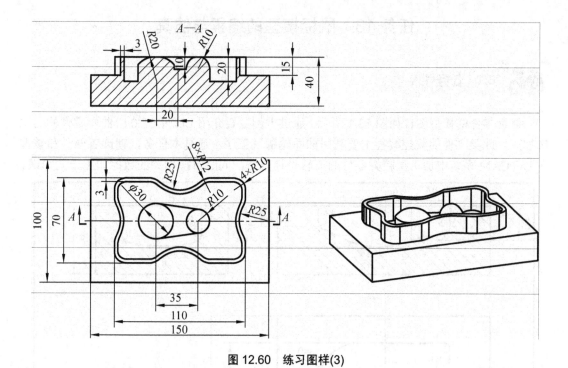

图 12.60 练习图样(3)

4. 已知零件工程图如图 12.61 所示，使用本章所学刀路方法并结合其他参数设置，完成零件建模和刀轨的创建。

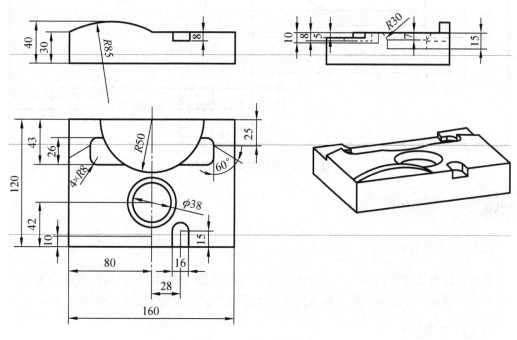

图 12.61 练习图样(4)

任务 13   鼠标模型的编程与仿真

13.1   任务导入

鼠标零件的模型图样如图 13.1 所示。通过本例主要介绍 UG NX 8.0 中曲面零件的三轴铣加工。此类零件的数控编程主要利用曲面轮廓铣工序。通过本任务，使读者熟悉和掌握在 UG CAM 系统中加工型腔类零件的刀轨设计方法，同时掌握相关的数控加工工艺知识。

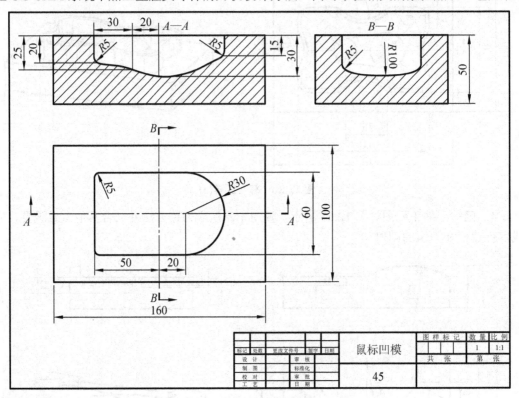

图 13.1   鼠标零件模型图样

13.2   任务分析

13.2.1   工艺分析

观察并分析该模型图样，可以看出鼠标型腔模型是由曲面、圆角等构成的曲面实体。可首先采用型腔粗加工方法进行分层加工，然后进行曲面半精加工和曲面精加工。

13.2.2   工艺设计

根据工艺分析，具体加工方案如下。

(1) 粗加工：用直径为 20mm 的立铣刀，分层铣削型腔。

(2) 半精加工：用直径为 10mm 的立铣刀，精加工侧壁。

(3) 曲面精加工：用直径为 8mm 的球头铣刀，固定轴轮廓铣底面。

每个工步的加工方法、刀具参数、加工余量等参数见表 13-1。

表 13-1 加工工步安排

工序号	工步内容	加工方法	程序名称	刀具	余量	图 解
1	粗加工	⊾ 型腔铣	CAV_ROU	D20	部件 0.2 底面 0.2	
2	侧壁精加工	⊾ 型腔铣	CAV_FIN	D10	部件 0 底面 0.2	
3	曲面精加工	⬇ 固定轴轮廓铣	FIXED_FIN	D8R4	部件 0 底面 0	

13.3 任务知识点

13.3.1 基本概念

1. 驱动点

驱动点是指在驱动几何体上生成的，并按投影矢量方向投影到部件几何体上的点。

2. 驱动几何体

驱动几何体是指用来产生驱动点的几何体，可以为点、曲线、曲面，也可以是部件几何体。

3. 驱动方法

驱动方法用于提供创建驱动点的方法，它将决定可选用的驱动几何体、可用的投影矢量、刀轴矢量和切削方式等，所以驱动方法应根据部件的表面形状、加工要求等多方面的因素来选择。一旦确定了驱动方法，可选用的驱动几何、投影矢量、刀轴和切削方式等就随之确定了。UG NX 8.0 提供了多种驱动方法，如曲线/点驱动方法、边界驱动方法、区域铣削驱动方法和曲面驱动方法等。

4. 投影矢量

投影矢量用于指引驱动点怎样投射到部件表面。一般情况下，驱动点沿投影矢量方向投影到部件几何体上产生投影点。

5. 在驱动几何体上产生驱动点

驱动点可以从部分或全部的几何体中创建，也可以从其他与部件不相关联的几何体上创建，最后，这些点将被投影到几何体部件上。

6. 投影驱动点

刀位轨迹点通过内部处理产生。它使刀具从驱动点开始沿着矢量方向向下移动，直到刀具接触到部件几何体。这个点可能与映射投影点的位置一致，如果有其他的部件几何体或者是检查几何体阻碍了刀具接触到投影点，一个新的输出点将会产生，那个不能使用的驱动点将被忽略。本操作可用于执行精加工程序，通过不同驱动方法的设置，可以获得不同的刀轨形式。

13.3.2 驱动方法

在固定轴曲面轮廓铣中，驱动方法定义了创建驱动点的方法。系统提供了 11 种驱动方法，它们分别是曲线/点驱动方法、螺旋式驱动方法、边界驱动方法、区域铣削驱动方法、曲面驱动方法、流线驱动方法、刀轨驱动方法、径向切削驱动方法、清根驱动方法、文本驱动方法和用户定义驱动方法。所选择的驱动方法决定了能使用的驱动几何体类型，以及可用的投影矢量、刀具轴和切削方法。如果不选择部件几何体，刀位轨迹将直接由驱动点生成。

每一个驱动方法都包含一个对话框，当选择了某个特定的驱动方法后，相应的对话框将弹出。当改变了驱动方法后，会弹出如图 13.2 所示的警告信息，提示是否要更改驱动方法，单击"确定"按钮将弹出新选项的驱动方法对话框。本节重点介绍几种常用的驱动方法。

1. 边界驱动方法

"边界驱动方法"可指定边界、环或两者的组合来定义切削区域。边界不需要与部件表面的形状或尺寸有所关联，而环则需要定义在部件表面的外部边缘。根据边界所定义的导向点，沿投影矢量投影至部件表面，定义出刀具接触点与刀具路径，如图 13.3 所示。

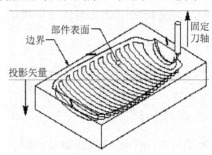

图 13.2　警告信息　　　　　　　图 13.3　边界驱动方法

"边界驱动方法"与"平面铣"的工作方式类似，但是与"平面铣"的不同之处在于，"边界驱动方法"可用来创建允许刀具沿着复杂表面轮廓移动的精加工工序。与"曲面区域驱动方法"相同的是，"边界驱动方法"可创建包含在某一区域内的"驱动点"阵列。在边界内定义"驱动点"一般比选择驱动曲面更为快捷和方便。但是，使用"边界驱动方法"时，不能控制刀轴或相对于驱动曲面的投影矢量。例如，平面边界不能包络复杂的部件表面，从而均匀分布"驱动点"或控制刀具，如图 13.4 所示。

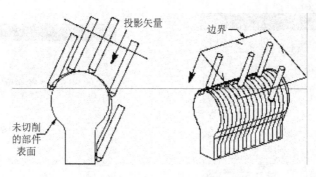

图 13.4 将驱动点投影到部件表面

边界可以由一系列曲线、现有的永久边界、点或面创建。它们可以定义切削区域外部，如岛和腔体，可以为每个边界成员指定"对中"、"相切"或"接触"刀具位置属性。

一个边界可以超出部件的几何表面，也可以在部件几何表面内限制一个区域，还可以与部件几何表面外轮廓边重合，如图 13.5 所示。当边界范围超过部件表面的尺寸并大于刀具直径时，刀具切削会超过部件边缘，造成毛边的不利情形。当边界在部件表面内限制的一个区域时，则必须指定刀轴"对中"、"相切"及"接触"等刀具位置来控制刀具与边界的位置关系。

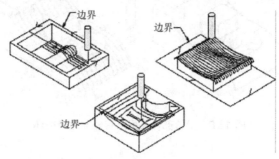

图 13.5 边界的 3 种情况

在"固定轮廓铣"对话框中，当驱动方法选择"边界"时，单击其后的"编辑"按钮，弹出如图 13.6 所示的"边界驱动方法"对话框。对话框中提供"驱动几何体"、"公差"、"偏置"、"空间范围"、"驱动设置"、"更多"和"预览"等选项组。

(1) 驱动几何体。在"边界驱动方法"对话框中，单击"指定驱动几何体"后的"选择或编辑驱动几何体"按钮，弹出如图 13.7 所示的"边界几何体"对话框。该对话框与"平面铣"中的"边界几何体"对话框是类似的，只是模式中的默认设置不同，在"平面铣"中为"面"，而在"边界驱动方法"中为"边界"。

(2) 公差。"公差"选项组下有"边界内公差"和"边界外公差"两个选项，用来指定刀具偏离实际边界的最大距离。"边界内公差"和"边界外公差"不能同时指定为零。

(3) 空间范围。"空间范围"利用沿着所选择部件表面区域的外部边缘生成的"环"来定义切削区域。环与边界同样定义切削区域，不同的是它直接在部件面上产生，而非经过投影产生，如图 13.8 所示。

图 13.6　"边界驱动方法"对话框

图 13.7　"边界几何体"对话框

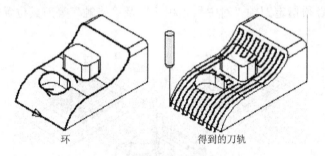

环　　　　　　　　　　得到的刀轨

图 13.8　沿着部件表面所有外部边缘的环

**特别提示**

用实体创建空间范围时，选择要加工的面而不是选择实体，选择实体将导致无法创建环。因实体包含多个可能的外部边缘，这个不确定性将会阻止创建环。选择要加工的面可清楚地定义外部边缘并创建所需的环。

当环与边界一起使用时，由它们的公共部分定义切削区域。"空间范围"选项组下只有"部件空间范围"选项，其下拉列表框中有"关"、"最大的环"和"所有环" 3 个选项，分别说明如下。

① 关：选择该选项，不定义切削区域。

② 最大的环：选择该选项，指定最大的环为切削区域。

③ 所有环：选择该选项，指定所有环为切削区域。

(4) 驱动设置。

① 切削模式：指定刀轨的形状及刀具从一条刀路移动到另一条刀路的方式。其中"跟随周边"、"轮廓加工"、"标准驱动"、"单向"、"往复"和"单向轮廓"的工作方式与在平面铣和型腔铣中相同，此处不再赘述。其他各选项说明如下。

② 单向步进：创建带有切削"步距"的单向模式，如图 13.9 所示，刀路 1 是一个切削运动，刀路 2、3 和 4 是非切削移动，刀路 5 是一个"步距"和切削运动，刀路 6 重复序列。

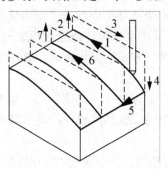

图 13.9　"单向步进"切削模式

③ 同心模式：包括"同心往复"、"同心单向"、"同心单向轮廓"和"同心单向步进"等，从用户指定或系统计算出的最佳中心点创建逐渐变大或逐渐变小的圆形切削模式，刀具路径与切削区域无关，如图 13.10 所示。在整圆模式无法延伸到的区域，如拐角处，系统在刀具运动至下一个拐角以继续切削之前会创建并连接同心圆弧。

④ 径向模式：包括"径向往复"、"径向单向"、"径向单向轮廓"和"径向单向步进"等，由一个用户指定的或者系统计算出来的优化中心点扩展而成。这种切削模式的步距长度是沿着离中心最远的边界上的弧长测量的，如图 13.11 所示。

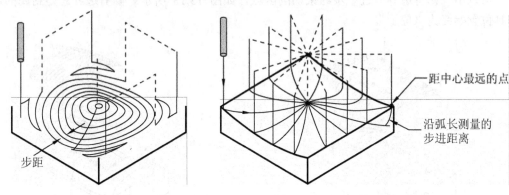

图 13.10　"同心往复"切削方式-向内　　　图 13.11　"径向单向"切削方式-向内

(5) 陈列中心。用于"径向"与"同心"切削模式时手动指定或系统计算其刀具路径的中心点，包括"指定"与"自动"两个选项。当选择"指定"时，弹出点构造器，可指定一点作为路径中心点；当选择"自动"时，系统就切削区域的形状与大小，自动确定最有效的位置作为路径中心点。

(6) 刀路方向。用来指定向外或者向内产生刀具路径，它只在"跟随周边"、"同心"、"径向"切削模式下才激活。

(7) 切削方向。"切削方向"用于"顺铣"与"逆铣"的控制，切削方向与主轴旋转方向共同定义驱动螺旋的方向是顺时针还是逆时针。它包含"顺铣"与"逆铣"两个选项。"顺铣"指定驱动螺旋的方向与主轴方向相同，"逆铣"指定驱动螺旋的方向与主轴旋转方向相反。

(8) 步距。"步距"选项用于指定相邻的两道刀具路径的横向距离，即切削宽度。根据切削模式的不同，它有"恒定"、"残余高度"、"刀具平直百分比"、"多个(变量平均值)"和"角度" 5 个选项。其中前 4 个选项可以参考"平面铣"加工中对应步距设定方法，而"角度"选项只在"径向"模式下才可使用，是通过指定一个角度来定义一个恒定的步进，即辐射线间的夹角。选择"角度"方式定义步距时，要在下面的"度数"文本框中输入角度值。

(9) 附加刀路。"附加刀路"选项用于"轮廓"和"标准驱动"切削模式下，通过指定添加刀具路径的数量，产生多个同心线切削路径，使刀具向边界横向进给，从而沿侧壁切除材料。

(10) 更多。展开"更多"选项组，其中包含"区域连接"、"边界逼近"、"岛清根"、"壁清理"、"精加工刀路"、"切削区域"等选项，其中前 5 个选项的设置可参阅"平面铣"工序的相应选项。"切削区域"选项用于定义"起点"，并指定切削区域的图形显示方式，以供视觉参考。

2. 区域铣削驱动方法

"区域铣削"驱动方法通过指定一个切削区域来产生刀位轨迹，该方法只能用于固定轴铣。切削区域可以通过曲面区域、片体或面来创建。该驱动方法与"边界"驱动方法相似，但是不需要驱动几何体，可以看成是以曲面的边缘作为一个边界驱动，如图 13.12 所示。

可以用"修剪边界"进一步约束切削区域，如图 13.13 所示。修剪边界总是封闭的，刀具位置始终为"位于"。

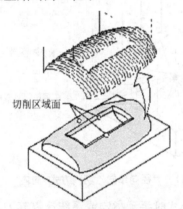

图 13.12　"区域铣削"驱动方法

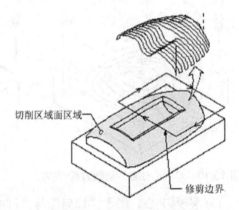

图 13.13　"修剪边界"示例

在"固定轮廓铣"对话框中，在"驱动方法"选项组下的"方法"下拉列表框中选择"区域铣削"选项，弹出如图 13.14 所示的"区域铣削驱动方法"对话框。该对话框中的选项与"边界驱动方法"对话框选项基本一样，但没有"驱动几何体"、"公差"及"偏置"选项组，增加了"陡峭空间范围"选项组。另外在"切削模式"选项中多了"往复上升"选项。

(1) 陡峭空间范围。该选项是根据刀具路径的陡峭程度来控制切削区域，可用于控制残余高度和避免将刀具插入陡峭曲面上的材料中。

部件几何体上任意一点的陡峭度，是由刀轴与部件几何表面法向的夹角来定义的，陡峭区域是指部件几何上陡峭度大于等于指定陡峭角的区域，即"陡角"把切削区域分隔成陡峭区域与非陡峭区域。在"方法"下拉列表框中共有 3 个选项，分别介绍如下。

① 无：在刀具路径上不使用陡峭限制，加工整个切削区域。

② 非陡峭：切削非陡峭区域，用于切削平缓的区域，而不切削陡峭区域。选择该选项，需要在"陡角"文本框中输入角度值。

③ 定向陡峭：定向切削陡峭区域，切削方向由路径模式方向绕 ZC 轴旋转 90°确定，路径模式方向则由"切削角"确定，即从 WCS 的 XC 轴开始，绕 ZC 轴指定的切削角度就是路径模式方向。切削角度可以从选择这一选项后弹出的对话框中指定，也可以从"切削角"下拉列表框中选择用户定义方式。"定向陡峭"示例如图 13.15 所示。

图 13.14　"区域铣削驱动方法"对话框

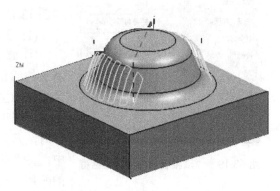

图 13.15　"定向陡峭"方法示例

(2) 驱动设置。

① 往复上升。类似于"往复"走刀方法，创建沿相反方向切削的刀路，步进是非切削运动。在各刀路结束处，刀将退刀、移刀，并沿相反方向切削，如图 13.16 所示。

② 步距已应用。

在平面上：在垂直于刀轴的平面上测量步距，它最适合非陡峭区域，如图 13.17 所示。

在部件上：沿部件测量步距，它最适合陡峭区域，如图 13.18 所示。

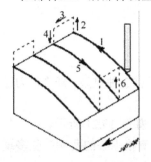 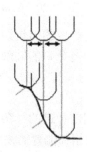 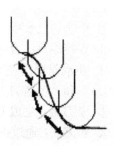

图 13.16　"往复上升"切削模式　图 13.17　"在平面上"测量步距　图 13.18　"在部件上"测量步距

3. 清根驱动方法

图 13.19　"清根驱动方法"对话框

"清根"沿着部件面的凹角和凹部生成驱动点，用来移除之前较大刀具在凹角处留下较多的残料，也常用来在精加工前做半精加工，以移除拐角中的多余材料。"清根"驱动方法具有以下特点：①沿部件表面形成的凹角和凹部一次生成一层刀轨；②当它从一侧移至另一侧时避免嵌入刀具；③计算切削的方向和顺序以优化刀具与部件的接触，并将非切削运动降至最少；④提供手工定义切削顺序的选项；⑤为带有多个偏置的工序提供排序选项，这些选项帮助生成更恒定的切削载荷和更短的非切削移动；⑥为陡峭区域和非陡峭区域提供不同的切削模式；⑦在凹部末端提供光顺转向。

在"固定轮廓铣"对话框中，在"驱动方法"选项组下的"方法"下拉列表框中选择"清根"选项，弹出如图 13.19 所示的"清根驱动方法"对话框。

(1) 驱动几何体。

① 最大凹度：该选项用来指定"清根"刀轨生成所基于的凹角。刀轨只有在那些等于或者小于最大凹角的区域才能生成。所输入的凹角值必须小于 179°，并且是正值。当刀具遇到那些在部件面上超过了指定最大值区域时，刀具将回退或转移到其他区域。例如，在图 13.20 中，将"最大凹角"设置为 120°，则将加工 110° 和 70° 的凹角，而不会加工 160° 的凹角。

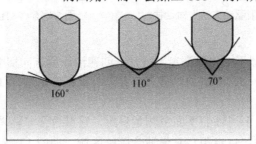

图 13.20　凹角

② 最小切削长度：移除小于指定长度的刀轨切削移动。

③ 连接距离：合并由小于指定距离分隔的铣削段。

(2) 驱动设置。"驱动设置"选项组只有"清根类型"选项，有 3 种类型，即"单刀路"、"多刀路"和"参考刀具偏置"。

① 单刀路：生成刀具沿凹角和凹部行进的一条切削刀路，如图 13.21 所示。

② 多刀路：通过指定偏置数目及相邻偏置的横向距离，在清根中心的两侧产生多道切削刀具路径，如图 13.22 所示。

③ 参考刀具偏置：通过指定一个参考刀具直径来定义加工区域的总宽度，并且指定该加工区域中的步距，在以凹槽为中心的任意两边产生多条切削轨迹。可以用"重叠距离"选项，沿着相切曲面扩展由参考刀具直径定义的区域宽度。

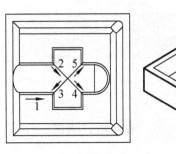

图 13.21   "单刀路"清根类型

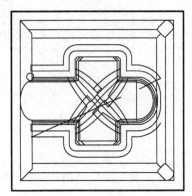

图 13.22   "多刀路"清根类型

(3) 非陡峭切削。

① 非陡峭切削模式：指定非陡峭区域的切削模式，各切削模式示例如图 13.23 所示。

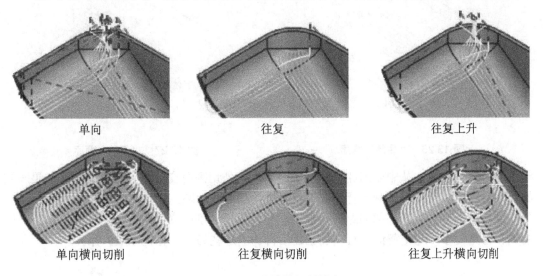

图 13.23   非陡峭切削模式

② 顺序：决定"单向"、"往复"或"往复上升"切削刀路的执行顺序。

由内向外：从中心刀路开始加工，朝外部刀路方向切削；然后刀具移动返回中心刀路，并朝相反侧切削，如图 13.24 所示。

由外向内：从外部刀路开始加工，朝中心方向切削；然后刀具移动至相反侧的外部刀路，再次朝中心方向切削，如图 13.25 所示。

后陡：从凹部的非陡峭侧开始加工，如图 13.26 所示。

先陡：沿着从陡峭侧外部刀路到非陡峭侧外部刀路的方向加工，如图 13.27 所示。

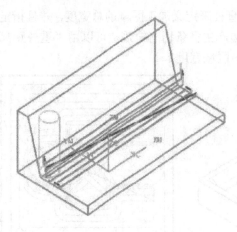

图 13.24 "由内向外"顺序

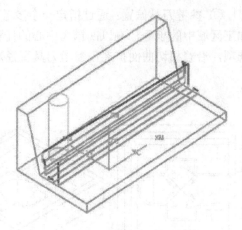

图 13.25 "由外向内"顺序

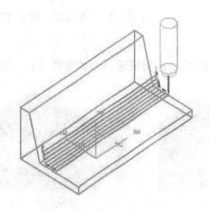

图 13.26 "后陡"顺序

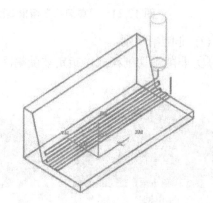

图 13.27 "先陡"顺序

　　由内向外交替：从中心刀路开始加工，刀具向外切削时交替进行两侧切削。如果一侧的偏移刀路较多，对交替侧进行精加工之后再切削这些刀路，如图 13.28 所示。

　　由外向内交替：从外部刀路开始加工，刀具向内切削时交替进行两侧切削。如果一侧的偏移刀路较多，对交替侧进行精加工之后再切削这些刀路，如图 13.29 所示。

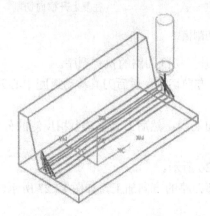

图 13.28 "由内向外交替"顺序

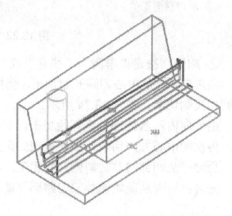

图 13.29 "由外向内交替"顺序

(4) 陡峭切削。控制陡峭区域的切削运动，各选项与"非陡峭切削"基本相同。

(5) 参考刀具。通过指定一个参考刀具(先前粗加工的刀具)直径，以刀具与部件产生双切点而形成的接触线来定义加工区域。所指定的刀具直径必须大于当前使用的刀具，如图 13.30 所示。

① 参考刀具直径：指定刀具直径，用于决定精加工切削区域的宽度。

② 重叠距离：将要加工区域的宽度沿剩余材料的相切面延伸指定的距离。该值限制在刀具半径以内。

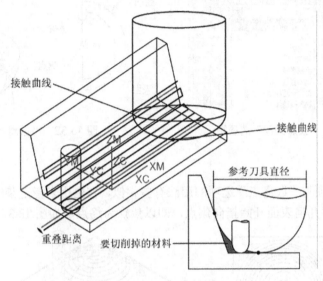

图 13.30　"参考刀具直径"示例

13.3.3　投影矢量

"投影矢量"是定义驱动点沿怎样的方向投影到部件表面上的，以确定刀具所接触的表面侧。投影矢量的方向决定了刀具接触部件的表面侧，刀具始终位于投影矢量所接触侧的部件表面上。

可用的投影矢量形式取决于驱动方法。投影矢量选项除了清根驱动方法外，对所有的驱动方法是通用的。一般情况下，固定轴铣削加工时，所用的投影矢量应该是刀轴方向；其余选项多在多轴加工时使用。系统提供了多种指定投影矢量的方法，如图 13.31 所示。

1. 指定矢量

"指定矢量"选项用来指定某一矢量作为投影矢量。当在"投影矢量"选项组下的"矢量"下拉列表框中选择"指定矢量"选项时，弹出"矢量"对话框，可指定某一矢量作为投影矢量。

2. 刀轴

"刀轴"选项指定刀轴作为投影矢量，这是系统默认的投影方法，当驱动点向部件几何体投影时，其投影方向与刀轴矢量方向相反。

3. 远离点

"远离点"选项创建从指定的焦点向"部件表面"延伸的"投影矢量"。该选项可用于加工焦点在球面中心的内侧球形(或类似球形)曲面，"驱动点"沿着偏离焦点的直线从"驱动曲面"投影到"部件表面"，点与"部件表面"之间的最小距离必须大于刀具半径，如图 13.32 所示。

图 13.31　"投影矢量"选项组

图 13.32　"远离点"示例

4. 朝向点

"朝向点"选项与"远离点"选项的用法有些相似，它也用来指定某一点为焦点，投影矢量的方向从部件几何表面开始指向焦点，即以焦点为终点，如图 13.33 所示。

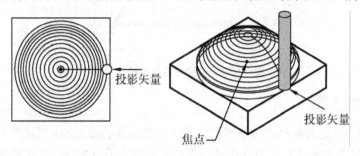

图 13.33　"朝向点"示例

5. 远离直线

"远离直线"选项创建从指定的直线延伸至部件表面的"投影矢量"，"投影矢量"作为从中心线延伸至"部件表面"的垂直矢量进行计算。该选项有助于加工内部圆柱面，其中指定的直线作为圆柱中心线，刀具的位置将从中心线移到"部件表面"的内侧。"驱动点"沿着偏离所选聚焦线的直线从"驱动曲面"投影到"部件表面"，聚焦线与"部件表面"之间的最小距离必须大于刀具半径，如图 13.34 所示。

6. 朝向直线

"朝向直线"选项的用法与"远离直线"选项的用法相似，用于创建从"部件表面"延伸至指定直线的"投影矢量"。该选项有助于加工外部圆柱面，其中指定的直线作为圆柱中心线。刀具的位置将从"部件表面"的外侧移到中心线。"驱动点"沿着向所选聚焦线收敛的直线从"驱动曲面"投影到部件表面，如图 13.35 所示。

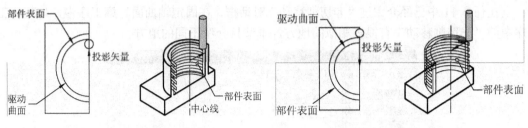

图 13.34　"远离直线"示例　　　　　图 13.35　"朝向直线"示例

7. 垂直于驱动体

"垂直于驱动体"允许相对于"驱动曲面"法线定义"投影矢量"。只有在使用"曲面"驱动方法时，此选项才可用。"投影矢量"作为"驱动曲面"材料侧垂直法向矢量的反向矢量进行计算。该选项能够将"驱动点"均匀分布到凸起程度较大的部件表面(相关法线超出180°的"部件表面")上。与"边界"不同的是，"驱动曲面"可以用来缠绕"部件表面"周围的"驱动点"阵列，以便将它们投影到"部件表面"的所有侧面，如图 13.36 所示。

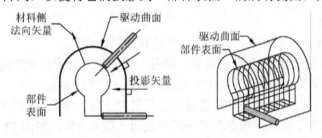

图 13.36　"垂直于驱动体"示例

8. 朝向驱动体

"朝向驱动体"选项指定在与材料侧面的距离为刀具直径的点处开始投影，以避免铣削到不应被铣削的部件几何体。除了铣削型腔的内部或者驱动表面在部件几何的内部外，"朝向驱动体"和"垂直于驱动体"基本相似。

13.3.4　刀轴

"刀轴"选项用于定义固定和可变的刀轴方向。固定刀轴始终平行指定的矢量，可变刀轴则在刀轨移动时经常地改变方向。刀具轴定义为一个矢量，其方向从刀尖指向刀柄。可通过输入坐标值、选择几何体和定义与部件面、驱动面相关联或垂直的矢量来定义。固定轴曲面轮廓铣只能定义固定的刀具轴。如果没有指定刀具轴，则"+ZM"为默认的刀具轴方向。

13.3.5　非切削移动

"非切削移动"描述刀具在切削运动前后及切削过程中是怎样移动的。这些运动与"平面铣"中的避让几何体和"进刀/退刀"运动有相似之处，都属于非切削移动。在"固定轮廓铣"对话框中，单击"非切削移动"按钮 🔲，弹出如图 13.37 所示的"非切削移动"对话框。

在任务 11 中已经介绍过"非切削移动"对话框，在固定轴曲面轮廓工序中，与其他工序中的"非切削移动"有很多相似的地方，本节只介绍不同的地方。

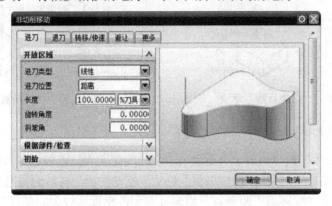

图 13.37　"非切削移动"对话框

1. 进刀

(1) 开放区域。

进刀类型：用于控制工件"开放区域"的进刀运动类型。

➤ 线性：根据边界段和刀具类型，沿着一个矢量自动计算安全线性进刀。这通常是指定进刀或退刀移动的最快的方式，如图 13.38 所示。

➤ 线性-沿矢量：使用矢量构造器可定义进刀方向，如图 13.39 所示。

➤ 线性-垂直于部件：指定垂直于部件表面的进刀方向，如图 13.40 所示。

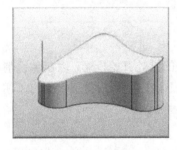
图 13.38　线性

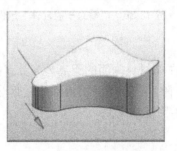
图 13.39　线性-沿矢量

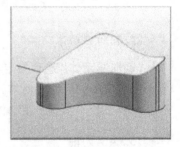
图 13.40　线性-垂直于部件

➤ 圆弧-平行于刀轴：在由切削方向和刀轴定义的平面中创建圆弧运动，圆弧与切削方向相切，如图 13.41 所示。

➤ 圆弧-垂直于刀轴：在垂直于刀轴的平面中创建圆弧移动。圆弧的末端垂直于刀轴，但是不必与切削矢量相切，如图 13.42 所示。

➤ 圆弧-相切逼近：在由切削矢量和相切矢量定义的平面中，在逼近运动的末端创建圆弧运动。圆弧运动与切削矢量和逼近运动都相切，如图 13.43 所示。

➤ 圆弧-垂直于部件：使用部件法向和切削矢量来定义包含圆弧刀具运动的平面，弧的末端始终与切削矢量相切，如图 13.44 所示。

➤ 点：指定进刀起点位置。同时使用"有效距离"指定到切削区域的距离，系统仅尝试从符合指定值范围的指定点进刀。

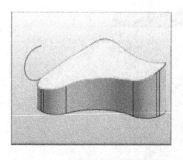
图 13.41　圆弧-平行于刀轴

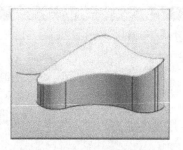
图 13.42　圆弧-垂直于刀轴

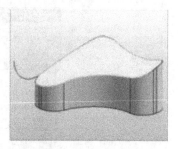
图 13.43　圆弧-相切逼近

> 顺时针/逆时针螺旋：创建一个进刀移动，使其绕固定轴按螺旋线切入到材料中，螺旋的中心线始终平行于刀轴，如图 13.45 所示。

> 插削：从毛坯之上的竖直安全距离沿刀轴进行进刀运动，如图 13.46 所示。

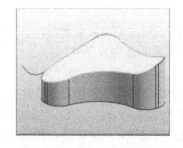
图 13.44　圆弧-垂直于部件

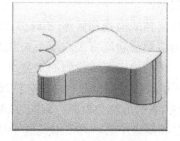
图 13.45　顺时针/逆时针螺旋

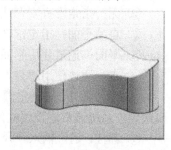
图 13.46　插削

(2) 根据部件/检查。指定检查几何体处的进刀/退刀移动。其可用的进刀类型与"开放区域"相同。

(3) 初始。为切削运动之前的第一个进刀运动指定参数，其可用的进刀类型与"开放区域"相同。

2. 退刀

设置方法与进刀相似，读者可以参照进刀设置。

3. 转移/快速

在"非切削移动"对话框中，选择"转移/快速"选项卡，如图 13.47 所示。其中包括"区域距离"、"公共安全设置"、"区域之间"、"区域内"、"初始的和最终的"和"光顺"6 个选项组，主要用来设置安全平面，控制刀具在切削区域内部和切削区域之间的横越运动方式，其中许多选项在本书的任务 11 中已有介绍，下面只介绍不同的地方。

(1) 区域距离：该选项组用来设置两个切削区域之间的距离。如果当前退刀运动的结束点与下个进刀运动的起点之间的距离小于"区域距离"值，则应用区域内设置；否则应用区域之间设置。

(2) 公共安全设置：主要通过"安全设置选项"下拉列表框来定义安全平面的具体位置，选项包括"使用继承的"、"无"、"自动平面"、"平面"、"点"、"包容圆柱体"、"圆柱"、"球"和"包容块"等类型。

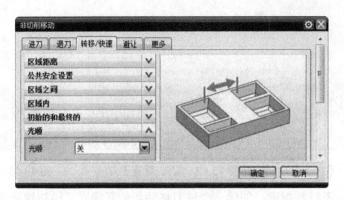

图 13.47 "非切削移动"对话框

① 使用继承的：选择在 MCS 层指定的安全平面。

② 无：指定没有安全几何体。

③ 自动平面：指定部件几何体或检查几何体(面或体)最高区域上方的安全平面。

④ 平面：通过使用平面构造器子功能将关联或不关联的平面指定为安全几何体。

⑤ 点：通过使用"点"对话框指定要转移到的安全点。

⑥ 包容圆柱体：指定圆柱形状作为安全几何体。圆柱尺寸由部件形状和指定的安全距离决定，系统通常假设圆柱外的体积是安全距离，如图 13.48 所示。

⑦ 圆柱：通过输入半径值和指定中心，并使用矢量子功能指定轴，从而将圆柱指定为安全几何体，此圆柱的长度是无限的。

特别提示

除了对"圆柱"的进刀和退刀外，进刀和退刀之间的移刀会沿着圆柱的几何轮廓运动。

⑧ 球：通过输入半径值和指定球心来将球指定为安全几何体，如图 13.49 所示。

⑨ 包容块：指定包容块形状作为安全几何体。包容块尺寸由部件形状和指定的安全距离决定，系统通常假设包容块外的体积是安全距离，如图 13.50 所示。

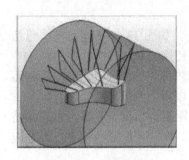

图 13.48 包容圆柱体

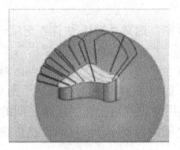

图 13.49 球

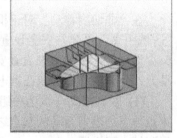

图 13.50 包容块

特别提示

除了对"球"的进刀和退刀外，进刀和退刀之间的移刀会沿着球的几何轮廓运动。

(3) 区域之间/区域内。这两个选项组分别用来控制刀具在切削区域之间和切削区域内部的逼近、分离和移刀等运动形式，不同的区域类型和空间位置可以设置多种具体的刀具运动形式，详细资料可参考帮助文档。

(4) 光顺。"光顺"用来构造一系列接近圆弧的跨越运动，并相切于退刀与进刀序列。"光顺"下拉列表框中有"开"和"关"两个选项，关闭光顺和打开光顺分别如图 13.51 和图 13.52 所示。当选择"开"时，可以在"光顺半径"文本框中输入光顺圆弧的半径值。

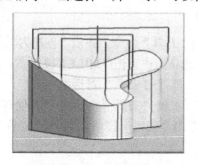

图 13.51　关闭光顺

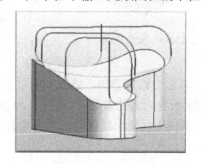

图 13.52　打开光顺

13.4　建模步骤

13.4.1　打开软件并进入加工环境

(1) 启动 UG NX 8.0，单击"标准"工具条中的"打开"按钮，弹出"打开"对话框，选择 X:/13.prt 文件，单击"OK"按钮。

(2) 选择"开始"|"加工"命令，弹出"加工环境"对话框，在"要创建的 CAM 设置"列表框中选择"mill_contour"模板，单击"确定"按钮，即可进入加工环境。

13.4.2　设置加工坐标系和安全平面

1. 设置加工坐标系

(1) 单击"导航器"工具条中的"几何视图"按钮，再单击"工序导航器"按钮，工序导航器切换到"几何"视图。

(2) 双击工序导航器中的 MCS_MILL 节点，或者在工序导航器中选择 MCS_MILL 节点，右击，在弹出的快捷菜单中选择"编辑"命令，弹出"Mill Orient"对话框。

(3) 单击"指定 MCS"后的"CSYS 对话框"按钮，弹出"CSYS"对话框，在"参考 CSYS"选项组中的"参考"下拉列表框中选择"WCS"选项，单击"CSYS"对话框中的"确定"按钮，返回"Mill Orient"对话框。

2. 设置安全平面

在"Mill Orient"对话框中的"安全设置选项"下拉列表框中选择"平面"选项，单击"指定平面"后的"平面对话框"按钮，弹出"平面"对话框。在"类型"下拉列表框中选择"XC-YC 平面"选项，在"距离"文本框中输入 10，单击"确定"按钮，产生的安

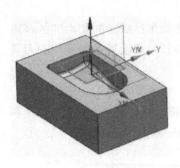

图 13.53　安全平面

全平面如图 13.53 所示，单击"确定"按钮，返回"Mill Orient"对话框，再单击"确定"按钮。

13.4.3　创建刀具

单击"导航器"工具条中的"机床视图"按钮，工序导航器切换到"机床"视图。

1. 创建刀具 D20

(1) 选择"插入"|"刀具"命令，弹出"创建刀具"对话框。在"刀具子类型"选项组中单击"MILL"按钮，在"名称"文本框中输入 D20，单击"应用"按钮，弹出"铣刀-5 参数"对话框。

(2) 设置刀具的参数："直径"为 20，"下半径"为 0，"刀具号"为 1，"补偿寄存器"为 1，其他选项采用默认值。刀具参数设置完后，单击"确定"按钮，则 D20 立铣刀创建完毕。

2. 创建刀具 D10

创建刀具 D10 的方法与创建刀具 D20 一样，只是刀具的参数设置不同。刀具 D10 的参数设置如下："直径"为 10，"下半径"为 0，"刀具号"为 2，"补偿寄存器"为 2，其他选项采用默认值。

3. 创建刀具 D8R4

在"刀具子类型"选项组中单击"BALL_MILL"按钮，在"名称"文本框中输入"D8R4"，其余与创建 D20 方法相同，只是刀具的参数设置不同，刀具 D8R4 的参数如下："球直径"为 8，"刀具号"为 3，"补偿寄存器"为 3，其他选项采用默认值。

13.4.4　创建型腔铣粗加工 CAV_ROU(工序号 01)

单击"导航器"工具条中的"程序顺序视图"按钮，工序导航器切换到"程序顺序"视图。

1. 创建工序

选择"插入"|"工序"命令，弹出"创建工序"对话框，按如下操作设置各选项：

(1) 在"类型"下拉列表框中选择"mill_contour"选项。

(2) 在"工序子类型"选项组中单击"CAVITY_MILL"按钮。

(3) 在"程序"下拉列表框中选择"PROGRAM"选项。

(4) 在"刀具"下拉列表框中选择 D20 选项。

(5) 在"几何体"下拉列表框中选择"MCS_MILL"选项。

(6) 在"方法"下拉列表框中选择"MILL_ROUGH"选项。

(7) 在"名称"文本框中输入"CAV_ROU"。

设置完后，单击"确定"按钮，弹出"型腔铣"对话框。

2. 指定部件几何体

在"型腔铣"对话框中，单击"几何体"选项栏，将"几何体"选项组展开，然后单击"指定部件"后的"选择或编辑部件几何体按钮"按钮 ，弹出"部件几何体"对话框，选取鼠标凹模，再单击"确定"按钮，返回"型腔铣"对话框。

3. 选择切削方法和切削用量

在"型腔铣"对话框中的"切削模式"下拉列表框中选择"跟随周边"选项，在"步距"下拉列表框中选择"恒定"选项，在其下的"最大距离"文本框中输入 15，在"每刀的公共深度"下拉列表框中选择"恒定"选项，在其下的"最大距离"文本框中输入 1。

4. 设置切削参数

在"型腔铣"对话框中，单击"切削参数"按钮 ，弹出"切削参数"对话框。

(1) 在"策略"选项卡中，按图 13.54 所示设置各项参数。

① 设置"切削方向"为"顺铣"。

② 设置"切削顺序"为"深度优先"。

③ 选中"添加精加工刀路"复选框。

④ 在"刀路数"文本框中输入 1。

⑤ 在"精加工步距"文本框中输入 5，单位选择 mm。

⑥ 其他选项采用默认值。

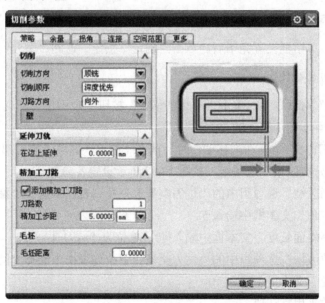

图 13.54　"切削参数"对话框

(2) 选项"余量"选项卡，按图 13.55 所示设置各项参数。

① 在"部件侧面余量"文本框中输入 0.2。

② 在"部件底面余量"文本框中输入 0.2。

③ 其他参数采用默认值。

（3）选择"更多"选项卡，按图 13.56 所示设置各项参数。

① 选中"边界逼近"复选框。

② 选中"容错加工"复选框。

③ 在"操作"下拉列表框中选择"警告"选项。

④ 其他参数采用默认值。

图 13.55 "余量"选项卡

图 13.56 "更多"选项卡

"切削参数"对话框设置完毕后，单击"确定"按钮，返回"型腔铣"对话框。

5. 设置非切削参数

在"型腔铣"对话框中，单击"非切削移动"按钮 ，弹出"非切削移动"对话框，在该对话框中设置非切削移动参数。

（1）设置进刀方式。"非切削移动"对话框中"进刀"选项卡的上部为"封闭区域"选项组，下部为"开放区域"选项组，按图 13.57 所示设定各参数。

① 在"封闭区域"选项组中的"进刀类型"下拉列表框中选择"螺旋"选项。

② 在"斜坡角"文本框中输入 5。

③ 在"最小斜面长度"文本框中输入 40，单位为"%刀具"。

④ 在"开放区域"选项组中的"进刀类型"下拉列表框中选择"圆弧"选项。

⑤ 在"半径"文本框中输入 10。

⑥ 其他参数采用默认值。

（2）设置转移/快速。在"非切削移动"对话框中，选择"转移/快速"选项卡，如图 13.58 所示。在"安全设置选项"下拉列表框中选择"使用继承的"选项，其他参数采用默认值。单击"确定"按钮，返回"型腔铣"对话框。

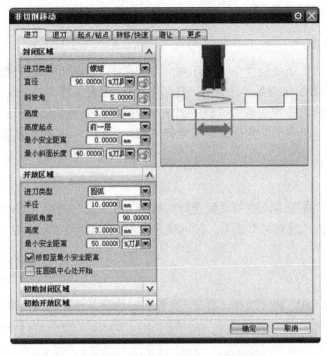

图 13.57　"非切削移动"对话框

图 13.58　"转移/快速"选项卡

6.　设置进给率和速度

(1) 在"型腔铣"对话框中，单击"进给率和速度"按钮，弹出"进给率和速度"对话框。在该对话框中设置进给率和主轴转速。

(2) 在"主轴速度"文本框中输入 1000，接着单击其右侧的按钮，按照设定的主轴转速值和选定的刀具尺寸计算表面速度和每齿进给量。

(3) 在"切削"文本框中输入 300，单位选择 mmpm。单击"进给率"选项组下的"更多"选项栏，将"更多"选项组展开，在"进刀"文本框中输入 200，单位选择 mmpm。其他参数按默认值设定。单击"确定"按钮，返回"型腔铣"对话框。

7.　生成刀具轨迹

完成了"型腔铣"对话框中所有项目的设置后，单击"操作"选项组中的"生成"按钮，开始生成刀具轨迹。计算完成后产生的刀具路径如图 13.59 所示。

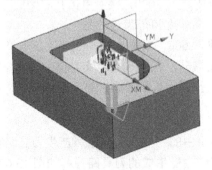

图 13.59　粗加工刀具路径

13.4.5　侧壁精加工 CAV_FIN(工序号 02)

1. 复制、粘贴 CAV_ROU 工序

(1) 复制 CAV_ROU 工序。在工序导航器的"程序顺序"视图中，先用鼠标选择粗加工工序 CAV_ROU，再右击，在弹出的快捷菜单中选择"复制"命令，复制工序 CAV_ROU。

(2) 粘贴 CAV_ROU 工序。在工序导航器的"程序顺序"视图中，先用鼠标选择先前创建的工序 CAV_ROU，再右击，在弹出的快捷菜单中选择"粘贴"命令，粘贴刚才复制的工序 CAV_ROU。

2. 更换工序名称

在工序导航器的"程序顺序"视图中，先用鼠标选择粘贴的工序 CAV_ROU_COPY，再右击，在弹出的快捷菜单中选择"重命名"命令，输入文字 CAV_FIN，按 Enter 将工序名称改为 CAV_FIN。

3. 编辑 CAV_FIN 工序

(1) 重新选择加工方法。选择 CAV_FIN 工序，右击，在弹出的快捷菜单中选择"编辑"命令；或者双击 CAV_FIN 工序名称，弹出"型腔铣"对话框。在"方法"下拉列表框中选择"MILL_FINISH"选项。

(2) 重新选择刀具。在"型腔铣"对话框中，将"刀具"选项组展开，在"刀具"下拉列表框中选择"D10(铣刀-5 参数)"选项。

(3) 设定切削模式和切削用量。在"切削模式"下拉列表框中选择 轮廓加工 选项，在"步距"下拉列表框中选择"恒定"选项，在其下的"最大距离"文本框中输入 7，在"每刀的公共深度"下拉列表框中选择"恒定"选项，在其下的"最大距离"文本框中输入 0.5。

(4) 设置切削参数。在"型腔铣"对话框中，单击"切削参数"按钮 ，弹出"切削参数"对话框。选择"余量"选项卡，设置以下参数。

① 在"部件侧面余量"文本框中输入 0。

② 在"部件底面余量"文本框中输入 0.2。

③ 其他参数采用默认值。

单击"确定"按钮，返回"型腔铣"对话框。

(5) 设置进给率和速度。在"型腔铣"对话框中，单击"进给率和速度"按钮 ，弹出"进给率和速度"对话框。在该对话框中设置进给率和主轴转速。

在"主轴速度"文本框中输入 2000，接着单击其右侧的 按钮，按照设定的主轴转速值和选定的刀具尺寸计算表面速度和每齿进给量。

在"切削"文本框中输入 600，单位选择 mmpm。单击"进给率"选项组下的"更多"选项栏，将"更多"选项组展开，在"进刀"文本框中输入 300，单位选择 mmpm。其余按默认设置。单击"确定"按钮，返回"型腔铣"对话框。

4. 产生刀具路径

(1) 单击"操作"选项组中的"生成"按钮 产生刀具路径，观察刀具路径的特点。

(2) 单击"确定"按钮，接受生成的刀具路径，如图 13.60 所示。

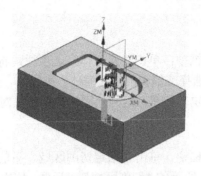

图 13.60　侧壁精加工刀具路径

13.4.6　曲面精加工 FIXED_FIN(工序号 03)

单击"导航器"工具条中的"程序顺序视图"按钮，工序导航器切换到"程序顺序"视图。

1. 创建工序

选择"插入"|"工序"命令，弹出"创建工序"对话框，按图 13.61 所示设置各选项。

(1) 在"类型"下拉列表框中选择"mill_contour"选项。

(2) 在"工序子类型"选项组中单击"FIXED_CONTOUR"按钮。

(3) 在"程序"下拉列表框中选择"PROGRAM"选项。

(4) 在"刀具"下拉列表框中选择 D8R4 选项。

(5) 在"几何体"下拉列表框中选择"MCS_MILL"选项。

(6) 在"方法"下拉列表框中选择"MILL_FINISH"选项。

(7) 在"名称"文本框中输入"FIXED_FIN"。

设置完后，单击"确定"按钮，弹出图 13.62 所示的"固定轮廓铣"对话框。

图 13.61　"创建工序"对话框

图 13.62　"固定轮廓铣"对话框

2. 指定部件几何体

在"固定轮廓铣"对话框中，单击"几何体"选项栏，将"几何体"选项组展开，然后单击"指定部件"后的"选择或编辑部件几何体"按钮，弹出"部件几何体"对话框，选取鼠标凹模，再单击"确定"按钮，返回"固定轮廓铣"对话框。

3. 指定切削区域

在"固定轮廓铣"对话框中，单击"指定切削区域"后的"选择或编辑切削区域几何体"按钮，弹出如图 13.63 所示的"切削区域"对话框，依次选取如图 13.64 所示的曲面。单击"确定"按钮，返回"固定轮廓铣"对话框。

图 13.63　"切削区域"对话框

图 13.64　选取的曲面

4. 选择驱动方法

在"固定轮廓铣"对话框中，在"方法"下拉列表框中选择"区域铣削"选项，弹出"区域铣削驱动方法"对话框，按图 13.65 所示设置以下参数。

(1) 在"切削模式"下拉列表框中选择"径向往复"选项。

(2) 在"阵列中心"下拉列表框中选择"自动"选项。

(3) 在"刀路方向"下拉列表框中选择"向外"选项。

(4) 在"切削方向"下拉列表框中选择"顺铣"选项。

(5) 在"步距"下拉列表框中选择"恒定"选项。

(6) 在"最大距离"文本框中输入 0.5。

(7) 其他参数采用默认值。

单击"确定"按钮，返回"固定轮廓铣"对话框。

5. 设置切削参数

在"固定轮廓铣"对话框中，单击"切削参数"按钮，弹出"切削参数"对话框。在"策略"选项卡中按图 13.66 所示设置各项参数。

(1) 设置"切削方向"为"顺铣"。

(2) 设置"刀路方向"为"向外"。

(3) 其他选项采用默认值。

单击"确定"按钮，返回"固定轮廓铣"对话框。

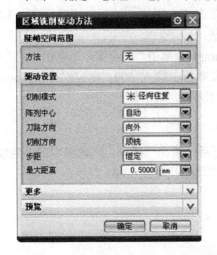

图 13.65　"区域铣削驱动方法"对话框

图 13.66　"切削参数"对话框

6. 设置非切削参数

在"固定轮廓铣"对话框中，单击"非切削移动"按钮，弹出"非切削移动"对话框，在该对话框中设置非切削移动参数。

设置进刀方式。在"进刀"选项卡中按图 13.67 所示设定各参数。

(1) 在"开放区域"选项组中的"进刀类型"下拉列表框中选择"圆弧–平行于刀轴"选项。

(2) 在"半径"文本框中输入 50，单位为"%刀具"。

(3) 在"圆弧角度"文本框中输入 90。

(4) 其他参数采用默认值。

单击"确定"按钮，返回"固定轮廓铣"对话框。

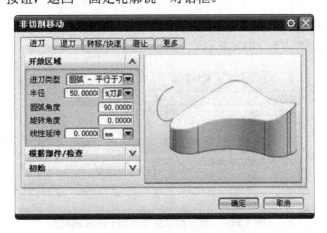

图 13.67　"非切削移动"对话框

7. 设置进给率和速度

(1) 在"固定轮廓铣"对话框中，单击"进给率和速度"按钮，弹出"进给率和速度"对话框。在该对话框中设置进给率和主轴转速。

(2) 在"主轴速度"文本框中输入 2000，接着单击其右侧的◙按钮，按照设定的主轴转速值和选定的刀具尺寸计算表面速度和每齿进给量。

(3) 在"切削"文本框中输入 1000，单位选择 mmpm。单击"进给率"选项组下的"更多"选项栏，将"更多"选项组展开，在"进刀"文本框中输入 600，单位选择 mmpm。其余按默认设置。单击"确定"按钮，返回"固定轮廓铣"对话框。

8. 生成刀具轨迹

完成了"固定轮廓铣"对话框中所有项目的设置后，单击"操作"选项组中的"生成"按钮，开始生成刀具轨迹。计算完成后，产生的刀具路径如图 13.68 所示。

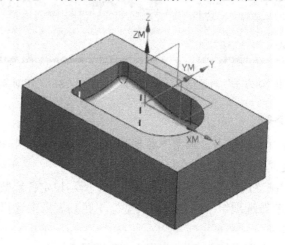

图 13.68　曲面精加工刀具路径

13.4.7　仿真加工和生成 NC 程序

1. 仿真加工

(1) 将工序导航器切换到"程序顺序"视图。

(2) 选择程序父节点组 PROGRAM，如图 13.69 所示。

名称	换刀	刀轨	刀具	刀具号
NC_PROGRAM				
未用项				
PROGRAM				
CAV_ROU		✔	D20	1
CAV_FIN		✔	D10	2
FIXED_FIN		✔	D8R4	3

图 13.69　选择程序父节点组 PROGRAM

(3) 单击"操作"工具条中的"确认刀轨"按钮，弹出"刀轨可视化"对话框。

(4) 选择"2D 动态"选项卡，如图 13.70 所示。

(5) 单击"播放"按钮。

(6) 系统对全部刀轨进行仿真切削，切削结果如图 13.71 所示。

(7) 单击"确定"按钮，退出"刀轨可视化"对话框。

图 13.70　"2D 动态"选项卡

图 13.71　全部刀轨进行仿真切削的结果

2. 生成加工程序

(1) 将工序导航器切换到"程序顺序"视图。

(2) 选择程序父节点组 PROGRAM。

(3) 单击"操作"工具条中的"后处理"按钮，弹出"后处理"对话框。

(4) 设置机床数控系统为"MILL_3_AXIS"，其余参数设置如图 13.72 所示。

(5) 单击"确定"按钮，系统开始后处理。

(6) 弹出"信息"窗口，显示全部加工程序，如图 13.73 所示。

(7) 单击"关闭"按钮，关闭"信息"窗口。

(8) 单击"保存"按钮，保存文件。

图 13.72　"后处理"对话框

图 13.73　在"信息"窗口中显示全部加工程序

**拓展实训**

根据以上所讲内容，独立完成以下作业，图样如图 13.74 所示。

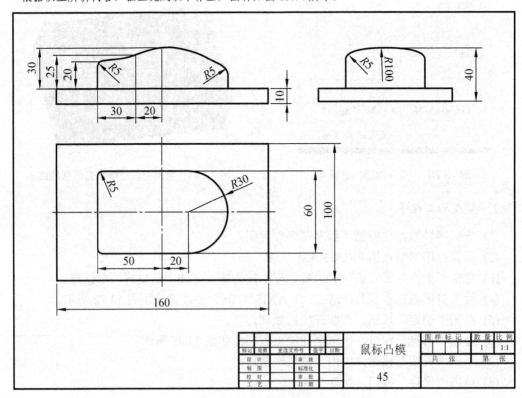

图 13.74　读者练习图样

任 务 小 结

　　通过本任务的学习，掌握固定轴曲面轮廓铣的基本操作和加工方法。重点在于驱动方法和刀轴矢量控制，固定轴曲面轮廓铣工序所针对的加工对象是复杂曲面零件，可以使用的加工方法和参数更加复杂。

　　固定轴曲面轮廓铣可在复杂曲面上产生精确的刀路轨迹，并可详细地控制刀轴与投影矢量。其刀路轨迹是经过驱动点投影到零件表面而产生的，其中驱动点由曲线、边界、表面与曲面等驱动几何体产生，刀具通过此驱动点，沿指定的矢量方向定位到部件上。

　　固定轴曲面轮廓铣工序通常用于创建精加工程序，通过不同驱动方法的设置，可以获得不同的刀具轨迹形式，功能十分强大。

习　　题

　　1. 已知零件工程图如图 13.75 所示，使用本任务所学刀路方法并结合其他参数设置，完成零件建模和刀轨的创建。

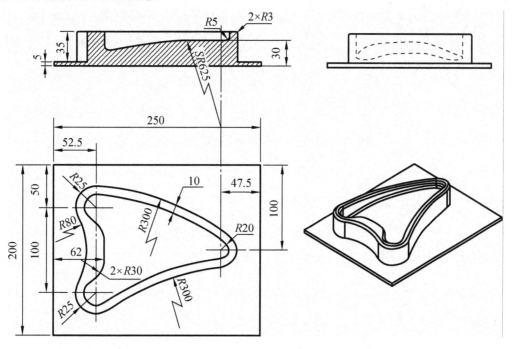

图 13.75　练习图样(1)

　　2. 已知零件工程图如图 13.76 所示，使用本任务所学刀路方法并结合其他参数设置，完成零件建模和刀轨的创建。

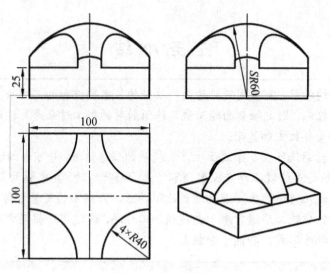

图 13.76　练习图样(2)

参 考 文 献

[1] 胡仁喜，康士廷，刘昌丽. UG NX 6.0 中文版从入门到精通[M]. 北京：机械工业出版社，2009.

[2] 康显丽，张瑞萍，孙江宏. UG NX 5 中文版基础教程[M]. 北京：清华大学出版社，2008.

[3] 张丽萍，程新，谢福俊. UG NX 5 基础教程与上机指导[M]. 北京：清华大学出版社，2008.

[4] 郑贞平，喻德，张小红. UG NX 5.0 中文版数控加工典型范例[M]. 北京：电子工业出版社，2008.

[5] 杜智敏，韩慧伶. UG NX 5 中文版数控编程实例精讲[M]. 北京：人民邮电出版社，2008.

[6] 查道涛. UG NX 4 数控加工自动编程[M]. 北京：机械工业出版社，2007.

[7] 罗和喜. UG NX 4 中文版数控加工专家实例精讲[M]. 北京：中国青年出版社，2007.

[8] 曹岩. UG NX 4 数控加工实例精解[M]. 北京：机械工业出版社，2007.

[9] 赵东福. UG NX 数控编程技术基础[M]. 南京：南京大学出版社，2007.

北京大学出版社高职高专机电系列规划教材

序号	书号	书名	编著者	定价	出版日期
\多列{6}{机械类基础课}

序号	书号	书名	编著者	定价	出版日期
	机械类基础课				
1	978-7-301-10464-2	工程力学	余学进	18.00	2008.1 第3次印刷
2	978-7-301-13653-9	工程力学	武昭晖	25.00	2011.2 第3次印刷
3	978-7-301-13655-3	工程制图	马立克	32.00	2008.8
4	978-7-301-13654-6	工程制图习题集	马立克	25.00	2008.8
5	978-7-301-13574-7	机械制造基础	徐从清	32.00	2012.7 第3次印刷
6	978-7-301-13573-0	机械设计基础	朱凤芹	32.00	2008.8
7	978-7-301-13656-0	机械设计基础	时忠明	25.00	2012.7 第3次印刷
8	978-7-301-13662-1	机械制造技术	宁广庆	42.00	2010.11 第2次印刷
9	978-7-301-19848-3	机械制造综合设计及实训	裴俊彦	37.00	2013.4
10	978-7-301-19297-9	机械制造工艺及夹具设计	徐勇	28.00	2011.8
11	978-7-301-13260-9	机械制图	徐萍	32.00	2009.8 第2次印刷
12	978-7-301-13263-0	机械制图习题集	吴景淑	40.00	2009.10 第2次印刷
13	978-7-301-18357-1	机械制图	徐连孝	27.00	2012.9 第2次印刷
14	978-7-301-18143-0	机械制图习题集	徐连孝	20.00	2013.4 第2次印刷
15	978-7-301-15692-6	机械制图	吴百中	26.00	2012.7 第2次印刷
16	978-7-301-22916-3	机械图样的识读与绘制	刘永强	36.00	2013.8
17	978-7-301-23354-2	AutoCAD 应用项目化实训教程	王利华	42.00	2014.1
18	978-7-301-17122-6	AutoCAD 机械绘图项目教程	张海鹏	36.00	2013.8 第3次印刷
19	978-7-301-17573-6	AutoCAD 机械绘图基础教程	王长忠	32.00	2013.8 第2次印刷
20	978-7-301-19010-4	AutoCAD 机械绘图基础教程与实训(第2版)	欧阳全会	36.00	2014.1 第3次印刷
21	978-7-301-17609-2	液压传动	龚肖新	22.00	2010.8
22	978-7-301-20752-9	液压传动与气动技术(第2版)	曹建东	40.00	2014.1 第2次印刷
23	978-7-301-13582-2	液压与气压传动技术	袁广	24.00	2013.8 第5次印刷
24	978-7-301-19436-2	公差与测量技术	余键	25.00	2011.9
25	978-7-5038-4861-2	公差配合与测量技术	南秀蓉	23.00	2011.12 第4次印刷
26	978-7-301-19374-7	公差配合与技术测量	庄佃霞	26.00	2013.8 第2次印刷
27	978-7-301-13652-2	金工实训	柴增田	22.00	2013.1 第4次印刷
28	978-7-301-13651-5	金属工艺学	柴增田	27.00	2011.6 第2次印刷
29	978-7-301-17608-5	机械加工工艺编制	于爱武	45.00	2012.2 第2次印刷
30	978-7-301-23868-4	机械加工工艺编制与实施(上册)	于爱武	42.00	2014.2
31	978-7-301-21988-1	普通机床的检修与维护	宋亚林	33.00	2013.1
32	978-7-5038-4869-8	设备状态监测与故障诊断技术	林英志	22.00	2011.8 第3次印刷
33	978-7-301-22116-7	机械工程专业英语图解教程(第2版)	朱派龙	48.00	2013.9
34	978-7-301-23198-2	生产现场管理	金建华	38.00	2013.9
	数控技术类				
1	978-7-301-17707-5	零件加工信息分析	谢蕾	46.00	2010.8
2	978-7-301-17148-6	普通机床零件加工	杨雪青	26.00	2013.8 第2次印刷
3	978-7-301-17679-5	机械零件数控加工	李文	38.00	2010.8
4	978-7-301-13659-1	CAD/CAM 实体造型教程与实训 (Pro/ENGINEER 版)	诸小丽	38.00	2014.7 第4次印刷

序号	书号	书名	编著者	定价	出版日期
5	978-7-301-17557-6	CAD/CAM 数控编程项目教程(UG 版)(第 2 版)	慕 灿	48.00	2014.8 第 1 次印刷
6	978-7-5038-4865-0	CAD/CAM 数控编程与实训(CAXA 版)	刘玉春	27.00	2011.2 第 3 次印刷
7	978-7-301-21873-0	CAD/CAM 数控编程项目教程(CAXA 版)	刘玉春	42.00	2013.3
8	978-7-301-13261-6	微机原理及接口技术(数控专业)	程 艳	32.00	2008.1
9	978-7-5038-4866-7	数控技术应用基础	宋建武	22.00	2010.7 第 2 次印刷
10	978-7-301-13262-3	实用数控编程与操作	钱东东	32.00	2013.8 第 4 次印刷
11	978-7-301-14470-1	数控编程与操作	刘瑞已	29.00	2011.2 第 2 次印刷
12	978-7-301-20312-5	数控编程与加工项目教程	周晓宏	42.00	2012.3
13	978-7-301-23898-1	数控加工编程与操作实训教程(数控车分册)	王忠斌	36.00	2014.6
14	978-7-301-20945-5	数控铣削技术	陈晓罗	42.00	2012.7
15	978-7-301-21053-6	数控车削技术	王军红	28.00	2012.8
16	978-7-301-17398-5	数控加工技术项目教程	李东君	48.00	2010.8
17	978-7-301-21119-9	数控机床及其维护	黄应勇	38.00	2012.8
18	978-7-301-20002-5	数控机床故障诊断与维修	陈学军	38.00	2012.1
		模具设计与制造类			
1	978-7-301-13258-6	塑模设计与制造	晏志华	38.00	2007.8
2	978-7-301-23892-9	注射模设计方法与技巧实例精讲	邹继强	54.00	2014.2
3	978-7-301-24432-6	注射模典型结构设计实例图集	邹继强	54.00	2014.6
4	978-7-301-18471-4	冲压工艺与模具设计	张 芳	39.00	2011.3
5	978-7-301-19933-6	冷冲压工艺与模具设计	刘洪贤	32.00	2012.1
6	978-7-301-20414-6	Pro/ENGINEER Wildfire 产品设计项目教程	罗 武	31.00	2012.5
7	978-7-301-16448-8	Pro/ENGINEER Wildfire 设计实训教程	吴志清	38.00	2012.8
8	978-7-301-22678-0	模具专业英语图解教程	李东君	22.00	2013.7
		电气自动化类			
1	978-7-301-18519-3	电工技术应用	孙建领	26.00	2011.3
2	978-7-301-17569-9	电工电子技术项目教程	杨德明	32.00	2012.4 第 2 次印刷
3	978-7-301-22546-2	电工技能实训教程	韩亚军	22.00	2013.6
4	978-7-301-22923-1	电工技术项目教程	徐超明	38.00	2013.8
5	978-7-301-12390-4	电力电子技术	梁南丁	29.00	2010.7 第 2 次印刷
6	978-7-301-17730-3	电力电子技术	崔 红	23.00	2010.9
7	978-7-301-12182-5	电工电子技术	李艳新	29.00	2007.8
8	978-7-301-19525-3	电工电子技术	倪 涛	38.00	2011.9
9	978-7-301-12392-8	电工与电子技术基础	卢菊洪	28.00	2007.9
10	978-7-301-16830-1	维修电工技能与实训	陈学平	37.00	2010.7
11	978-7-301-12180-1	单片机开发应用技术	李国兴	21.00	2010.9 第 2 次印刷
12	978-7-301-20000-1	单片机应用技术教程	罗国荣	40.00	2012.2
13	978-7-301-21055-0	单片机应用项目化教程	顾亚文	32.00	2012.8
14	978-7-301-17489-0	单片机原理及应用	陈高锋	32.00	2012.9
15	978-7-301-24281-0	单片机技术及应用	黄贻培	30.00	2014.7
16	978-7-301-22390-1	单片机开发与实践教程	宋玲玲	24.00	2013.6
17	978-7-301-17958-1	单片机开发入门及应用实例	熊华波	30.00	2011.1
18	978-7-301-16898-1	单片机设计应用与仿真	陆旭明	26.00	2012.4 第 2 次印刷

序号	书号	书名	编著者	定价	出版日期
19	978-7-301-19302-0	基于汇编语言的单片机仿真教程与实训	张秀国	32.00	2011.8
20	978-7-301-12181-8	自动控制原理与应用	梁南丁	23.00	2012.1 第 3 次印刷
21	978-7-301-19638-0	电气控制与 PLC 应用技术	郭 燕	24.00	2012.1
22	978-7-301-18622-0	PLC 与变频器控制系统设计与调试	姜永华	34.00	2011.6
23	978-7-301-19272-6	电气控制与 PLC 程序设计(松下系列)	姜秀玲	36.00	2011.8
24	978-7-301-12383-6	电气控制与 PLC(西门子系列)	李 伟	26.00	2012.3 第 2 次印刷
25	978-7-301-18188-1	可编程控制器应用技术项目教程(西门子)	崔维群	38.00	2013.6 第 2 次印刷
26	978-7-301-23432-7	机电传动控制项目教程	杨德明	40.00	2014.1
27	978-7-301-12382-9	电气控制及 PLC 应用(三菱系列)	华满香	24.00	2012.5 第 2 次印刷
28	978-7-301-14469-5	可编程控制器原理及应用（三菱机型）	张玉华	24.00	2009.3
29	978-7-301-22315-4	低压电气控制安装与调试实训教程	张 郭	24.00	2013.4
30	978-7-301-24433-3	低压电器控制技术	肖朋生	34.00	2014.7
31	978-7-301-22672-8	机电设备控制基础	王本轶	32.00	2013.7
32	978-7-301-18770-8	电机应用技术	郭宝宁	33.00	2011.5
33	978-7-301-17324-4	电机控制与应用	魏润仙	34.00	2010.8
34	978-7-301-21269-1	电机控制与实践	徐 锋	34.00	2012.9
35	978-7-301-12389-8	电机与拖动	梁南丁	32.00	2011.12 第 2 次印刷
36	978-7-301-18630-5	电机与电力拖动	孙英伟	33.00	2011.3
37	978-7-301-16770-0	电机拖动与应用实训教程	任娟平	36.00	2012.11
38	978-7-301-22632-2	机床电气控制与维修	崔兴艳	28.00	2013.7
39	978-7-301-22917-0	机床电气控制与 PLC 技术	林盛昌	36.00	2013.8
40	978-7-301-18470-7	传感器检测技术及应用	王晓敏	35.00	2012.7 第 2 次印刷
41	978-7-301-20654-6	自动生产线调试与维护	吴有明	28.00	2013.1
42	978-7-301-21239-4	自动生产线安装与调试实训教程	周 洋	30.00	2012.9
43	978-7-301-19319-8	电力系统自动装置	王 伟	24.00	2011.8
44	978-7-301-18852-1	机电专业英语	戴正阳	28.00	2013.8 第 2 次印刷

相关教学资源如电子课件、电子教材、习题答案等可以登录 www.pup6.com 下载或在线阅读。

扑六知识网(www.pup6.com)有海量的相关教学资源和电子教材供阅读及下载(包括北京大学出版社第六事业部的相关资源)，同时欢迎您将教学课件、视频、教案、素材、习题、试卷、辅导材料、课改成果、设计作品、论文等教学资源上传到 pup6.com，与全国高校师生分享您的教学成就与经验，并可自由设定价格，知识也能创造财富。具体情况请登录网站查询。

如您需要免费纸质样书用于教学，欢迎登录第六事业部门户网(www.pup6.cn)填表申请，并欢迎在线登记选题以到北京大学出版社来出版您的大作，也可下载相关表格填写后发到我们的邮箱，我们将及时与您取得联系并做好全方位的服务。

扑六知识网将打造成全国最大的教育资源共享平台，欢迎您的加入——让知识有价值，让教学无界限，让学习更轻松。

联系方式：010-62750667，xc96181@163.com，欢迎来电来信。